U0394873

设计模式

可复用面向对象软件的基础

Design Patterns

Elements of Reusable
Object-Oriented Software

[美]

埃里克·伽玛（Erich Gamma）

理查德·赫尔姆（Richard Helm）　　著

拉尔夫·约翰逊（Ralph Johnson）

约翰·威利斯迪斯（John Vlissides）

李英军　马晓星　蔡敏　刘建中　等译

吕建　审校

机械工业出版社

CHINA MACHINE PRESS

图书在版编目（CIP）数据

设计模式：可复用面向对象软件的基础 / （美）埃里克·伽玛（Erich Gamma）等著；李英军等译.

北京：机械工业出版社，2024. 7（2025. 1 重印）. -- ISBN 978-7-111-76023-8

Ⅰ. TP312.8

中国国家版本馆 CIP 数据核字第 2024CM5266 号

机械工业出版社（北京市百万庄大街 22 号　邮政编码 100037）
策划编辑：姚　蕾　　　　　　责任编辑：姚　蕾
责任校对：王小童　李　婷　　责任印制：邓　博
北京盛通数码印刷有限公司印刷
2025 年 1 月第 1 版第 2 次印刷
185mm×260mm・18.75 印张・2 插页・426 千字
标准书号：ISBN 978-7-111-76023-8
定价：99.00 元

电话服务　　　　　　　　网络服务
客服电话：010-88361066　　机 工 官 网：www.cmpbook.com
　　　　　010-88379833　　机 工 官 博：weibo.com/cmp1952
　　　　　010-68326294　　金 书 网：www.golden-book.com
封底无防伪标均为盗版　　机工教育服务网：www.cmpedu.com

"这本书是我所读过的写得最好、最富洞察力的书籍之一……本书不是泛泛而论，而是结合实例，以最佳的方式确立了模式的合法地位。"

——**Stan Lippman,** *C++ Report*

"……Gamma、Helm、Johnson 和 Vlissides 的这本书将对软件设计领域产生重要且深远的影响。由于本书将自己定位于面向对象软件技术，恐怕面向对象圈子以外的设计者会忽视它的价值，但这将是一件憾事。事实上，从事软件设计的每个人都能从本书中获益。所有软件设计者都在使用模式，而更好地理解这种对工作的可复用的抽象只会使我们做得更好。"

——**Tom DeMarco,** *IEEE Software*

"总的来讲，这本书表达了一种极有价值的东西，对软件设计领域有着独特的贡献，因为它捕获了面向对象设计的有价值的经验，并且用简洁可复用的形式表达出来。它将成为我寻找面向对象设计思想时经常翻阅的一本书，这正是复用的真实含义所在，不是吗？"

——**Sanjiv Gossain,** *Journal of Object-Oriented Programming*

"这本众人期待的书达到了预期的全部效果。'模式'的说法来自一位建筑师的书，它云集了经过时间考验的可用设计。作者从多年的面向对象设计经验中精选出 23 个模式，这构成了本书的精华部分，每一个精益求精的优秀程序员都应拥有这本书。"

——**Larry O'Brien,** *Software Development*

"本书在实用环境下特别有用，因为它分类描述了一组设计良好、表达清楚的面向对象软件设计模式。设计模式领域还很新，本书的四位作者也许已占据了在这方面造诣最深的专家中的半数，因而他们定义模式的方式可以作为后来者的榜样。如果要知道怎样恰当定义和描述设计模式，我们应该可以从他们的专业知识中获得启发。"

——**Steve Bilow,** *Journal of Object-Oriented Programming*

"这是一本深刻有力的书。在花费了相当的时间研究本书后，绝大部分 C++ 程序员都能够使用模式构造出更好的软件。本书发挥了一种智能杠杆作用：提供具体工具帮助我们进行思维并有效地表达我们自己。它也许能从根本上改变你对程序设计的看法。"

——**Tom Cargill,** *C++ Report*

　　所有结构良好的面向对象软件体系结构中都包含了许多模式。实际上，当我评估一个面向对象系统的质量时，所使用的方法之一就是判断系统的设计者是否强调了对象之间的公共协同关系。在系统开发阶段强调这种机制的优势在于，它能使所生成的系统体系结构更加精巧、简洁和易于理解，其程度远远超过了未使用模式的体系结构。

　　模式在构造复杂系统时的重要性早已在其他领域中得到认可。特别是，Christopher Alexander 和他的同事们可能最先将模式语言（pattern language）应用于城市建筑领域，他的思想和其他人的贡献已经根植于面向对象软件界。简而言之，软件领域中的设计模式为开发人员提供了一种使用专家设计经验的有效途径。

　　在本书中，Erich Gamma、Richard Helm、Ralph Johnson 和 John Vlissides 介绍了设计模式的原理，并且对这些设计模式进行了分类描述。因此，本书做出了两个重要的贡献：首先，它展示了模式在构建复杂系统过程中所处的角色；其次，它为如何引用一组精心设计的模式提供了一个实用方法，以帮助实际开发者针对特定应用问题使用适当的模式进行设计。

　　我曾荣幸地与本书的部分作者一同进行体系结构设计工作，从他们身上我学到了许多东西，相信阅读本书也能让你受益匪浅。

Rational 软件公司首席科学家

Grady Booch

前言 PREFACE

本书并不是一本介绍面向对象技术或设计的书，目前已有不少好书介绍面向对象技术或设计。本书假设你至少已经比较熟悉一种面向对象编程语言，并且有一定的面向对象设计经验。当我们提及"类型"和"多态"，或"接口"继承与"实现"继承的关系时，你应该对这些概念了然于胸，而不是迫不及待地翻阅手头的字典。

另外，这也不是一篇高级专题技术论文，而是一本关于设计模式的书，它描述了在面向对象软件设计过程中针对特定问题的简洁而优雅的解决方案。设计模式捕获了随时间进化与发展的问题的求解方法，因此它们并不是人们从一开始就采用的设计方案。它们反映了不为人知的重新设计和重新编码的成果，而这些都来自软件开发者为了设计出灵活、可复用的软件而长时间进行的艰苦努力。设计模式捕获了这些解决方案，并用简洁易用的方式表达出来。

设计模式并不要求使用独特的语言特性，也不采用那些足以使你的朋友或老板大吃一惊的神奇的编程技巧。所有的模式均可以用标准的面向对象语言实现，这有时也许会比特殊的解法多费一些工夫，但是为了增加软件的灵活性和可复用性，多做些工作是值得的。

一旦理解了设计模式并且有了一种"Aha！"（而不是"Huh？"）的应用经验和体验后，你将用一种非同寻常的方式思考面向对象设计。你将拥有一种深刻的洞察力，以帮助你设计出更加灵活的、模块化的、可复用的和易理解的软件——这也是你着迷于面向对象技术的原因，不是吗？

当然还有一些提示和鼓励：第一次阅读本书时你可能不会完全理解它，但不必着急，我们在起初编写这本书时也没有完全理解它们！请记住，这不是一本读完一遍就可以束之高阁的书。我们希望你在软件设计过程中反复参阅本书，以获取设计灵感。

我们并不认为这组设计模式是完整的和一成不变的，它只是我们目前对设计的思考的记录。因此我们欢迎广大读者进行批评与指正，无论从书中采用的实例、参考，还是我们遗漏的已知应用，或应该包含的设计模式等方面。你可以通过 Addison-Wesley 写信给我们，或发送电子邮件到 design-patterns@cs.uiuc.edu。你还可以发送邮件" send design pattern source"到 design-patterns-source@cs.uiuc.edu 获取书中的示例代码部分的源代码。

另外我们有一个专门的网页报道最新的消息与更新：

http://st-www.cs.uiuc.edu/users/patterns/DPBook/DPBook.html

E. G. 于加州 Mountain View

R. H. 于蒙特利尔

R. J. 于伊利诺伊 Urbana

J. V. 于纽约 Hawthorne

1994 年 8 月

本书包括两个主要部分。第一部分（第 1 章和第 2 章）介绍了什么是设计模式以及它如何帮助你设计面向对象的软件系统。该部分包含了一个设计案例研究，展示了如何将设计模式应用于实际工作。第二部分（第 3 ~ 5 章）则是实际设计模式的分类描述。

模式的分类描述构成了本书的主要部分，根据模式的性质本书将其划分为三种类型：创建型（creational）、结构型（structural）和行为型（behavioral）。可以从多个角度使用模式的分类描述，例如，你可以从头至尾地阅读每一个模式，也可以随机浏览其中的任何一个模式。另外一种方法是研究其中的一章，这将有助于理解原本密切关联的模式如何相互区分。

模式描述中的交叉引用将给你提供寻找其他相关模式的逻辑路径，它将帮助你看清楚模式是如何相互关联的、一个模式怎样与其他模式进行组合以及哪些模式能在一起工作。图 1-1 将用图示方法展现这种关系。

阅读模式分类描述的另一种方法是问题导向法，你可以翻到 1.6 节查找有关设计可复用的面向对象系统过程中经常遇到的问题，然后阅读解决这些问题的有关模式。有些读者首先通读模式分类描述，然后运用问题导向的方法将模式应用于他们的项目中。

如果你不是一个有经验的面向对象设计人员，我们建议你从那些最简单、最常用的模式出发：

- Abstract Factory(3.1)
- Adapter(4.1)
- Composite(4.3)
- Decorator(4.4)
- Factory Method(3.3)
- Observer(5.7)
- Strategy(5.9)
- Template Method(5.10)

很难找到一个没有使用书中描述的若干模式的面向对象软件系统，许多大型软件系统几乎用到了所有的这些模式。上述这组模式将有助于你进一步理解设计模式本身及一般意义下的优秀的面向对象设计。

目 录 CONTENTS

赞誉
序言
前言
读者指南

第 1 章 引言 ｜ 1

1.1 什么是设计模式 ｜ 3
1.2 Smalltalk MVC 中的设计模式 ｜ 4
1.3 描述设计模式 ｜ 6
1.4 设计模式的编目 ｜ 7
1.5 组织编目 ｜ 8
1.6 设计模式怎样解决设计问题 ｜ 10
    1.6.1 寻找合适的对象 ｜ 10
    1.6.2 决定对象的粒度 ｜ 11
    1.6.3 指定对象接口 ｜ 11
    1.6.4 描述对象的实现 ｜ 12
    1.6.5 运用复用机制 ｜ 15
    1.6.6 关联运行时和编译时的结构 ｜ 18
    1.6.7 设计应支持变化 ｜ 19
1.7 怎样选择设计模式 ｜ 22
1.8 怎样使用设计模式 ｜ 24

**第 2 章 实例研究：设计一个文档
        编辑器** ｜ 25

2.1 设计问题 ｜ 27
2.2 文档结构 ｜ 27
    2.2.1 递归组合 ｜ 28
    2.2.2 图元 ｜ 29
    2.2.3 组合模式 ｜ 31
2.3 格式化 ｜ 31
    2.3.1 封装格式化算法 ｜ 31
    2.3.2 Compositor 和 Composition ｜ 32
    2.3.3 策略模式 ｜ 33

2.4 修饰用户界面 ｜ 34
    2.4.1 透明围栏 ｜ 34
    2.4.2 MonoGlyph ｜ 35
    2.4.3 Decorator 模式 ｜ 36
2.5 支持多种视感标准 ｜ 37
    2.5.1 对象创建的抽象 ｜ 37
    2.5.2 工厂类和产品类 ｜ 38
    2.5.3 Abstract Factory 模式 ｜ 40
2.6 支持多种窗口系统 ｜ 40
    2.6.1 是否可以使用 Abstract Factory
          模式 ｜ 40
    2.6.2 封装实现依赖关系 ｜ 41
    2.6.3 Window 和 WindowImp ｜ 43
    2.6.4 Bridge 模式 ｜ 46
2.7 用户操作 ｜ 46
    2.7.1 封装一个请求 ｜ 47
    2.7.2 Command 类及其子类 ｜ 47
    2.7.3 撤销和重做 ｜ 48
    2.7.4 命令历史记录 ｜ 49
    2.7.5 Command 模式 ｜ 50
2.8 拼写检查和断字处理 ｜ 50
    2.8.1 访问分散的信息 ｜ 51
    2.8.2 封装访问和遍历 ｜ 51
    2.8.3 Iterator 类及其子类 ｜ 52
    2.8.4 Iterator 模式 ｜ 55
    2.8.5 遍历和遍历过程中的动作 ｜ 55
    2.8.6 封装分析 ｜ 56
    2.8.7 Visitor 类及其子类 ｜ 59
    2.8.8 Visitor 模式 ｜ 60
2.9 小结 ｜ 60

第 3 章 创建型模式 ｜ 62

3.1 Abstract Factory（抽象工厂）——对象
    创建型模式 ｜ 66

3.2 Builder（生成器）——对象创建型
模式 ┆ 74

3.3 Factory Method（工厂方法）——对象
创建型模式 ┆ 81

3.4 Prototype（原型）——对象创建型
模式 ┆ 89

3.5 Singleton（单件）——对象创建型
模式 ┆ 96

3.6 创建型模式的讨论 ┆ 102

第 4 章 结构型模式 ┆ 104

4.1 Adapter（适配器）——类对象结构型
模式 ┆ 106

4.2 Bridge（桥接）——对象结构型
模式 ┆ 115

4.3 Composite（组合）——对象结构型模
式 ┆ 123

4.4 Decorator（装饰）——对象结构型
模式 ┆ 132

4.5 Facade（外观）——对象结构型
模式 ┆ 139

4.6 Flyweight（享元）——对象结构型
模式 ┆ 146

4.7 Proxy（代理）——对象结构型
模式 ┆ 155

4.8 结构型模式的讨论 ┆ 164

4.8.1 Adapter 与 Bridge ┆ 164

4.8.2 Composite、Decorator 与
Proxy ┆ 164

第 5 章 行为型模式 ┆ 166

5.1 Chain of Responsibility（职责链）——
对象行为型模式 ┆ 167

5.2 Command（命令）——对象行为型
模式 ┆ 175

5.3 Interpreter（解释器）——类行为型
模式 ┆ 183

5.4 Iterator（迭代器）——对象行为型
模式 ┆ 193

5.5 Mediator（中介者）——对象行为型
模式 ┆ 205

5.6 Memento（备忘录）——对象行为型
模式 ┆ 212

5.7 Observer（观察者）——对象行为型
模式 ┆ 219

5.8 State（状态）——对象行为型模式 ┆ 227

5.9 Strategy（策略）——对象行为型
模式 ┆ 234

5.10 Template Method（模板方法）——
类行为型模式 ┆ 242

5.11 Visitor（访问者）——对象行为型
模式 ┆ 246

5.12 行为型模式的讨论 ┆ 256

5.12.1 封装变化 ┆ 256

5.12.2 对象作为参数 ┆ 257

5.12.3 通信应该被封装还是被
分布 ┆ 257

5.12.4 对发送者和接收者解耦 ┆ 258

5.12.5 总结 ┆ 260

第 6 章 结论 ┆ 261

6.1 设计模式将带来什么 ┆ 262

6.1.1 一套通用的设计词汇 ┆ 262

6.1.2 书写文档和学习的辅助
手段 ┆ 263

6.1.3 现有方法的一种补充 ┆ 263

6.1.4 重构的目标 ┆ 264

6.2 本书简史 ┆ 265

6.3 模式界 ┆ 266

6.3.1 Alexander 的模式语言 ┆ 266

6.3.2 软件中的模式 ┆ 267

6.4 邀请参与 ┆ 267

6.5 临别感想 ┆ 268

附录 A 词汇表 ┆ 269

附录 B 图示符号指南 ┆ 273

附录 C 基本类 ┆ 277

参考文献 ┆ 284

第 1 章

引　言

　　设计面向对象软件比较困难，而设计可复用的面向对象软件就更加困难。你必须找到相关的对象，以适当的粒度将它们归类，再定义类的接口和继承层次，建立对象之间的基本关系。你的设计应该对手头的问题有针对性，同时对将来的问题和需求也要有足够的通用性。你也希望避免重复设计或尽可能少做重复设计。有经验的面向对象设计者会告诉你，要一下子就得到复用性和灵活性好的设计，即使不是不可能的至少也是非常困难的。一个设计在最终完成之前经常要被复用好几次，而且每一次都有所修改。

　　有经验的面向对象设计者的确能做出良好的设计，而新手则面对众多选择无从下手，总是求助于以前使用过的非面向对象技术。新手需要花费较长时间领会良好的面向对象设计是怎么回事。有经验的设计者显然知道一些新手所不知道的东西，这又是什么呢？

　　内行的设计者知道：不是解决任何问题都要从头做起。他们更愿意复用以前使用过的解决方案。当找到一个好的解决方案时，他们会一遍又一遍地使用。这些经验是他们成为内行的部分原因。因此，你会在许多面向对象系统中看到类和相互通信的对象（communicating object）的重复模式。这些模式解决特定的设计问题，使面向对象设计更灵活、优雅，最终复用性更好。它们帮助设计者将新的设计建立在以往工作的基础上，复用以往成功的设计方案。一个熟悉这些模式的设计者不需要再去发现它们，而能够立即将它们应用于设计问题中。

　　以下类比可以帮助说明这一点。小说家和剧本作家很少从头开始设计剧情。他们总是沿袭一些业已存在的模式，像"悲剧性英雄"模式（《麦克白》《哈姆雷特》等）或"浪漫小说"模式（存在着无数浪漫小说）。同样，面向对象设计者也沿袭一些模式，像"用对象表示状态"和"修饰对象以便你能容易地添加／删除属性"等。一旦懂得了模式，许多设计决策自然而然就产生了。

　　我们都知道设计经验的重要价值。你曾经多少次有过这种感觉——你已经解决过一个问题但就是不能确切地知道是在什么地方或怎么解决的？如果能记起以前问题的细节和怎么解决它，你就可以复用以前的经验而不需要重新解决它。然而，我们并没有很好地记录下可供他人使用的软件设计经验。

　　本书的目的就是将面向对象软件的设计经验作为设计模式记录下来。每一个设计模式系统地命名、解释和评价了面向对象系统中一个重要的和重复出现的设计。我们的目标是将设计经验以人们能够有效利用的形式记录下来。鉴于此，我们编写了一些最重要的设计模式，并以编目分类的形式将它们展现出来。

　　设计模式使人们可以更加简单方便地复用成功的设计和体系结构。将已证实的技术表述成设计模式也会使新系统开发者更加容易理解其设计思路。设计模式帮助你做出有利于系统复用的选择，避免设计损害系统复用性。通过提供一个显式类和对象作用关系以及它们之间潜在联系的说明规范，设计模式甚至能够提高已有系统的文档管理和系统维护的有效性。简而言之，设计模式可以帮助设计者更快、更好地完成系统设计。

　　本书中涉及的设计模式并不描述新的或未经证实的设计，我们只收录那些在不同系统中多次使用过的成功设计。这些设计的绝大部分以往并无文档记录，它们或是来源于面向对象设计者圈子里的非正式交流，或是来源于某些成功的面向对象系统的某些部分，但对设计新手来说，这些东西是很难学得到的。尽管这些设计不包含新的思路，但我们用一种新的、便于理解的方式将其展现给读者，即具有统一格式的、已分类编目的若干组设计模式。

尽管本书涉及较多的内容，但书中讨论的设计模式仅仅包含了一个设计行家所知道的部分。书中没有讨论与并发、分布式或实时程序设计有关的模式，也没有收录面向特定应用领域的模式。本书并不准备告诉你怎样构造用户界面、怎样写设备驱动程序或怎样使用面向对象数据库，这些方面都有自己的模式，将这些模式分类编目也是件很有意义的事。

1.1 什么是设计模式

Christopher Alexander 说过："每一个模式描述了一个在我们周围不断重复发生的问题，以及该问题的解决方案的核心。这样，你就能一次又一次地使用该方案而不必做重复劳动"。尽管 Alexander 所指的是城市和建筑模式，但他的思想同样适用于面向对象设计模式，只是在面向对象的解决方案里，我们用对象和接口代替了墙壁和门窗。两类模式的核心都在于提供了相关问题的解决方案。

一般而言，一个模式有四个基本要素：

模式名（pattern name） 一个助记名，它用一两个词来描述模式的问题、解决方案和效果。命名一个新的模式增加了我们的设计词汇。设计模式允许我们在较高的抽象层次上进行设计。基于一个模式词汇表，我们自己以及同事之间就可以讨论模式并在编写文档时使用它们。模式名可以帮助我们思考，便于我们与其他人交流设计思想及设计结果。找到恰当的模式名也是我们设计模式编目工作的难点之一。

问题（problem） 描述了应该在何时使用模式。它解释了设计问题和问题存在的前因后果。它可能描述了特定的设计问题（如怎样用对象表示算法等），也可能描述了导致不灵活设计的类或对象结构。有时候，问题部分会包括使用模式必须满足的一系列先决条件。

解决方案（solution） 描述了设计的组成成分、它们之间的相互关系及各自的职责和协作方式。因为模式就像一个模板，可应用于多种不同场合，所以解决方案并不描述一个特定而具体的设计或实现，而是提供设计问题的抽象描述和怎样用一个具有一般意义的元素组合（类或对象组合）来解决这个问题。

效果（consequence） 描述了模式应用的效果及使用模式应权衡的问题。尽管我们描述设计决策时并不总提到模式效果，但它们对于评价设计选择和理解使用模式的代价及好处具有重要意义。软件效果大多关注对时间和空间的衡量，它们也表述了语言和实现问题。因为复用是面向对象设计的要素之一，所以模式效果包括它对系统的灵活性、扩充性或可移植性的影响，显式地列出这些效果对理解和评价这些模式很有帮助。

出发点的不同会产生对什么是模式和什么不是模式的理解不同。一个人的模式对另一个人来说可能只是基本构造部件。本书中我们将在一定的抽象层次上讨论模式。本书并不描述链表和 hash 表那样的设计，尽管它们可以用类来封装，也可复用；也不包括那些复杂的、特定领域内的对整个应用或子系统的设计。本书中的设计模式是对用来在特定场景下解决一般设计问题的类和相互通信的对象的描述。

设计模式命名、抽象和确定了一个通用设计结构的主要方面，这些设计结构能被用来构造可复用的面向对象设计。设计模式确定了所包含的类和实例，它们的角色、协作方式以及职责分配。每一个设计模式都集中于一个特定的面向对象设计问题或设计要点，描述了什么时候使用它，在另一些设计约束条件下是否还能使用，以及使用的效果和如何取舍。既然我们最终要实现设计，设计模式还提供了 C++ 和 Smalltalk 示例代码来阐明其实现。

虽然设计模式描述的是面向对象设计，但它们都基于实际的解决方案，这些方案的实现语言是 Smalltalk 和 C++ 等主流面向对象编程语言，而不是过程式语言（Pascal、C、Ada）或更具动态特性的面向对象语言（CLOS、Dylan、Self）。我们从实用角度出发选择了 Smalltalk 和 C++，因为在这些语言的使用上我们积累了许多经验，况且它们也变得越来越流行。

程序设计语言的选择非常重要，它将影响人们理解问题的出发点。我们的设计模式采用了 Smalltalk 和 C++ 的语言特性，这个选择实际上决定了哪些机制可以方便地实现，而哪些则不能。若采用过程式语言，可能就要包括诸如"继承""封装"和"多态"的设计模式。相应地，一些特殊的面向对象语言可以直接支持我们的某些模式，例如：CLOS 支持多方法（multi-method）概念，这就减少了 Visitor 模式的必要性。事实上，Smalltalk 和 C++ 已有足够的差别来说明对某些模式一种语言比另一种语言表述起来更容易一些（参见 5.4 节 Iterator 模式）。

1.2　Smalltalk MVC中的设计模式

在 Smalltalk-80 中，类的模型 / 视图 / 控制器（Model/View/Controller）三元组（MVC）被用来构建用户界面。透过 MVC 来看设计模式将帮助我们理解"模式"这一术语的含义。

MVC 包括三类对象。模型（Model）是应用对象，视图（View）是它在屏幕上的表示，控制器（Controller）定义用户界面对用户输入的响应方式。不使用 MVC，用户界面设计往往将这些对象混在一起，而 MVC 则将它们分离以提高灵活性和复用性。

MVC 通过建立一个"订购 / 通知"协议来分离视图和模型。视图必须保证它的显示正确地反映了模型的状态。一旦模型的数据发生变化，模型将通知有关的视图，每个视图相应地得到刷新自己的机会。这种方法可以让你为一个模型提供不同的多个视图表现形式，也能够为一个模型创建新的视图而无须重写模型。

下图显示了一个模型和三个视图（为了简单起见我们省略了控制器）。模型包含一些数据值，视图通过电子表格、柱状图、饼图等不同的方式来显示这些数据。当模型的数据发生变化时，模型就通知它的视图，而视图将与模型通信以获取这些数据值。

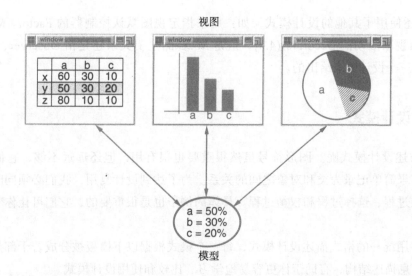

表面上看，这个例子反映了将视图和模型分离的设计，然而这个设计还可用于解决更一般的问题：将对象分离，使得一个对象的改变能够影响另一些对象，而这个对象并不需要知道那些被影响的对象的细节。这个更一般的设计被描述成 Observer(5.7) 模式。

MVC 的另一个特征是视图可以嵌套。例如，按钮控制面板可以用一个嵌套了按钮的复杂视图来实现。对象查看器的用户界面可由嵌套的视图构成，这些视图又可复用于调试器。MVC 用 View 类的子类——CompositeView 类来支持嵌套视图。CompositeView 类的对象行为类似于 View 类的对象行为，一个组合视图可用于任何视图可用的地方，但是它包含并管理嵌套视图。

上例反映了可以将组合视图与其构件平等对待的设计，同样，该设计也适用于更一般的问题：将一些对象划分为一组，并将该组对象当作一个对象来使用。这个设计被描述为Composite(4.3) 模式，该模式允许你创建一个类层次结构，一些子类定义了原子对象（如Button）而其他类定义了组合对象（CompositeView），这些组合对象是由原子对象组合而成的更复杂的对象。

MVC 允许你在不改变视图外观的情况下改变视图对用户输入的响应方式。例如，你可能希望改变视图对键盘的响应方式，或希望使用弹出菜单而不是原来的命令键方式。MVC将响应机制封装在 Controller 对象中。存在着一个 Controller 的类层次结构，使得可以方便地对原有 Controller 做适当改变而创建新的 Controller。

View 使用 Controller 子类的实例来实现一个特定的响应策略。要实现不同的响应策略只要用不同种类的 Controller 实例替换即可。甚至可以在运行时通过改变 View 的 Controller 来改变 View 对用户输入的响应方式。例如，一个 View 可以被禁止接收任何输入，只需给它一个忽略输入事件的 Controller。

View-Controller 关系是 Strategy(5.9) 模式的一个例子。一个策略是一个表述算法的对象。当你想静态或动态地替换一个算法，或你有很多不同的算法，或算法中包含你想封装的复杂数据结构时，策略模式是非常有用的。

MVC 还使用了其他的设计模式，如：用来指定视图默认控制器的 Factory Method(3.3) 和用来增加视图滚动的 Decorator(4.4)。但是 MVC 的主要关系还是由 Observer、Composite 和 Strategy 三个设计模式给出的。

1.3 描述设计模式

怎样描述设计模式呢？图形符号虽然很重要也很有用，但还远远不够，它们只是将设计过程的结果简单记录为类和对象之间的关系。为了达到设计复用，我们必须同时记录设计产生的决定过程、选择过程和权衡过程。具体的例子也是很重要的，它们可让你看到实际的设计。

我们将用统一的格式描述设计模式，每一个模式根据以下模板被分成若干部分。模板具有统一的信息描述结构，有助于你更容易地学习、比较和使用设计模式。

模式名和分类

模式名简洁地描述了模式的本质。一个好的名字非常重要，因为它将成为你的设计词汇表中的一部分。模式的分类反映了我们将在 1.5 节介绍的方案。

意图

意图是回答下列问题的简单陈述：设计模式是做什么的？它的基本原理和意图是什么？它解决的是什么样的特定设计问题？

别名

模式的其他名称。

动机

用以说明一个设计问题以及如何用模式中的类、对象来解决该问题的特定情景。该情景会帮助你理解随后对模式更抽象的描述。

适用性

什么情况下可以使用该设计模式？该模式可用来改进哪些不良设计？你怎样识别这些情况？

结构

采用基于对象建模技术（OMT）[RBP+91] 的表示法对模式中的类进行图形描述。我们也使用了交互图 [JCJO92，Boo94] 来说明对象之间的请求序列和协作关系。附录 B 详细描述了这些表示法。

参与者

指设计模式中的类或对象以及它们各自的职责。

协作

模式的参与者怎样协作以实现它们的职责。

效果

模式怎样支持它的目标？使用模式的效果和所需做的权衡是什么？系统结构的哪些方面

可以独立改变？

实现

实现模式时需要知道的一些提示、技术要点及应避免的缺陷，以及是否存在某些特定于实现语言的问题。

代码示例

用来说明怎样用 C++ 或 Smalltalk 实现该模式的代码片段。

已知应用

实际系统中发现的模式的例子。每个模式至少包括两个不同领域的实例。

相关模式

与这个模式紧密相关的模式有哪些？其间重要的不同之处是什么？这个模式应与哪些其他模式一起使用？

附录提供的背景资料将帮助你理解模式以及关于模式的讨论。附录 A 给出了我们使用的术语列表。前面已经提到过的附录 B 则给出了各种表示法，我们也会在以后的讨论中简单介绍它们。最后，附录 C 给出了我们在例子中使用的各基本类的源代码。

1.4　设计模式的编目

从第 3 章开始的模式目录中共包含 23 个设计模式。它们的名字和意图列举如下，以使你有个基本了解。每个模式名后的括号中标出模式所在的章节（整本书都将遵从这个约定）。

Abstract Factory(3.1)：提供一个创建一系列相关或相互依赖对象的接口，而无须指定它们具体的类。

Adapter(4.1)：将一个类的接口转换成客户希望的另外一个接口。Adapter 模式使得原本由于接口不兼容而不能一起工作的那些类可以一起工作。

Bridge(4.2)：将抽象部分与它的实现部分分离，使它们都可以独立地变化。

Builder(3.2)：将一个复杂对象的构建与它的表示分离，使得同样的构建过程可以创建不同的表示。

Chain of Responsibility(5.1)：解除请求的发送者和接收者之间的耦合，使多个对象都有机会处理这个请求。将这些对象连成一条链，并沿着这条链传递该请求，直到有一个对象处理它。

Command(5.2)：将一个请求封装为一个对象，从而使你可用不同的请求对客户进行参数化；对请求排队或记录请求日志，以及支持可取消的操作。

Composite(4.3)：将对象组合成树形结构以表示"部分 – 整体"的层次结构。Composite使得客户对单个对象和组合对象的使用具有一致性。

Decorator(4.4)：动态地给一个对象添加一些额外的职责。就扩展功能而言，Decorator

模式比生成子类方式更为灵活。

Facade(4.5)：为子系统中的一组接口提供一个一致的界面，Facade 模式定义了一个高层接口，这个接口使得这一子系统更加容易使用。

Factory Method(3.3)：定义一个用于创建对象的接口，让子类决定将哪一个类实例化。Factory Method 使一个类的实例化延迟到其子类。

Flyweight(4.6)：运用共享技术有效地支持大量细粒度的对象。

Interpreter(5.3)：给定一个语言，定义它的文法的一种表示，并定义一个解释器，该解释器使用该表示来解释语言中的句子。

Iterator(5.4)：提供一种方法顺序访问一个聚合对象中的各个元素，而又不需要暴露该对象的内部表示。

Mediator(5.5)：用一个中介对象来封装一系列的对象交互。中介者使各对象不需要显式地相互引用，从而使其耦合松散，而且可以独立地改变它们之间的交互。

Memento(5.6)：在不破坏封装性的前提下，捕获一个对象的内部状态，并在该对象之外保存这个状态。这样以后就可将该对象恢复到保存的状态。

Observer(5.7)：定义对象间的一种一对多的依赖关系，以便当一个对象的状态发生改变时，所有依赖于它的对象都得到通知并自动刷新。

Prototype(3.4)：用原型实例指定创建对象的种类，并且通过复制这个原型来创建新的对象。

Proxy(4.7)：为其他对象提供一个代理以控制对这个对象的访问。

Singleton(3.5)：保证一个类仅有一个实例，并提供一个访问它的全局访问点。

State(5.8)：允许一个对象在其内部状态改变时改变它的行为。对象看起来似乎修改了它所属的类。

Strategy(5.9)：定义一系列的算法，把它们一个个封装起来，并且使它们可相互替换。本模式使得算法的变化可独立于使用它的客户。

Template Method(5.10)：定义一个操作中的算法的骨架，而将一些步骤延迟到子类中。Template Method 使得子类不改变一个算法的结构即可重定义该算法的某些特定步骤。

Visitor(5.11)：表示一个作用于某对象结构中的各元素的操作。它使你可以在不改变各元素的类的前提下定义作用于这些元素的新操作。

1.5　组织编目

设计模式在粒度和抽象层次上各不相同。由于存在众多的设计模式，我们希望用一种方式将它们组织起来。这一节将对设计模式进行分类以便我们对各族相关的模式进行引用。分类有助于更快地学习目录中的模式，且对发现新的模式也有指导作用，如表 1-1 所示。

表 1-1　设计模式空间

		目　　的		
		创　建　型	结　构　型	行　为　型
范围	类	Factory Method(3.3)	Adapter(类)(4.1)	Interpreter(5.3) Template Method(5.10)
	对象	Abstract Factory(3.1) Builder(3.2) Prototype(3.4) Singleton(3.5)	Adapter(对象)(4.1) Bridge(4.2) Composite(4.3) Decorator(4.4) Facade(4.5) Flyweight(4.6) Proxy(4.7)	Chain of Responsibility(5.1) Command(5.2) Iterator(5.4) Mediator(5.5) Memento(5.6) Observer(5.7) State(5.8) Strategy(5.9) Visitor(5.11)

　　我们根据两条准则（表 1-1）对模式进行分类。第一条是目的准则，即模式是用来完成什么工作的。模式依据其目的可分为创建型（creational）、结构型（structural）和行为型（behavioral）三种。创建型模式与对象的创建有关；结构型模式处理类或对象的组合；行为型模式对类或对象怎样交互和怎样分配职责进行描述。

　　第二条是范围准则，指定模式主要是用于类还是用于对象。类模式处理类和子类之间的关系，这些关系通过继承建立，是静态的，在编译时便确定下来了。对象模式处理对象间的关系，这些关系在运行时是可以变化的，更具动态性。从某种意义上来说，几乎所有模式都使用继承机制，所以"类模式"只指那些集中于处理类间关系的模式，而大部分模式都属于对象模式的范畴。

　　创建型类模式将对象的部分创建工作延迟到子类，而创建型对象模式则将它延迟到另一个对象中。结构型类模式使用继承机制来组合类，而结构型对象模式则描述了对象的组装方式。行为型类模式使用继承描述算法和控制流，而行为型对象模式则描述了一组对象怎样协作完成单个对象所无法完成的任务。

　　还有其他组织模式的方式。有些模式经常会被绑在一起使用，例如，Composite 常和 Iterator 或 Visitor 一起使用；有些模式是可替代的，例如，Prototype 常用来替代 Abstract Factory；有些模式尽管使用意图不同，但产生的设计结果是很相似的，例如，Composite 和 Decorator 的结构图是相似的。

　　还有一种方式是根据模式的"相关模式"部分所描述的它们怎样互相引用来组织设计模式。图 1-1 给出了模式关系的图形说明。

　　显然，存在着许多组织设计模式的方法。从多角度去思考模式有助于对它们的功能、差异和应用场合的更深入理解。

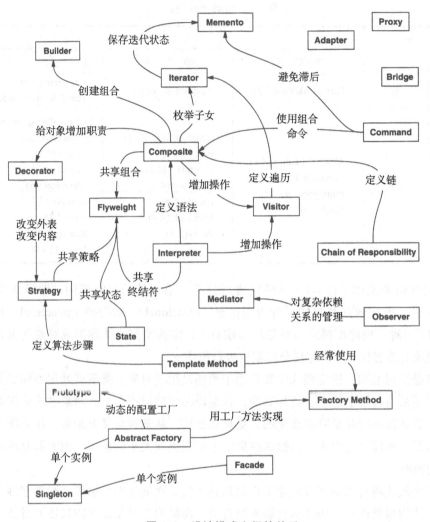

图 1-1　设计模式之间的关系

1.6　设计模式怎样解决设计问题

　　设计模式采用多种方法解决面向对象设计者经常碰到的问题。这里给出几个问题以及使用设计模式解决它们的方法。

1.6.1　寻找合适的对象

　　面向对象程序由对象组成，对象包括数据和对数据进行操作的过程，过程通常称为方法或操作。对象在收到客户的请求（或消息）后，执行相应的操作。

　　客户请求是使对象执行操作的唯一方法，操作又是对象改变内部数据的唯一方法。由于这些限制，对象的内部状态是被封装的，它不能被直接访问，它的表示对于对象外部是不可见的。

面向对象设计最困难的部分是将系统分解成对象集合。因为要考虑许多因素：封装、粒度、依赖关系、灵活性、性能、演化、复用等，它们都影响着系统的分解，并且这些因素通常还是互相冲突的。

面向对象设计方法学支持许多设计方法。你可以写出一个问题描述，挑出名词和动词，进而创建相应的类和操作；或者，你可以关注系统的协作和职责关系；或者，你可以对现实世界建模，再将分析时发现的对象转化至设计中。至于哪一种方法最好，并无定论。

设计的许多对象来源于现实世界的分析模型。但是，设计结果所得到的类通常在现实世界中并不存在，有些是像数组之类的低层类，而另一些则层次较高。例如，Composite(4.3)模式引入了统一对待现实世界中并不存在的对象的抽象方法。严格反映当前现实世界的模型并不能产生也能反映将来世界的系统。设计中的抽象对于产生灵活的设计是至关重要的。

设计模式帮你确定并不明显的抽象和描述这些抽象的对象。例如，描述过程或算法的对象现实中并不存在，但它们却是设计的关键部分。Strategy(5.9)模式描述了怎样实现可互换的算法族。State(5.8)模式将实体的每一个状态描述为一个对象。这些对象在分析阶段，甚至在设计阶段的早期并不存在，后来为使设计更灵活、复用性更好才将它们发掘出来。

1.6.2　决定对象的粒度

对象在大小和数目上变化极大。它们能表示下至硬件或上至整个应用的任何事物。那么我们怎样决定一个对象应该是什么呢？

设计模式很好地讲述了这个问题。Facade(4.5)模式描述了怎样用对象表示完整的子系统，Flyweight(4.6)模式描述了如何支持大量的最小粒度的对象。其他一些设计模式描述了将一个对象分解成许多小对象的特定方法。Abstract Factory(3.1)和Builder(3.2)产生那些专门负责生成其他对象的对象。Visitor(5.11)和Command(5.2)生成的对象专门负责实现对其他对象或对象组的请求。

1.6.3　指定对象接口

对象声明的每一个操作指定操作名、作为参数的对象和返回值，这就是所谓的操作的型构（signature）。对象操作所定义的所有操作型构的集合被称为该对象的接口（interface）。对象接口描述了该对象所能接受的全部请求的集合，任何匹配对象接口中型构的请求都可以发送给该对象。

类型（type）是一个用来标识特定接口的名字。如果一个对象接受"Window"接口所定义的所有操作请求，那么我们就说该对象具有"Window"类型。一个对象可以有许多类型，并且不同的对象可以共享同一个类型。对象接口的某部分可以用某个类型来刻画，而其他部分则可用其他类型刻画。两个类型相同的对象只需要共享它们的部分接口。接口可以包含其他接口作为子集。当一个类型的接口包含另一个类型的接口时，我们就说它是另一个类型的**子类型**（subtype），而称另一个类型为它的**超类型**（supertype）。我们常说子类型继承了它的超类型的接口。

在面向对象系统中，接口是基本的组成部分。对象只有通过它们的接口才能与外部交流，如果不通过对象的接口就无法知道对象的任何事情，也无法请求对象做任何事情。对象接口与其功能实现是分离的，不同对象可以对请求做不同的实现，也就是说，两个有相同接口的对象可以有完全不同的实现。

当给对象发送请求时，所引起的具体操作既与请求本身有关又与接受对象有关。支持相同请求的不同对象可能对请求激发的操作有不同的实现。发送给对象的请求和它的相应操作在运行时的连接就称为**动态绑定**（dynamic binding）。

动态绑定是指发送的请求直到运行时才受你的具体实现的约束。因而，在知道任何有正确接口的对象都将接受此请求时，你可以写一个一般的程序，它期待着那些具有该特定接口的对象。进一步讲，动态绑定允许你在运行时彼此替换有相同接口的对象。这种可替换性就称为**多态**（polymorphism），它是面向对象系统中的核心概念之一。多态允许客户对象仅要求其他对象支持特定接口，除此之外对其假设几近于无。多态简化了客户的定义，使得对象间彼此独立，并可以在运行时动态改变它们相互的关系。

设计模式通过确定接口的主要组成成分及经接口发送的数据类型来帮助你定义接口。设计模式也许还会告诉你接口中不应包括哪些东西。Memento(5.6) 模式是一个很好的例子，它描述了怎样封装和保存对象内部的状态，以便一段时间后对象能恢复到这一状态。它规定了Memento 对象必须定义两个接口：一个允许客户保持和复制 memento 的限制接口，一个只有原对象才能使用的用来储存和提取 memento 中状态的特权接口。

设计模式也指定了接口之间的关系。特别是，它们经常要求一些类具有相似的接口，或它们对一些类的接口做了限制。例如，Decorator(4.4) 和 Proxy(4.7) 模式分别要求 Decorator 和 Proxy 对象的接口与被修饰的对象和受委托的对象一致。而 Visitor(5.11) 模式中，Visitor 接口必须反映出 visitor 能访问的对象的所有类。

1.6.4 描述对象的实现

至此，我们很少提及实际上怎么去定义一个对象。对象的实现是由它的类决定的，类指定了对象的内部数据和表示，也定义了对象所能完成的操作，如右图所示。

我们基于 OMT 的表示法，将类描述成一个矩形，其中的类名以黑体表示。操作在类名下面，以常规字体表示。类所定义的任何数据都在操作的下面。类名与操作之间以及操作与数据之间用横线分隔。

返回类型和实例变量类型是可选的，因为我们并未假设一定要用具有静态类型的实现

ClassName
Operation1()   Type Operation2()   ...
instanceVariable1   Type instanceVariable2   ...

语言。

对象通过实例化类来创建，此对象被称为该类的实例。当实例化类时，要给对象的内部数据（由实例变量组成）分配存储空间，并将操作与这些数据联系起来。对象的许多类似实例是由实例化同一个类来创建的。

下图中的虚箭头线表示一个类实例化另一个类的对象，箭头指向被实例化的对象的类。

新的类可以由已存在的类通过类继承（class inheritance）来定义。当子类（subclass）继承父类（parent class）时，子类包含了父类定义的所有数据和操作。子类的实例对象包含所有子类和父类定义的数据，且它们能完成子类和父类定义的所有操作。我们以竖线和三角表示子类关系，如下图所示。

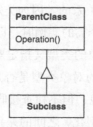

抽象类（abstract class）的主要目的是为它的子类定义公共接口。抽象类将把它的部分或全部操作的实现延迟到子类中，因此，抽象类不能被实例化。在抽象类中定义却没有实现的操作被称为抽象操作（abstract operation）。非抽象类称为具体类（concrete class）。

子类能够改进和重新定义它们父类的操作。更具体地说，类能够重定义（override）父类定义的操作，重定义使得子类能接管父类对请求的处理操作。类继承允许你只需要简单地扩展其他类就可以定义新类，从而可以很容易地定义具有相近功能的对象族。

抽象类的类名以斜体表示，以与具体类相区别。抽象操作也用斜体表示。图中可以包括实现操作的伪代码，如果这样，则代码将出现在带有折角的框中，并用虚线将该折角框与代码所实现的操作相连，图示如下。

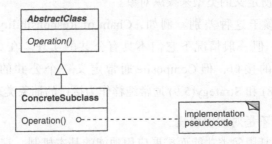

混入类（mixin class）是给其他类提供可选择的接口或功能的类。它与抽象类一样不能实例化。混入类要求多继承，图示如下。

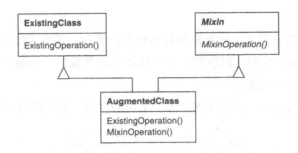

1. 类继承与接口继承的比较

理解对象的类（class）与对象的类型（type）之间的差别非常重要。

对象的类定义了对象是怎样实现的，同时也定义了对象的内部状态和操作的实现。但是对象的类型只与它的接口有关，接口即对象能响应的请求的集合。一个对象可以有多个类型，不同类的对象可以有相同的类型。

当然，对象的类和类型是有紧密关系的。因为类定义了对象所能执行的操作，也定义了对象的类型。当我们说一个对象是一个类的实例时，即指该对象支持类所定义的接口。

C++ 和 Eiffel 语言的类既指定对象的类型又指定对象的实现。Smalltalk 程序不声明变量的类型，所以编译器不检查赋给变量的对象类型是否是该变量的类型的子类型。发送消息时需要检查消息接收者是否实现了该消息，但不检查接收者是否是某个特定类的实例。

理解类继承和接口继承（或子类型化）之间的差别也十分重要。类继承根据一个对象的实现定义了另一个对象的实现。简而言之，它是代码和表示的共享机制。然而，接口继承（或子类型化）描述了一个对象什么时候能被用来替代另一个对象。

因为许多语言并不显式地区分这两个概念，所以容易被混淆。在 C++ 和 Eiffel 语言中，继承既指接口的继承又指实现的继承。C++ 中接口继承的标准方法是公有继承一个含（纯）虚成员函数的类。C++ 中纯接口继承接近于公有继承纯抽象类，纯实现继承或纯类继承接近于私有继承。Smalltalk 中的继承只指实现继承。只要任何类的实例支持对变量值的操作，你就可以将这些实例赋给变量。

尽管大部分程序设计语言并不区分接口继承和实现继承的差别，但使用中人们还是分别对待它们的。Smalltalk 程序员通常将子类当作子类型（尽管有一些熟知的例外情况 [Coo92]），C++ 程序员通过抽象类所定义的类型来操纵对象。

很多设计模式依赖于这种差别。例如，Chain of Responsibility(5.1) 模式中的对象必须有一个公共的类型，但一般情况下它们不具有公共的实现。在 Composite(4.3) 模式中，构件定义了一个公共的接口，但 Composite 通常定义一个公共的实现。Command(5.2)、Observer(5.7)、State(5.8) 和 Strategy(5.9) 通常纯粹作为接口的抽象类来实现。

2. 对接口编程，而不是对实现编程

类继承是一个通过复用父类功能而扩展应用功能的基本机制。它允许你根据旧对象快速定义新对象。它允许你从已存在的类中继承所需的绝大部分功能，从而几乎无须任何代价就可以获得新的实现。

然而，实现的复用只是成功的一半，继承所拥有的定义具有相同接口的对象族的能力也是很重要的（通常可以从抽象类来继承）。这是为什么？因为多态依赖于这种能力。

当继承被恰当使用时，所有从抽象类导出的类将共享该抽象类的接口。这意味着子类仅仅添加或重定义操作，而没有隐藏父类的操作。这时，所有的子类都能响应抽象类接口中的请求，从而子类的类型都是抽象类的子类型。

只根据抽象类中定义的接口来操纵对象有以下两个好处：

1）客户无须知道他们使用对象的特定类型，只需要知道对象有客户所期望的接口。

2）客户无须知道他们使用的对象是用什么类来实现的，只需要知道定义接口的抽象类。

这将极大地减少子系统实现之间的相互依赖关系，也产生了可复用的面向对象设计的如下原则：

针对接口编程，而不是针对实现编程。

不将变量声明为某个特定的具体类的实例对象，而是让它遵从抽象类所定义的接口。这是本书设计模式的一个常见主题。

当你不得不在系统的某个地方实例化具体的类（即指定一个特定的实现）时，创建型模式（Abstract Factory(3.1)、Builder(3.2)、Factory Method(3.3)、Prototype(3.4) 和 Singleton (3.5)）可以帮你。通过抽象对象的创建过程，这些模式提供不同的方式以在实例化时建立接口和实现的透明连接。创建型模式确保你的系统是采用针对接口的方式，而不是针对实现的方式而书写的。

1.6.5 运用复用机制

理解对象、接口、类和继承之类的概念对大多数人来说并不难，问题的关键在于如何运用它们写出灵活的、可复用的软件。设计模式将告诉你怎样去做。

1. 继承和组合的比较

面向对象系统中功能复用的两种最常用技术是类继承和对象组合（object composition）。正如我们已解释过的，类继承允许你根据其他类的实现来定义一个类的实现。这种通过生成子类的复用通常被称为白箱复用（white-box reuse）。术语"白箱"是相对可视性而言的：在继承方式中，父类的内部细节对子类可见。

对象组合是类继承之外的另一种复用选择。新的更复杂的功能可以通过组装或组合对象来获得。对象组合要求被组合的对象具有良好定义的接口。这种复用风格被称为黑箱复用（black-box reuse），因为对象的内部细节是不可见的。对象只以"黑箱"的形式出现。

继承和组合各有优缺点。类继承是在编译时静态定义的，且可直接使用，因为程序设计语言直接支持类继承。类继承可以较方便地改变被复用的实现。当一个子类重定义一些而不是全部操作时，它也能影响它所继承的操作，只要在这些操作中调用了被重定义的操作。

但是类继承也有一些不足之处。首先，因为继承在编译时就定义了，所以无法在运行时改变从父类继承的实现。更糟的是，父类通常至少定义了部分子类的具体表示。因为继承对子类揭示了其父类的实现细节，所以继承常被认为"破坏了封装性"[Sny86]。子类中的实现与它的父类有如此紧密的依赖关系，以至于父类实现中的任何变化必然会导致子类发生变化。

当你需要复用子类时，实现上的依赖性就会产生一些问题。如果继承下来的实现不适合解决新的问题，则父类必须重写或被其他更适合的类替换。这种依赖关系限制了灵活性并最终限制了复用性。一个可用的解决方法就是只继承抽象类，因为抽象类通常提供较少的实现。

对象组合是通过获得对其他对象的引用而在运行时动态定义的。组合要求对象遵守彼此的接口约定，进而要求更仔细地定义接口，而这些接口并不妨碍你将一个对象和其他对象一起使用。这还会产生良好的结果：因为对象只能通过接口访问，所以我们并不破坏封装性；只要类型一致，运行时还可以用一个对象来替代另一个对象；更进一步，因为对象的实现是基于接口写的，所以实现上存在较少的依赖关系。

对象组合对系统设计还有另一个作用，即优先使用对象组合有助于你保持每个类被封装，并被集中在单个任务上。这样类和类继承层次会保持较小规模，并且不太可能增长为不可控制的庞然大物。另外，基于对象组合的设计会有更多的对象（而有较少的类），且系统的行为将依赖于对象间的关系而不是被定义在某个类中。

这导出了我们的面向对象设计的第二个原则：

优先使用对象组合，而不是类继承。

理想情况下，你不应为获得复用而去创建新的构件。你应该只使用对象组合技术，通过组装已有的构件就能获得你需要的功能。但是事实很少如此，因为可用构件的集合实际上并不足够丰富。使用继承的复用使得创建新的构件要比组装旧的构件来得容易。这样，继承和对象组合常一起使用。

然而，我们的经验表明：设计者往往过度使用了继承这种复用技术。但依赖于对象组合技术的设计却有更好的复用性（或更简单）。你将会看到设计模式中一再使用对象组合技术。

2. 委托

委托（delegation）是一种组合方法，它使组合具有与继承同样的复用能力 [Lie86, JZ91]。在委托方式下，有两个对象参与处理一个请求，接受请求的对象将操作委托给它的代理者（delegate）。这类似于子类将请求交给它的父类处理。使用继承时，被继承的操作总能引用接受请求的对象，C++ 中通过 this 成员变量，Smalltalk 中则通过 self。委托方式为了得到同样的效果，接受请求的对象将自己传给被委托者（代理者），使被委托的操作可以引用接受请求的对象。

举例来说，我们可以在窗口类中保存一个矩形类的实例变量来代理矩形类的特定操作，这样窗口类可以复用矩形类的操作，而不必像继承时那样定义成矩形类的子类。也就是说，一个窗口拥有一个矩形，而不是一个窗口就是一个矩形。窗口现在必须显式地将请求转发给它的矩形实例，而不是像以前那样必须继承矩形的操作。

下面的图显示了窗口类将它的 Area 操作委托给一个矩形实例。

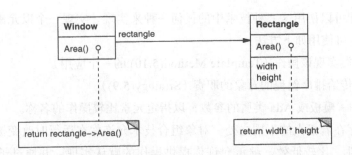

箭头线表示一个类对另一个类实例的引用关系。引用名是可选的，本例为 "rectangle"。

委托的主要优点在于它便于运行时组合对象操作以及改变这些操作的组合方式。假定矩形对象和圆对象有相同的类型，我们只需要简单地用圆对象替换矩形对象，得到的窗口就是圆形的。

委托与那些通过对象组合取得软件灵活性的技术一样，具有如下不足之处：动态的、高度参数化的软件比静态软件更难于理解。还有运行低效问题，不过从长远来看人的低效才是更主要的。只有当委托使设计比较简单而不是更复杂时，它才是好的选择。要给出一个能确切告诉你什么时候可以使用委托的规则是很困难的。因为委托可以得到的效率是与上下文有关的，并且还依赖于你的经验。委托最适用于符合特定程式的情形，即标准模式的情形。

有一些模式使用了委托，如 State(5.8)、Strategy(5.9) 和 Visitor(5.11)。在 State 模式中，一个对象将请求委托给一个描述当前状态的 State 对象来处理。在 Strategy 模式中，一个对象将一个特定的请求委托给一个描述请求执行策略的对象，一个对象只会有一个状态，但它对不同的请求可以有许多策略。这两个模式的目的都是通过改变受托对象来改变委托对象的行为。在 Visitor 中，对象结构的每个元素上的操作总是被委托到 Visitor 对象。

其他模式则没有这么多地用到委托。Mediator(5.5) 引进了一个作为其他对象间通信的中介的对象。有时，Mediator 对象只是简单地将请求转发给其他对象；有时，它沿着指向自己的引用来传递请求，使用真正意义的委托。Chain of Responsibility(5.1) 通过将请求沿着对象链传递来处理请求，有时，这个请求本身带有一个接受请求对象的引用，这时该模式就使用了委托。Bridge(4.2) 将实现和抽象分离开，如果抽象和一个特定实现非常匹配，那么这个实现可以代理抽象的操作。

委托是对象组合的特例。它告诉你对象组合作为一个代码复用机制可以替代继承。

3. 继承和参数化类型的比较

另一种功能复用技术（并非严格的面向对象技术）是参数化类型（parameterized type），也就是类属（generic）（Ada、Eiffel）或模板（template）（C++）。它允许你在定义一个类型时不用指定该类型所用到的其他所有类型。未经指定的类型在使用时以参数形式提供。例如，一个列表类能够以它所包含元素的类型来进行参数化。如果你想声明一个 Integer 列表，只需要将 Integer 类型作为列表参数化类型的参数值；声明一个 String 列表，只需要提供 String 类型作为参数值。语言的实现将会为各种元素类型创建相应的列表类模板的定制版本。

参数化类型给我们提供除了类继承和对象组合外的第三种方法来组合面向对象系统中的

行为。许多设计可以使用这三种技术中的任何一种来实现。实现一个以元素比较操作为可变元的排序例程，可使用如下方法：

1）通过子类实现该操作（Template Method(5.10) 的一个应用）。

2）实现要传给排序例程的对象的职责（Strategy(5.9)）。

3）作为 C++ 模板或 Ada 类属的参数，以指定元素比较操作的名称。

这些技术存在着极大的不同之处。对象组合技术允许你在运行时改变被组合的行为，但是它存在间接性，比较低效。继承允许你提供操作的默认实现，并通过子类重定义这些操作。参数化类型允许你改变类所用到的类型。但是继承和参数化类型都不能在运行时改变。哪一种方法最佳，取决于你设计和实现的约束条件。

本书没有一种模式是与参数化类型有关的，尽管我们在定制一个模式的 C++ 实现时用到了参数化类型。参数化类型在像 Smalltalk 那样的编译时不进行类型检查的语言中是完全不必要的。

1.6.6　关联运行时和编译时的结构

一个面向对象程序运行时的结构通常与它的代码结构相差较大。代码结构在编译时就被确定下来了，它由继承关系固定的类组成。而程序的运行时结构是由快速变化的通信对象网络组成的。事实上两个结构是彼此独立的，试图由一个去理解另一个就好像试图从静态的动植物分类去理解活生生的生态系统的动态性一样。反之亦然。

考虑对象聚合（aggregation）和相识（acquaintance）的差别以及它们在编译时和运行时的表示是多么不同。聚合意味着一个对象拥有另一个对象或对另一个对象负责。一般我们称一个对象包含另一个对象或者是另一个对象的一部分。聚合意味着聚合对象和其所有者具有相同的生命周期。

相识意味着一个对象仅仅知道另一个对象。有时相识也被称为"关联"或"引用"关系。相识的对象可能请求彼此的操作，但是它们不为对方负责。相识是一种比聚合要弱的关系，它只标识了对象间较松散的耦合关系。

在下图中，普通的箭头线表示相识，尾部带有菱形的箭头线表示聚合：

聚合和相识很容易混淆，因为它们通常以相同的方法实现。Smalltalk 中，所有变量都是其他对象的引用，程序设计语言中两者并无区别。C++ 中，聚合可以通过定义表示真正实例的成员变量来实现，但更常的是将这些成员变量定义为实例指针或引用；相识也是以指针或引用来实现的。

从根本上讲，是聚合还是相识是由你的意图而不是显式的语言机制决定的。尽管它们之间的区别在编译时的结构中很难看出来，但这些区别还是很大的。聚合关系使用较少且比相识关系更持久；而相识关系则出现频率较高，但有时只存在于一个操作期间，相识也更具动态性，使得它在源代码中更难被辨别出来。

程序的运行时结构和编译时结构存在这么大的差别，很明显代码不可能揭示关于系统如何工作的全部。系统的运行时结构更多地受到设计者而不是编程语言的影响。对象及其类型之间的关系必须更加仔细地设计，因为它们决定了运行时程序结构的好坏。

许多设计模式（特别是那些属于对象范围的）显式地记述了编译时和运行时结构的差别。Composite(4.3) 和 Decorator(4.4) 对于构造复杂的运行时结构特别有用。Observer(5.7) 也与运行时结构有关，但这些结构对于不了解该模式的人来说是很难理解的。Chain of Responsibility(5.1) 也产生了继承所无法展现的通信模式。总之，只有理解了模式，你才能清楚代码中的运行时结构。

1.6.7　设计应支持变化

获得最大限度复用的关键在于对新需求和已有需求发生变化时的预见性，要求你的系统设计能够相应地改进。

为了设计适应这种变化且具有健壮性的系统，你必须考虑系统在它的生命周期内会发生怎样的变化。一个不考虑系统变化的设计在将来就有可能需要重新设计。这些变化可能是类的重新定义和实现，修改客户和重新测试。重新设计会影响软件系统的许多方面，并且未曾料到的变化总是代价巨大的。

设计模式可以确保系统以特定方式变化，从而帮助你避免重新设计系统。每一个设计模式允许系统结构的某个方面的变化独立于其他方面，这样产生的系统对于某种特殊变化将更健壮。

下面阐述了一些导致重新设计的一般原因，以及解决这些问题的设计模式：

1）通过显式地指定一个类来创建对象　在创建对象时指定类名将使你受特定实现的约束而不是特定接口的约束。这会使未来的变化更复杂。要避免这种情况，应该间接地创建对象。

设计模式：Abstract Factory(3.1)，Factory Method(3.3)，Prototype(3.4)。

2）对特殊操作的依赖　当你为请求指定一个特殊的操作时，完成该请求的方式就固定下来了。为避免把请求代码写死，你将可以在编译时或运行时很方便地改变响应请求的方法。

设计模式：Chain of Resposibility(5.1)，Command(5.2)。

3）对硬件和软件平台的依赖　外部的操作系统接口和应用编程接口（API）在不同的软硬件平台上是不同的。依赖于特定平台的软件将很难移植到其他平台上，甚至很难跟上本地平台的更新。所以设计系统时限制其平台相关性就很重要了。

设计模式：Abstract Factory(3.1)，Bridge(4.2)。

4）对对象表示或实现的依赖　知道对象怎样表示、保存、定位或实现的客户在对象发生变化时可能也需要变化。对客户隐藏这些信息能阻止连锁变化。

设计模式：Abstract Factory(3.1)，Bridge(4.2)，Memento(5.6)，Proxy(4.7)。

5）算法依赖 算法在开发和复用时常常被扩展、优化和替代。依赖于某个特定算法的对象在算法发生变化时不得不变化。因此有可能发生变化的算法应该被孤立起来。

设计模式：Builder(3.2)，Iterator(5.4)，Strategy(5.9)，Template Method(5.10)，Visitor(5.11)。

6）紧耦合 紧耦合的类很难独立地被复用，因为它们是互相依赖的。紧耦合产生单块的系统，要改变或删掉一个类，你必须理解和改变其他许多类。这样的系统是一个很难学习、移植和维护的密集体。

松散耦合提高了一个类本身被复用的可能性，并且系统更易于学习、移植、修改和扩展。设计模式使用抽象耦合和分层技术来提高系统的松散耦合性。

设计模式：Abstract Factory(3.1)，Command(5.2)，Facade(4.5)，Mediator(5.5)，Observer (5.7)，Chain of Responsibility(5.1)。

7）通过生成子类来扩充功能 通常很难通过定义子类来定制对象。每一个新类都有固定的实现开销（初始化、终止处理等）。定义子类还需要对父类有深入的了解。例如，重定义一个操作可能需要重定义其他操作。一个被重定义的操作可能需要调用继承下来的操作。并且子类方法会导致类爆炸，因为即使对于一个简单的扩充，你也不得不引入许多新的子类。

一般的对象组合技术和具体的委托技术，是继承之外组合对象行为的另一种灵活方法。新的功能可以通过以新的方式组合已有对象，而不是通过定义已存在类的子类的方式加到应用中去。另一方面，过多使用对象组合会使设计难于理解。许多设计模式产生的设计中，可以定义一个子类，且将它的实例和已存在实例进行组合来引入定制的功能。

设计模式：Bridge(4.2)，Chain of Responsibility(5.1)，Composite(4.3)，Decorator(4.4)，Observer(5.7)，Strategy(5.9)。

8）不能方便地对类进行修改 有时你不得不改变一个难以修改的类。也许你需要源代码而又没有（对于商业类库就有这种情况），或者可能对类的任何改变会要求修改许多已存在的其他子类。设计模式提供在这些情况下对类进行修改的方法。

设计模式：Adapter(4.1)，Decorator(4.4)，Visitor(5.11)。

这些例子反映了使用设计模式有助于增强软件的灵活性。这种灵活性所具有的重要程度取决于你将要建造的软件系统。让我们看一看设计模式在开发如下三类主要软件中所起的作用：应用程序、工具箱和框架。

1. 应用程序

如果你将要建造像文档编辑器或电子制表软件这样的应用程序（application program），那么它的内部复用性、可维护性和可扩充性是要优先考虑的。内部复用性确保你不会做多余的设计和实现。设计模式通过减少依赖性来提高内部复用性。松散耦合也增强了一类对象与其他多个对象协作的可能性。例如，通过孤立和封装每一个操作，以消除对特定操作的依赖，可使在不同上下文中复用一个操作变得更简单。消除对算法和表示的依赖可达到同样的效果。

当设计模式被用来对系统分层和限制对平台的依赖性时，它们还会使一个应用更具可维护性。通过显示怎样扩展类层次结构和怎样使用对象复用，它们可增强系统的可扩充性。同时，耦合程度的降低也会增强可扩充性。如果一个类不过多地依赖其他类，扩充这个孤立的类还是很容易的。

2. 工具箱

一个应用经常会使用来自一个或多个被称为工具箱（toolkit）的预定义类库中的类。工具箱是一组相关的、可复用的类的集合，这些类提供了通用的功能。工具箱的一个典型例子就是列表、关联表单、堆栈等类的集合，C++ 的 I/O 流库是另一个例子。工具箱并不强制应用采用某个特定的设计，它们只是为你的应用提供功能上的帮助。工具箱强调的是代码复用，它们是面向对象环境下的"子程序库"。

工具箱的设计比应用设计要难得多，因为它要求对许多应用是可用的和有效的。再者，工具箱的设计者并不知道什么应用使用该工具箱及它们有什么特殊需求。这样，避免假设和依赖就变得很重要，否则会限制工具箱的灵活性，进而影响它的适用性和效率。

3. 框架

框架（framework）是构成一类特定软件的可复用设计的一组相互协作的类 [Deu89, JF88]。例如，一个框架能帮助你建立适合不同领域的图形编辑器，像艺术绘画、音乐作曲和机械 CAD[VL90, Joh92]；一个框架也许能帮助你建立针对不同程序设计语言和目标机器的编译器 [JML92]；而另一个框架也许能帮助你建立财务建模应用 [BE93]。你可以定义框架抽象类的应用相关的子类，从而将一个框架定制为特定应用。

框架规定了你的应用的体系结构。它定义了整体结构，类和对象的划分，各部分的主要责任，类和对象怎么协作，以及控制流程。框架预定义了这些设计参数，以便应用设计者或实现者能集中精力于应用本身的特定细节。框架记录了其应用领域的共同的设计决策。因而框架更强调设计复用，尽管框架常包括具体的立即可用的子类。

这个层次的复用导致了应用和它所基于的软件之间的反向控制（inversion of control）。当使用工具箱（或传统的子程序库）时，你需要写应用软件的主体并且调用你想复用的代码。而当使用框架时，你应该复用应用的主体，写主体调用的代码。你不得不以特定的名字和调用约定来写操作的实现，而这会减少你需要做出的设计决策。

你不仅可以更快地建立应用，而且应用还具有相似的结构。它们很容易维护，且用户看来也更一致。另外，你失去了一些表现创造性的自由，因为许多设计决策无须你来做出。

如果说应用程序难以设计，那么工具箱就更难了，而框架则是最难的。框架设计者必须冒险决定一个要适应该领域的所有应用的体系结构。任何对框架设计的实质性修改都会大大降低框架所带来的好处，因为框架对应用的最主要贡献在于它所定义的体系结构。因此设计的框架必须尽可能地灵活、可扩充。

更进一步讲，因为应用的设计如此依赖于框架，所以应用对框架接口的变化是极其敏感的。当框架演化时，应用不得不随之演化。这使得松散耦合更加重要，否则框架的一个细微变化都将引起强烈反应。

刚才讨论的主要设计问题对框架设计而言最具重要性。一个使用设计模式的框架比不用设计模式的框架更可能获得高层次的设计复用和代码复用。成熟的框架通常使用了多种设计模式。设计模式有助于获得无须重新设计就可适用于多种应用的框架体系结构。

当框架和它所使用的设计模式一起写入文档时，我们可以得到另外一个好处 [BJ94]。了解设计模式的人能较快地洞悉框架。甚至不了解设计模式的人也可以从产生框架文档的结构中受益。加强文档工作对于所有软件而言都是重要的，但对于框架其重要性显得尤为突出。学会使用框架常常是一个必须克服很多困难的过程。设计模式虽然无法彻底克服这些困难，但它通过对框架设计的主要元素做更显式的说明可以降低框架学习的难度。

由于模式和框架有些类似，人们常常对它们有怎样的区别和它们是否有区别感到疑惑。它们最主要的不同在于如下三个方面：

1）设计模式比框架更抽象 框架能够用代码表示，而设计模式只有其实例才能表示为代码。框架的威力在于它们能够使用程序设计语言写出来，它们不仅能被学习，也能被直接执行和复用。而本书中的设计模式在每一次被复用时，都需要实现。设计模式还解释了它的意图、权衡和设计效果。

2）设计模式是比框架更小的体系结构元素 一个典型的框架包括了多个设计模式，而反之绝非如此。

3）框架比设计模式更加特例化 框架总是针对一个特定的应用领域。一个图形编辑器框架可能被用于一个工厂模拟，但它不会被错认为是一个模拟框架。而本书收录的设计模式几乎能被用于任何应用。当然可以有比我们的模式更特殊的设计模式（例如，分布式系统和并发程序的设计模式），尽管这些模式不会像框架那样描述应用的体系结构。

框架变得越来越普遍和重要。它们是面向对象系统获得最大复用的方式。较大的面向对象应用将会由多层彼此合作的框架组成。应用的大部分设计和代码将来自它所使用的框架或受其影响。

1.7 怎样选择设计模式

本书中有 20 多个设计模式供你选择，要从中找出一个针对特定设计问题的模式可能还是很困难的，尤其是当面对一组新模式，你还不怎么熟悉它的时候。这里给出几个不同的方法，以帮助你发现适合你手头问题的设计模式：

- 考虑设计模式是怎样解决设计问题的 1.6 节讨论了设计模式怎样帮助你找到合适的对象、决定对象的粒度、指定对象接口以及设计模式解决设计问题的几个其他方法。参考这些讨论会有助于你找到合适的模式。

- 浏览模式的意图部分 1.4 节列出了目录中所有模式的意图（intent）部分。通读每个模式的意图，找出和你的问题相关的一个或多个模式。你可以使用表 1-1 所显示的分类方法缩小你的搜查范围。

- **研究模式怎样互相关联**　图 1-1 以图形方式显示了设计模式之间的关系。这些关系能指导你获得合适的模式或模式组。
- **研究目的相似的模式**　模式分类描述部分共有三章，一章介绍创建型模式，一章介绍结构型模式，一章介绍行为型模式。每一章都以对模式介绍性的评价开始，以一个小节的比较和对照结束。这些小节使你得以洞察具有相似目的的模式之间的共同点和不同点。
- **检查重新设计的原因**　看一看从"设计应支持变化"小节（1.6.7 节）开始讨论的引起重新设计的各种原因，看看你的问题是否与它们有关，然后再找出哪些模式可以帮助你避免这些会导致重新设计的因素。
- **考虑你的设计中哪些是可变的**　这个方法与关注引起重新设计的原因刚好相反。它不是考虑什么会迫使你的设计改变，而是考虑你想要什么变化却又不会引起重新设计。最主要的一点是封装变化的概念，这是许多设计模式的主题。表 1-2 列出了设计模式允许你独立变化的方面，你可以改变它们而又不会导致重新设计。

表 1-2　设计模式所支持的设计的可变方面

目　　的	设 计 模 式	可变的方面
创建	Abstract Factory(3.1)	产品对象家族
	Builder(3.2)	如何创建一个组合对象
	Factory Method(3.3)	被实例化的子类
	Prototype(3.4)	被实例化的类
	Singleton(3.5)	一个类的唯一实例
结构	Adapter(4.1)	对象的接口
	Bridge(4.2)	对象的实现
	Composite(4.3)	一个对象的结构和组成
	Decorator(4.4)	对象的职责，不生成子类
	Facade(4.5)	一个子系统的接口
	Flyweight(4.6)	对象的存储开销
	Proxy(4.7)	如何访问一个对象；该对象的位置
行为	Chain of Responsibility(5.1)	满足一个请求的对象
	Command(5.2)	何时、怎样满足一个请求
	Interpreter(5.3)	一个语言的文法及解释
	Iterator(5.4)	如何遍历、访问一个聚合的各元素
	Mediator(5.5)	对象间怎样交互、和谁交互
	Memento(5.6)	一个对象中哪些私有信息存放在该对象之外，以及在什么时候进行存储
	Observer(5.7)	多个对象依赖于另外一个对象，而这些对象又如何保持一致
	State(5.8)	对象的状态
	Strategy(5.9)	算法
	Template Method(5.10)	算法中的某些步骤
	Visitor(5.11)	某些可作用于一个（组）对象上的操作，但不修改这些对象的类

1.8　怎样使用设计模式

一旦选择了一个设计模式，该怎么使用它呢？这里给出一个有效应用设计模式的循序渐进的方法。

1）大致浏览一遍模式　特别注意其适用性部分和效果部分，确定它适合你的问题。

2）回头研究结构部分、参与者部分和协作部分　确保你理解这个模式的类和对象以及它们是怎样关联的。

3）看代码示例部分，看看这个模式代码形式的具体例子　研究代码将有助于你实现模式。

4）选择模式参与者的名字，使它们在应用上下文中有意义　设计模式参与者的名字通常过于抽象而不会直接出现在应用中。然而，将参与者的名字和应用中出现的名字合并起来是很有用的。这会帮助你在实现中更显式地体现出模式来。例如，如果你在文本组合算法中使用了 Strategy 模式，那么你可能有名为 SimpleLayoutStrategy 或 TeXLayoutStrategy 这样的类。

5）定义类　声明它们的接口，建立它们的继承关系，定义代表数据和对象引用的实例变量。识别模式会影响到你的应用中存在的类，并做出相应的修改。

6）定义模式中专用于应用的操作名称　这里再一次体现出名字一般依赖于应用。使用与每一个操作相关联的责任和协作作为指导。还有，你的名字约定要一致。例如，可以使用"Create-"前缀统一标记 Factory 方法。

7）实现执行模式中责任和协作的操作　实现部分提供线索指导你进行实现。代码示例部分的例子也能提供帮助。

这些只对你一开始使用模式起指导作用，以后你会有自己的设计模式使用方法。

关于设计模式，如果不提一下它们的使用限制，那么关于怎样使用它们的讨论就是不完整的。设计模式不能够随意使用。通常你通过引入额外的间接层次获得灵活性和可变性的同时，也使设计变得更复杂和 / 或牺牲了一定的性能。一个设计模式只有当它提供的灵活性是真正需要的时候，才有必要使用。当衡量一个模式的得失时，它的效果部分是最能提供帮助的，如表 1-2 所示。

第 2 章

实例研究

设计一个文档编辑器

这一章将通过设计一个称为 Lexi ⊖的"所见即所得"（WYSIWYG）的文档编辑器来介绍设计模式的实际应用。我们将会看到在 Lexi 和类似应用中，设计模式是怎样解决设计问题的。通过这个例子的学习，你将最终获得 8 个模式的实用经验。

图 2-1 是 Lexi 的用户界面。文档的所见即所得的表示占据了中间的大矩形区域。文档能够以不同的格式风格自由混合文本和图形。文档的周围是通常的下拉菜单和滚动条，以及一些用来跳到特定页的页码图标。

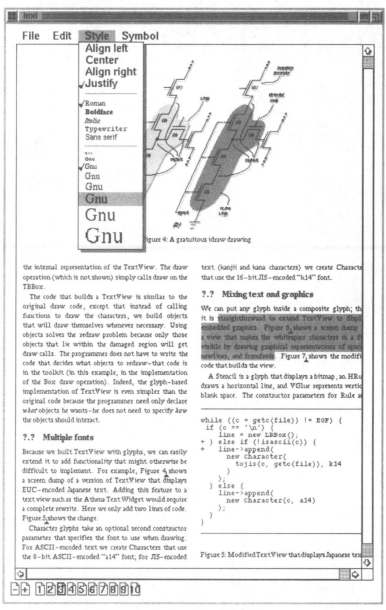

图 2-1　Lexi 的用户界面

⊖　Lexi 的设计基于 Calder 开发的文本编辑应用 Doc[CL92]。

2.1　设计问题

我们将考察 Lexi 设计中的 7 个问题：

1）文档结构　文档内部表示的选择几乎影响 Lexi 设计的每个方面。所有的编辑、格式安排、显示和文本分析都涉及这种表示。我们怎样组织这个信息会影响到应用的其他方面。

2）格式化　Lexi 是怎样将文本和图形安排到行和列上的？哪些对象负责执行不同的格式策略？这些策略又是怎样和内部表示相互作用的？

3）修饰用户界面　Lexi 的用户界面包括滚动条、边界和用来修饰 WYSIWYG 文档界面的阴影。这些修饰有可能随着 Lexi 用户界面的演化而发生变化。因此，在不影响应用其他方面的情况下，能自由增加和去除这些修饰就十分重要了。

4）支持多种视感（look-and-feel）标准　Lexi 应不需做较大修改就能适应不同的视感标准，如 Motif 和 Presentation Manager（PM）等。

5）支持多种窗口系统　不同的视感标准通常是在不同的窗口系统上实现的。Lexi 的设计应尽可能地独立于窗口系统。

6）用户操作　用户通过不同的用户界面控制 Lexi，包括按钮和下拉菜单。这些界面对应的功能分散在整个应用对象中。这里的难点在于提供一个统一的机制，既可以访问这些分散的功能，又可以对操作进行撤销（undo）。

7）拼写检查和连字符　Lexi 是怎样支持像检查拼写错误和决定连接符的连接点这样的分析操作的？当我们不得不添加一个新的分析操作时，我们怎样尽量少修改相关的类？

我们将在下面的各节里讨论这些设计问题。每个问题都有一组相关联的目标集合和我们怎样达到这些目标的限制条件集合。在给出特定解决方案之前，我们会详细解释设计问题的目标和限制条件。问题及其解决方案会列举一个或多个设计模式。对每个问题的讨论将在对相关设计模式的简单介绍后结束。

2.2　文档结构

从根本上来说，一个文档只是对字符、线、多边形和其他图形元素的一种安排。这些元素记录了文档的整个信息内容。然而，文档作者通常并不将这些元素看作图形项，而是看作文档的物理结构——行、列、图形、表和其他子结构⊖。而这些子结构也有自己的子结构。

Lexi 的用户界面应该让用户直接操纵这些子结构。例如，用户应该能够将一个图表当作一个单元，而不是个别图形原语的集合。用户应该能够对表进行整体引用，而不是将表作为非结构化的一堆文本和图形。这有助于使界面简单和直观。为了使 Lexi 的实现具有类似的性质，我们选择能匹配文档物理结构的内部表示。

特别是，内部表示应支持如下几点：

⊖　作者也常从逻辑结构来看文档，即看成句子、段落、节、小节和章。为了使这个例子简单，我们的文档内部表示不显式存储逻辑结构信息，但是我们描述的设计方案同样适用于表示逻辑结构信息的情况。

- 保持文档的物理结构，即将文本和图形安排到行、列、表等。
- 可视化地生成和显示文档。
- 根据显示位置来映射文档内部表示的元素。这可以使 Lexi 根据用户在可视化表示中所点击的某个东西来决定用户所引用的文档元素。

除了这些目标外，还有一些限制条件。首先，我们应该一致地对待文本和图形。应用界面允许用户在图形中自由地嵌入文本，反之亦然。我们应该避免将图形看作文本的一种特殊情形，或将文本看作图形的特例；否则，我们最后得到的是冗余的格式和操纵机制。这套机制应该既能满足文本也能满足图形。

其次，我们的实现不应该过分强调内部表示中单个元素和元素组之间的差别。Lexi 应该能够一致地对待简单元素和组合元素，这样就允许任意复杂的文档。例如，第 5 行第 2 列的第 10 个元素既可以是一个字符，也可以是一个由许多子元素组成的复杂图表。一旦我们知道这个元素能够画出自己并指定其尺寸，那么它怎样显示在页面上和确定它的显示位置就不困难了。

然而，为了检查拼写错误和确定连字符的连接点，需要对文本进行分析。这就与第二个限制条件产生了矛盾。我们通常并不关心一行上的元素是简单对象还是复杂对象，但是文本分析有时候依赖于被分析的对象。例如，检查多边形的拼写或以连字符连接它是没有意义的。文档内部表示设计应该考虑和权衡这种或其他潜在的彼此矛盾的限制条件。

2.2.1 递归组合

层次结构信息的表述通常是通过一种称为递归组合（recursive composition）的技术来实现的。递归组合可以由较简单的元素逐渐建立复杂的元素，是我们通过简单图形元素构造文档的方法之一。第一步，我们将字符和图形从左到右排列形成文档的一行，然后由多行形成一列，再由多列形成一页，等等，见图 2-2。

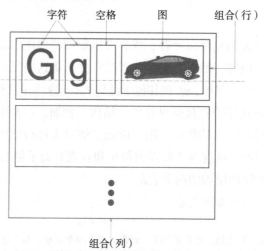

图 2-2　包含文本和图形的递归组合

我们将每一个重要元素表示成一个对象，就可以描述这种物理结构。它不仅包括字符、图形等可见元素，也包括不可见的、结构化的元素，如行和列。结果就是如图 2-3 所示的对象结构。

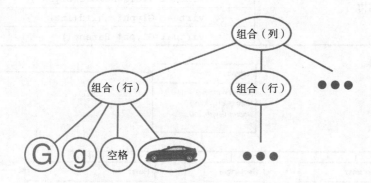

图 2-3　文本和图形递归组合的对象结构

通过用对象表示文档的每一个字符和图形元素，我们可以提高 Lexi 最佳设计的灵活性。我们能够在显示、格式化和互相嵌套等方面一致地对待图形和文本。我们能够扩展 Lexi 以支持新的字符集而不会影响其他功能。Lexi 的对象结构与文档的物理结构非常相像。

这里隐含了两个重要的方面。第一个很明显，对象需要相应的类。第二个就不那么明显了，因为我们要一致性地对待这些对象，所以这些类必须有兼容的接口。在像 C++ 这样的语言中，可以通过继承来关联类，使得接口兼容。

2.2.2　图元

我们将为出现在文档结构中的所有对象定义一个抽象类 Glyph [⊖]（图元）。它的子类既定义了基本的图形元素（如字符和图像），又定义了结构元素（如行和列）。图 2-4 描述了 Glyph 类层次的部分表示，表 2-1 以 C++ 表示法描述了基本的 Glyph 接口[⊜]。

表 2-1　基本 Glyph 接口

责　　任	操　　作
表现	`virtual void Draw(Window*)`
	`virtual void Bounds(Rect&)`
点击检测	`virtual bool Intersects(Const Point&)`

⊖　Calder 首先在这种上下文使用术语"Glyph"[CL90]。大多数同时代的文档编辑器由于效率原因，并不是每个字符都使用一个对象。Calder 在他的论文 [Cal93] 中论证了该方法的可行性。为了简单起见，我们将图元严格限制在类层次结构上，所以没有 Calder 的图元那么复杂。Calder 的图元还能减少存储开销，形成有向无环图结构。也可以使用 Flyweight(4.6) 模式来达到相同的效果，我们将把它作为练习留给读者。

⊜　为了使讨论简单化，我们这里特地使用最小化的接口。一个完备的接口应该包括管理颜色、字体和坐标转换等图形属性的操作，以及管理更复杂子对象的操作。

（续）

责　　任	操　　作
结构	virtual void Insert(Glyph*, int)
	virtual Vvoid Remove(Glyph*)
	virtual Glyph* Child(int)
	virtual Glyph* Parent()

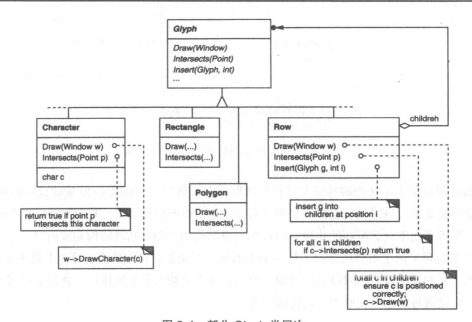

图 2-4　部分 Glyph 类层次

图元有三个基本责任：①怎样画出自己；②它们占用多大空间；③它们的父图元和子图元是什么。

Glyph 子类为了在窗口上表示自己，重新定义了 Draw 操作。调用 Draw 时，它们传递一个引用给 Window 对象。Window 类为了在屏幕窗口上表示文本和基本图形，定义了一些图形操作。一个 Glyph 的子类 Rectangle 可能会像下面这样重定义 Draw：

```
void Rectangle::Draw (Window* w) {
w->DrawRect(_x0, _y0, _x1, _y1);
}
```

这里的 _x0, _y0, _x1, _y1 是 Rectangle 的数据成员，定义了矩形的对角顶点。DrawRect 是 Window 的操作，用来在屏幕上显示矩形。

父图元通常需要知道子图元需要占用多大空间，以把它和其他图元安排在一行上，保证不会互相覆盖（参见图 2-2）。Bounds 操作返回图元占用的矩形区域，它返回的是包含该图元的最小矩形的对角顶点。Glyph 各子类重定义该操作，返回它们各自画图所用的矩形区域。

Intersects 操作判断一个指定的点是否与图元相交。任何时候用户点击文档某处时，Lexi 都能调用该操作确定鼠标所在的图元或图元结构。Rectangle 类重定义了该操作，用来计算矩形和给定点的相交。

因为图元可以有子图元，所以我们需要一个公共的接口来添加、删除和访问这些子图元。例如，一个行的子图元是该行上的所有图元。Insert 操作在整数索引指定的位置上插入一个图元[⊖]。Remove 操作移去一个指定的子图元。

Child 操作返回给定索引的子图元（如果有的话），像行这样有子图元的图元应该内部使用 Child 操作，而不是直接访问子数据结构。这样当你将数据结构由数组改为链表时，你也无须修改像 Draw 这样重复作用于各个子图元的操作。与此类似，Parent 操作提供一个标准的访问父图元的接口。Lexi 的图元保存一个指向其父图元的引用，Parent 操作只简单地返回这个引用。

2.2.3　组合模式

递归组合不仅可用来表示文档，还可以用来表示任何复杂的、层次式的结构。Composite(4.3) 模式描述了面向对象的递归组合的本质。现在是回到此模式并学习它的时候了，需要时再回头参考这个场景。

2.3　格式化

我们已经解决了文档物理结构的表示问题。接着，我们需要解决的问题是怎样构造一个特殊物理结构，该结构对应于一个恰当地格式化了的文档。表示和格式化是不同的，记录文档物理结构的能力并没有告诉我们怎样得到一个特殊的格式化结构。这个责任大多在于 Lexi，它必须将文本分解成行，将行分解成列，等等。同时还要考虑用户的高层次的要求，例如，用户可能会指定边界宽度、缩进大小和表格形式、是否隔行显示以及其他可能的许多格式限制条件[⊖]。Lexi 的格式化算法必须考虑所有这些因素。

现在我们将"格式化"含义限制为将一个图元集合分解为若干行。下面我们可以互换使用术语"格式化"（formatting）和"分行"（linebreaking）。下面讨论的技术同样适用于将行分解为列和将列分解为页。

2.3.1　封装格式化算法

由于所有这些限制条件和许多细节问题，格式化过程不容易被自动化。这里有许多解决方法，实际上人们已经提出了各种各样具有不同能力和缺陷的格式化算法。因为 Lexi 是一个

⊖　整数索引可能并不是指定子图元的最好方法，它依赖于图元所用的数据结构。如果图元在链表中存储子图元，那么使用链表指针应该更有效。我们在 2.8 节讨论文档分析的时候，将会给出索引问题的更好解决方案。

⊖　用户可能更关心的是文档的逻辑结构——句子、段落、小节、章节等。相比而言，对物理结构就没有这样的兴趣了。大部分用户不在意段落中的换行发生在何处，只要该段落能正确地格式化就行了。格式化列和页也是这样的。因而用户最终只指定物理结构的高层限制条件，用来满足这些限制条件的艰难工作则由 Lexi 去完成。

所见即所得编辑器，所以一个必须考虑的重要权衡之处在于格式化的质量和格式化的速度之间的取舍。我们通常希望在不牺牲文档美观外表的前提下得到良好的响应速度。这种权衡受许多因素影响，并不是所有因素在编译时都能确定。例如，用户也许能忍受稍慢一点的响应速度，以换取较好的格式。这种选择也许导致了比当前算法更适用的、彻底不同的格式化算法。另外，更多实现驱动的权衡是在格式化速度和存储需求之间：很有可能为了缓存更多的信息而降低格式化速度。

因为格式化算法趋于复杂化，因而可以考虑将它们包含于文档结构之中，但最好是将它们彻底独立于文档结构之外。理想情况下，我们能够自由地增加一个 Glyph 子类而不用考虑格式化算法。反过来，增加一个格式化算法不应要求修改已有的图元类。

这些特征要求我们设计的 Lexi 易于改变格式化算法。最好能在运行时改变这个算法，如果难以实现，至少在编译时应该可以很方便地改变。我们可以将算法独立出来，并把它封装到对象中使其便于替代。更进一步，可以定义一个封装格式化算法的对象的类层次结构。类层次结构的根结点将定义支持许多格式化算法的接口，每个子类实现这个接口以执行特定的算法。那时就能让 Glyph 子类对象自动使用给定算法对象来排列其子图元。

2.3.2 Compositor和Composition

我们为能封装格式化算法的对象定义一个 Compositor 类。它的接口（见表 2-2）可让 compositor 获知何时去格式化哪些图元。它所格式化的图元是一个被称为 Composition 的特定图元的各个子图元。一个 Composition 在创建时得到一个 Compositor 子类实例，并在必要的时候（如用户改变文档的时候）让 Compositor 对它的图元做 Compose 操作。图 2-5 描述了 Composition 类和 Compositor 类之间的关系。

表 2-2　基本 Compositor 接口

责　　任	操　　作
格式化的内容	void SetComposition(Composition*)
何时格式化	virtual void Compose()

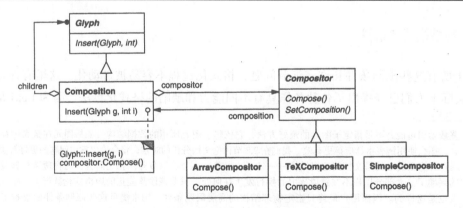

图 2-5　Composition 类和 Compositor 类间的关系

一个未格式化的 Composition 对象只包含组成文档基本内容的可见图元，它并不包含像行和列这样的决定文档物理结构的图元。Composition 对象只在刚被创建并以待格式化的图元进行初始化后才处于这种状态。当 Composition 需要格式化时，调用它的 Compositor 的Compose 操作。Compositor 依次遍历 Composition 的各个子图元，根据分行算法插入新的行和列图元⊖。图 2-6 显示了得到的对象结构。图中由 Compositor 创建和插入对象结构中的图元以灰色背景显示。

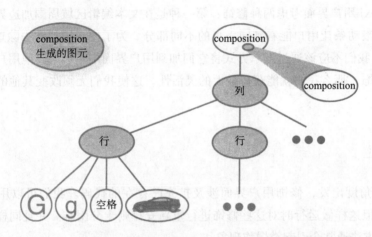

图 2-6　对象结构反映 Compositor 制导的分行

每一个 Compositor 子类都能实现一个不同的分行算法。例如，一个 SimpleCompositor可以执行得很快，而不考虑像文档"色彩"这样深奥的东西。好的色彩意味着文本和空白的平滑分布。一个 TeXCompositor 会实现完全的 TEX 算法 [Knu84]，会考虑像色彩这样的东西，但以较长的格式化时间作为代价。

Compositor-Composition 类的分离确保了支持文档物理结构的代码和支持不同格式化算法的代码之间的分离。我们能增加新的 Compositor 子类而不触及 Glyph 类，反之亦然。事实上，我们通过给 Composition 的基本图元接口增加一个 SetCompositor 操作，即可在运行时改变分行算法。

2.3.3　策略模式

在对象中封装算法是 Strategy(5.9) 模式的目的。模式的主要参与者是 Strategy 对象（这些对象中封装了不同的算法）和它们的操作环境。其实 Compositor 就是策略，它们封装了不同的格式化算法。Composition 就是 Compositor 策略的环境。

Strategy 模式应用的关键点在于为 Strategy 和它的环境设计足够通用的接口，以支持一系列算法。你不必为了支持一个新的算法而改变 Strategy 或它的环境。在我们的例子

⊖　为了计算换行，Compositor 必须知道字符图元的字符代码。在 2.8 节我们将会看到，怎样可以不在 Glyph接口中添加一个特定于字符的操作而多态地获得这个信息。

中，支持子图元访问、插入和删除操作的基本 Glyph 接口就足以满足一般的用户需求，不管 Compositor 子类使用何种算法，都足以支持其对文档的物理结构的修改。同样，Compositor 接口也足以支持 Composition 启动格式化操作。

2.4 修饰用户界面

我们针对 Lexi 用户界面考虑两种修饰：第一种是在文本编辑区域周围加边界以界定文本页；第二种是加滚动条让用户能看到同一页的不同部分。为了便于增加和去除这些修饰（特别是在运行时），我们不应该通过继承方式将它们加到用户界面中。如果其他用户界面对象不知道存在这些修饰，那么我们就能获得最大的灵活性。这使我们无须改变其他的类就能增加和移去这些修饰。

2.4.1 透明围栏

从程序设计角度出发，修饰用户界面涉及扩充已存在的代码。我们可以用继承的方式完成这种扩充，但这样做运行时对这些修饰进行重新安排则十分困难。并且同样严重的问题是，基于类继承方法通常会引起类爆炸现象。

我们可以为 Composition 创建一个子类 BorderedComposition，用来给 Composition 添加边界，或者以同样方式创建子类 ScrollableComposition 来添加滚动条。如果我们既想要滚动条又想要边界，则可创建 BorderedScrollableComposition，等等。极端情况下，我们创建一个包含各种可能修饰组合的类——但一旦修饰类型增加，它就变得无效了。

对象组合提供了一种潜在的更有效和更灵活的扩展机制。但是我们组合一些什么对象呢？既然我们知道要修饰的是已有的图元，那么我们就可以把修饰本身看作对象（如，类 Border 的实例）。这样我们有了两个组合候选对象：图元（Glyph）和边界（Border）。下一步是决定谁来组合谁的问题。我们可以在边界中包含图元，这给人以边界在屏幕上包围了图元的感觉。或者反之，在图元中包含边界，但是我们必须对相应的 Glyph 子类做修改以使边界对所有子类有效。在我们的第一个选择中，可以将画边界的代码完全保存在 Border 类中，而独立于其他类。

Border 类看起来是什么样的呢？边界有形这个事实说明它的确应该是图元，即 Border 类应该是 Glyph 的子类。此外还有一个强制性的必须如此的原因：客户应该一致地对待图元，而不应关心图元是否有边界。当客户画一个简单的、无边界的图元时，就不必对它做修饰。如果那个图元包含于一个边界对象中，客户应该以画出前面简单图元同样的方法画出这个边界对象，而不应该特殊对待该边界对象。这暗示了 Border 接口是与 Glyph 接口匹配的。我们将 Border 作为 Glyph 的子类可以保证这种关系。

我们根据这些得出了透明围栏（transparent enclosure）的概念。它结合了两个概念：①单子女（单组件）组合；②兼容的接口。客户通常分辨不出它们是在处理组件还是组件的围栏（即这个组件的父组件），特别是当围栏只是代理组件的所有操作时更是如此。但是围栏也能通过在代理操作之前或之后添加一些自己的操作来修改组件的行为。围栏也能有效地为组件添加状态。

2.4.2　MonoGlyph

我们可以将透明围栏的概念用于所有的修饰其他图元的图元。为了使这个概念具体化，我们定义 Glyph 的子类 MonoGlyph 作为所有像 Border 这样起修饰作用的图元的抽象类（见图 2-7）。MonoGlyph 保存了指向一个组件的引用并且传递所有的请求给这个组件。

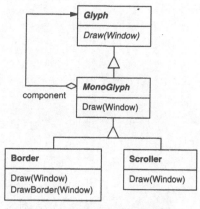

图 2-7　MonoGlyph 类关系

这使得 MonoGlyph 默认情况下对客户完全透明。例如，MonoGlyph 实现 Draw 操作如下：

```
void MonoGlyph::Draw (Window* w) {
    _component->Draw(w);
}
```

MonoGlyph 的子类至少重新实现一个这样的传递操作，例如，Border::Draw 首先激活基于组件的父类操作 MonoGlyph::Draw，让组件做部分工作——画出边界以外的其他东西。Border::Draw 通过调用私有操作 DrawBorder 来画出边界。细节我们这里不赘述了：

```
void Border::Draw (Window* w) {
    MonoGlyph::Draw(w);
    DrawBorder(w);
}
```

注意 Border::Draw 是怎样有效扩展父类操作来画出边界的。这与忽略 MonoGlyph::Draw 的调用，而完全代替父类操作是截然不同的。

另一个出现在图 2-7 中的 MonoGlyph 子类是 Scroller，它根据作为修饰的两个滚动条的位置，在不同的位置画出组件。当画它的组件时，它会告诉图形系统裁剪边界以外的部分，滚动出视图以外的部分是不会显示在屏幕上的。

现在我们已经有了给 Lexi 文本编辑区增加边界和滚动界面所需的一切准备。我们可以在一个 Scroller 实例中组合已存在的 Composition 实例以增加滚动界面，然后再把它组合到 Border 实例中。结果对象结构如图 2-8 所示。

注意我们也可以交换组合顺序，把一个带有边界的组合放在 Scroller 实例中。这样边界可以和文本一起滚动，但我们一般不要求这么做。关键在于，透明围栏使得试验不同的选择变得很容易，使得客户和修饰代码无关。

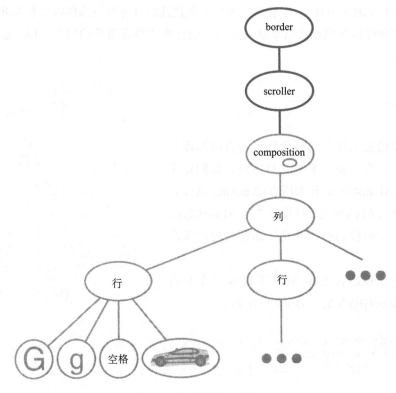

图 2-8   修饰后的对象结构

还要注意 Border 是怎样组合一个而不是两个或多个 Glyph 对象的。这不同于我们迄今为止所定义的组合，在那些组合中父对象是允许有多个不确定的子对象的。这里说给某物加上边界暗示了"某物"是单个的。我们可以定义同时修饰多个对象的行为，但那样我们就不得不将多种组合和修饰概念混合起来形成所谓的行修饰、列修饰等。因为我们已经有许多类可用来做这些组合，所以这种行为对我们并没帮助。我们最好使用已有的类去做组合的工作，并通过增加新类去修饰组合的结果。使修饰独立于其他组合，既可以简化修饰类又可以减少类的数目，还可以保证我们不重复已有的组合功能。

2.4.3   Decorator模式

Decorator(4.4) 模式描述了以透明围栏来支持修饰的类和对象的关系。事实上术语"修饰"的含义比我们这里讨论的更广泛。在 Decorator 模式中，修饰指给一个对象增加职责的事物。我们可以想到用语义动作修饰抽象语法树、用新的转换修饰有穷状态自动机或者以属性标签修饰持久对象网络等例子。Decorator 一般化了我们在 Lexi 中使用的方法，使它具有更广泛的实用性。

2.5　支持多种视感标准

获得跨越硬件和软件平台的可移植性是系统设计的主要问题之一。将 Lexi 移植到一个新的平台不应当要求对 Lexi 进行重大的修改，否则的话就失去了移植 Lexi 的价值。我们应当使移植尽可能地方便。

移植的一大障碍是不同视感标准之间的差异性。视感标准本是用来加强某一窗口平台上各个应用之间用户界面的一致性的。这些标准定义了应用应该怎样显示和对用户请求做出反应。虽然已有的标准彼此差别不大，但用户还是可以清楚地区分它们——一个应用程序在 Motif 平台上的视感决不会与某个其他平台上的完全一样，反之亦然。一个运行于多个平台的应用程序必须符合各个平台的用户界面风格。

我们的设计目标就是使 Lexi 符合多个已存在的视感标准，并且在新标准出现时要能很容易地增加对新标准的支持。我们也希望我们的设计能最大限度地支持灵活性：运行时可以改变 Lexi 的外观和感觉。

2.5.1　对象创建的抽象

我们在 Lexi 用户界面看到和操作的是一个图元，它被组合于诸如行和列等不可见的图元之中。而这些不可见图元又组合了按钮、字符等可见图元，并能正确地展现它们。界面风格关于所谓的"窗口组件"（widget）有许多视感规则。窗口组件是关于用户界面上作为控制元素的按钮、滚动条和菜单等可视图元的另一个术语。窗口组件可以使用字符、圆、矩形和多边形等简单图元来表示数据。

我们假定用两个窗口组件图元集合来实现多个视感标准：

1）第一个集合是由抽象 Glyph 子类构成的，对每一种窗口组件图元都有一个抽象 Glyph 子类。例如，抽象子类 ScrollBar 扩充了基本的 Glyph 接口，以便增加通用的滚动操作；Button 是用来增加按钮有关操作的抽象类；等等。

2）另一个集合是由与抽象子类对应的具体子类构成的，这些具体子类用于实现不同的视感标准。例如，ScrollBar 可能有 MotifScrollBar 和 PMScrollBar 两个子类以实现相应的 Motif 和 PM（Presentation Manager）风格的滚动条。

Lexi 必须区分不同视感风格的窗口组件图元之间的差异。例如，当 Lexi 需要在界面上放一个按钮时，它必须实例化一个有正确按钮风格的 Glyph 子类（MotifButton、PMButton 或 MacButton 等）。

很明显，Lexi 的实现不能直接通过调用 C++ 构造器来做这些工作，那会把按钮硬编码为一种特殊风格，而不能在运行时选择风格。当 Lexi 要移植到其他平台时，我们还不得不进行代码搜索以改变所有这些构造器调用，况且按钮还仅仅是 Lexi 用户界面上众多窗口组件之一。对特定视感类进行构造器调用会使代码混乱，造成维护困难——只要稍有遗漏，你就可能在 Mac 应用程序中使用了 Motif 的菜单。

Lexi 需要一种方法来确定创建合适窗口组件所需的视感标准。我们不仅必须避免显式的构造器调用，还必须能够很容易地替换整个窗口组件集合。可以通过抽象对象创建过程来达到上述两个要求，我们将用一个例子来说明。

2.5.2　工厂类和产品类

通常我们可能使用下面的 C++ 代码来创建一个 Motif 滚动条图元实例：

```
ScrollBar* sb = new MotifScrollBar;
```

但如果你想使 Lexi 的视感依赖性最小的话，这种代码要尽量避免。假如我们按如下方法初始化 sb：

```
ScollBar* sb = guiFactory->CreateScrollBar();
```

这里 guiFactory 是 MotifFactory 类的实例。CreateScrollBar 为所需要的视感返回一个合适的 ScrollBar 子类的新实例，如 MotifScrollBar。对客户而言，它就等价于直接调用一个 MotifScrollBar 的构造器。但是两者有本质区别：它不像使用直接构造器那样在程序代码中提及 Motif 的名字。guiFactory 对象抽象了任何视感标准下的滚动条的创建过程，而不仅仅是 Motif 滚动条的。并且 guiFactory 不局限于创建滚动条，它广泛适用于包括滚动条、按钮、输入域、菜单等窗口组件图元。

上述办法是可行的，其原因在于 MotifFactory 是 GUIFactory 的子类，而 GUIFactory 是定义了创建窗口组件图元公共接口的抽象类，它包含了用以实例化不同窗口组件图元的操作，如 CreateScrollBar 和 CreateButton。guiFactory 的子类实现这些操作，并返回像 MotifScrollBar 和 PMButton 这样实现特定视感的图元。图 2-9 显示了 guiFactory 对象的结果类层次结构。

我们说工厂（Factory）创建了产品（Product）对象。更进一步，工厂生产的产品是彼此相关的；这种情况下，产品是相同视感的所有窗口组件。图 2-10 显示了这样一些产品类，工厂产生窗口组件图元时要用到它们。

我们要回答的最后一个问题是：GUIFactory 实例是从哪里来的？答案是：哪里方便就从哪里来。变量 guiFactory 可以是全局变量、一个众所周知的类的静态成员，或者如果整个用户界面是在一个类或一个函数中创建的，它甚至可以是局部变量。有一个设计模式 Singleton(3.5) 专门用来管理这样的众所周知的、只能创建一次的对象。然而，重要的是在程序中某个合适的地方来初始化 guiFactory：这要在它被用来创建窗口组件之前，而在所需的视感标准清楚确定下来之后。

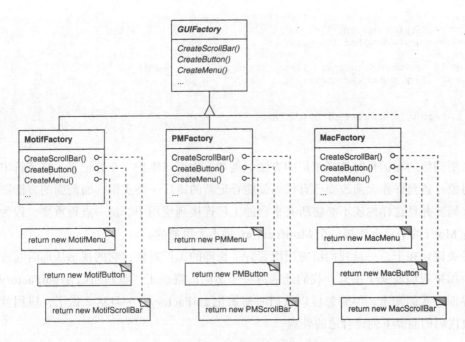

图 2-9　GUIFactory 类层次

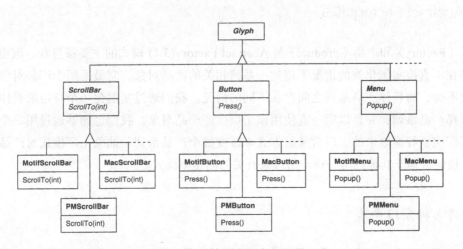

图 2-10　抽象产品类和具体子类

如果视感在编译时就知道了，那么 guiFactory 能够在程序开始的时候以一个新的工厂实例的简单赋值来初始化：

```
GUIFactory* guiFactory = new MotifFactory;
```

如果用户能通过程序启动时的字符串来指定视感，那么创建工厂的代码可能如下所示：

```
GUIFactory* guiFactory;
const char* styleName = getenv("LOOK_AND_FEEL");
    // user or environment supplies this at startup
```

```
if (strcmp(styleName, "Motif") == 0) {
    guiFactory = new MotifFactory;

} else if (strcmp(styleName, "Presentation_Manager") == 0) {
    guiFactory = new PMFactory;

} else {
    guiFactory = new DefaultGUIFactory;
}
```

还有更高级的在运行时选择工厂的方法。例如，你可以维护一个登记表，将字符串映射给工厂对象。这允许你无须改变已有代码就能登记新的工厂子类实例，而前面的方法则要求你改变代码。并且这样你还不必将所有平台的工厂连接到应用中。这一点很重要，因为在一个不支持 Motif 的平台上连接一个 MotifFactory 是不太可能的。

但是关键还在于，一旦我们给应用配置好了正确的工厂对象，它的视感从那时起就设定好了。而如果我们改变了主意，我们还能以一个不同的视感工厂重新初始化 guiFactory，重新构造界面。我们知道，不管怎样以及何时初始化 guiFactory，一旦这么做了，应用就可以在不修改代码的前提下创建合适的外观。

2.5.3　Abstract Factory 模式

工厂（Factory）和产品（Product）是 Abstract Factory(3.1) 模式的主要参与者。该模式描述了怎样在不直接实例化类的情况下创建一系列相关的产品对象。它最适用于产品对象的数目和种类不变，而具体产品系列之间存在不同的情况。我们通过实例化一个特定的具体工厂对象来选择产品系列，并且以后一直使用该工厂生产产品对象。我们也能够通过用一个不同的具体工厂实例替换原来的工厂对象的方式来改变整个产品系列。抽象工厂模式对产品系列的强调，使它区别于其他只与一种产品对象有关的创建型模式。

2.6　支持多种窗口系统

视感只是众多移植问题之一。另一个移植问题就是 Lexi 所运行的窗口环境。一个平台的窗口系统将多个互相重叠的窗口展示在一个点阵显示器上。它管理屏幕空间和键盘、鼠标到窗口的输入通道。目前存在一些互不兼容的主流窗口系统（如 Macintosh、Presentation Manager、Windows、X 等）。我们希望 Lexi 可以在尽可能多的窗口系统上运行，这和 lexi 要支持多个视感标准是同样的道理。

2.6.1　是否可以使用Abstract Factory模式

乍一看，这似乎又是一个使用 Abstract Factory 模式的情况。但是对窗口系统移植的限制条件与视感的独立性是有极大不同的。

在使用 Abstract Factory 模式时，我们假设能为每一个视感标准定义具体的窗口组件图元类。这意味着我们能从一个抽象产品类（如 ScrollBar），针对一个特定标准来导出每一个具体产品（如 MotifScrollBar、MacScrollBar 等）。现在假设我们已经有一些不同厂家的类层次结构，每一个类层次对应一个视感标准。当然，这些类层次不太可能有太多兼容之处。因而我们无法给每个窗口组件(滚动条、按钮、菜单等)都创建一个公共抽象产品类——而没有这些类 Abstract Factory 模式无法工作。所以我们不得不根据抽象产品接口的共同集合来调整不同的窗口组件类层次结构。只有这样才能在我们的抽象工厂接口中定义合适的 Create... 操作。

对窗口组件，我们通过开发自己的抽象和具体产品类来解决这个问题。现在当我们试图使 Lexi 工作在已有的窗口系统时，我们面对的是类似的问题。即不同的窗口系统有不兼容的程序设计接口。但这次的麻烦更大些，因为我们不能实现自己的非标准窗口系统。

但是事情还是有挽回的余地。像视感标准一样，窗口系统的接口也并非截然不同。因为所有的窗口系统总的来说是做同一件事。我们可对不同的窗口系统做一个统一的抽象，再对各窗口系统的实现做一些调整，使之符合公共的接口。

2.6.2　封装实现依赖关系

在 2.2 节中，我们介绍了用以显示一个图元或图元结构的 Window 类。我们并没有指定这个对象工作的窗口系统，因为事实上它并不来自哪个特定的窗口系统。Window 类封装了各窗口系统都要做的一些事情：

- 它们提供了画基本几何图形的操作。
- 它们能变成图标或还原成窗口。
- 它们能改变自己的大小。
- 它们能够根据需要画出（或重画出）窗口内容。例如，当它们由图标还原为窗口时，或它们在屏幕空间上重叠、出界的部分重新显示时，都要重画。

Window 类的窗口功能必须跨越不同的窗口系统。让我们考虑两种极端的观点：

1）功能的交集　Window 类的接口只提供所有窗口系统共有的功能。该方法的问题在于 Window 接口在能力上只类似于一个最小功能的窗口系统，对一些即使是大多数窗口系统都支持的高级特征，我们也无法利用。

2）功能并集　创建一个合并了所有已有系统的功能的接口。但是这样的接口势必规模巨大，并且存在不一致的地方。此外，当某个厂商修改它的窗口系统时，我们不得不修改这个接口和 Lexi，因为 Lexi 依赖于它。

以上两种方法都不切实可行，所以我们的设计将采取折中的办法。Window 类将提供一个支持大多数窗口系统的方便的接口。因为 Lexi 直接处理 Window 类，所以它还必须支持 Lexi 的图元。这意味着 Window 接口必须包括让图元可以在窗口中画出自己的基本图形操作集合。表 2-3 给出了 Window 类中一些操作的接口。

表 2-3　Window 类接口

责　　任	操　　作
窗口管理	virtual void Redraw()
	virtual void Raise()
	virtual void Lower()
	virtual void Iconify()
	virtual void Deiconify()
	...
图形	virtual void DrawLine(...)
	virtual void DrawRect(...)
	virtual void DrawPolygon(...)
	virtual void DrawText(...)
	...

Window 是一个抽象类，其具体子类支持用户用到的各种窗口。例如，应用窗口、图标和警告对话框等都是窗口，但它们在行为上稍有不同。所以可以定义像 ApplicationWindow、IconWindow 和 DialogWindow 这样的子类去描述这些不同之处。得到的类层次结构给了像 Lexi 这样的应用一个统一的窗口抽象，这种窗口层次结构不依赖于任何特定厂商的窗口系统，如下图所示。

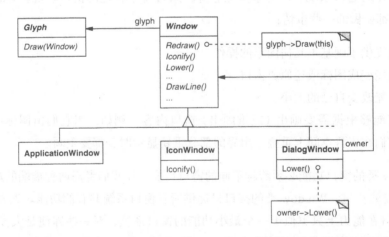

现在我们已经为 Lexi 定义了工作的窗口接口，那么真正与平台相关的窗口是从哪里来的？既然我们不能实现自己的窗口系统，那么这个窗口抽象必须用目标窗口系统平台来实现。怎样实现？

一种方法是实现 Window 类和它的子类的多个版本，每个版本对应一个窗口平台。当我们在一给定平台上建立 Lexi 时，我们选择一个相应的版本。但想象一下，维护问题实在令人头疼，我们已经保存了多个名字都是"Window"的类，而每一个类实现于一个不同的窗口系统。另一种方法是为每一个窗口层次结构中的类创建特定实现的子类，但这同样会产生我们在试图增加修饰时遇到的子类数目爆炸问题。这两种方法还都有另一个缺点：没有在编译以后改变所用窗口系统的灵活性。所以我们还不得不保持若干不同的可执行程序。

既然这两种方法都没有吸引力，那么我们还能做些什么呢？那就是我们在讨论格式化和修饰时都做过的：对变化的概念进行封装。现在所变化的是窗口系统实现。如果我们能在一个对象中封装窗口系统的功能，那么就能根据对象接口实现 Window 类及其子类。更进一步讲，如果那个接口能够提供我们所感兴趣的所有窗口系统的服务，那么我们无须改变Window 类或其子类，也能支持不同的窗口系统。我们可以通过简单地传递合适的窗口系统封装对象，给窗口系统配置窗口对象。我们甚至能在运行时配置窗口。

2.6.3 Window和WindowImp

我们将定义一个独立的 WindowImp 类层次来隐藏不同窗口系统的实现。WindowImp 是一个封装了窗口系统相关代码的对象的抽象类。为了使 Lexi 运行于一个特定的窗口系统，我们用该系统的一个 WindowImp 子类实例配置窗口对象。下图显示了 Window 和 WindowImp 层次结构之间的关系。

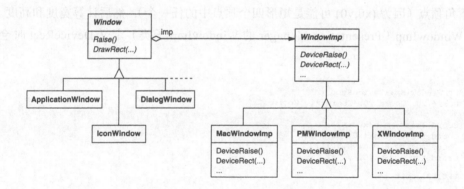

通过在 WindowImp 类中隐藏实现，我们避免了对窗口系统的直接依赖，这可以让Window 类层次保持相对较小并且较稳定。同时我们还能方便地扩展实现层次结构以支持新的窗口系统。

1. WindowImp的子类
WindowImp 的子类将用户请求转变成对特定窗口系统的操作。考虑我们在 2.2 节所用的例子，我们根据 Window 实例的 DrawRect 操作定义了 Rectangel::Draw：

```
void Rectangle::Draw (Window* w) {
    w->DrawRect(_x0, _y0, _x1, _y1);
}
```

DrawRect 的默认实现使用了 WindowImp 定义的画出矩形的抽象操作：

```
void Window::DrawRect (
    Coord x0, Coord y0, Coord x1, Coord y1
) {
    _imp->DeviceRect(x0, y0, x1, y1);
}
```

这里 _imp 是 Window 的成员变量，它保存了设置 Window 的 WindowImp。窗口的实现是由 _imp 所指的 WindowImp 子类的实例定义的。对于一个 XWindowImp（即 X 窗口系统的 WindowImp 子类），DeviceRect 的实现可能如下：

```
void XWindowImp::DeviceRect (
    Coord x0, Coord y0, Coord x1, Coord y1
) {
    int x = round(min(x0, x1));
    int y = round(min(y0, y1));
    int w = round(abs(x0 - x1));
    int h = round(abs(y0 - y1));
    XDrawRectangle(_dpy, _winid, _gc, x, y, w, h);
}
```

DeviceRect 这样做是因为 XdrawRectangle（在 X 系统中画矩形的接口）是根据矩形的左下角顶点、宽度和高度定义矩形的，DeviceRect 必须根据参数值来计算这些值。首先它必须确定左下角顶点（因为 (x0,y0) 可能是矩形四个顶点中的任一个），然后计算宽度和高度。

PMWindowImp（Presentation Manager 的 WindowImp 子类）定义 DeviceRect 时会有所不同：

```
void PMWindowImp::DeviceRect (
    Coord x0, Coord y0, Coord x1, Coord y1
) {
    Coord left = min(x0, x1);
    Coord right = max(x0, x1);
    Coord bottom = min(y0, y1);
    Coord top = max(y0, y1);

    PPOINTL point[4];

    point[0].x = left;    point[0].y = top;
    point[1].x = right;   point[1].y = top;
    point[2].x = right;   point[2].y = bottom;
    point[3].x = left;    point[3].y = bottom;

    if (
        (GpiBeginPath(_hps, 1L) == false) ||
        (GpiSetCurrentPosition(_hps, &point[3]) == false) ||
        (GpiPolyLine(_hps, 4L, point) == GPI_ERROR) ||
        (GpiEndPath(_hps) == false)
    ) {
        // report error

    } else {
        GpiStrokePath(_hps, 1L, 0L);
    }
}
```

为什么这和 X 版本有如此大的差别？因为 PM 没有像 X 那样显式画矩形的操作，它有一个更一般性的接口：可以指定多个段（或称之为路径）的顶点、画出这些线段并且填充它们所围成的区域。

DeviceRect 的 PM 实现很显然与 X 的实现有很大不同，但问题不大。WindowImp 用一个可能巨大但却稳定的接口隐藏了各个窗口系统接口的差异。这使得 Window 子类的实现者可以将更多的精力放在窗口的抽象上，而不是窗口系统的细节。它也支持我们增加新的窗口系统，而不会搞乱 Window 类。

2. 用WindowImp来配置窗口

我们还没有论述的一个关键问题是：怎样用一个合适的 WindowImp 子类来配置一个窗口？也就是说，什么时候初始化 _imp，谁知道正在使用的是什么窗口系统（也就是哪一个 WindowImp 子类）？窗口在能做它所感兴趣的事情之前，都需要某种 WindowImp。

这些问题的答案存在很多种可能性，但我们只关注使用 Abstract Factory(3.1) 模式的情形。我们可以定义一个抽象工厂类 WindowSystemFactory，它提供了创建与窗口系统有关的各种实现对象的接口：

```
class WindowSystemFactory {
public:
    virtual WindowImp* CreateWindowImp() = 0;
    virtual ColorImp* CreateColorImp() = 0;
    virtual FontImp* CreateFontImp() = 0;

    // a "Create..." operation for all window system resources
};
```

现在我们可以为每一个窗口系统定义一个具体的工厂：

```
class PMWindowSystemFactory : public WindowSystemFactory {
    virtual WindowImp* CreateWindowImp()
        { return new PMWindowImp; }
    // ...
};
class XWindowSystemFactory : public WindowSystemFactory {
    virtual WindowImp* CreateWindowImp()
        { return new XWindowImp; }
    // ...
};
```

Window 基类的构造器能使用 WindowSystemFactory 接口和合适的窗口系统的 WindowImp 来初始化成员变量 _imp：

```
Window::Window () {
    _imp = windowSystemFactory->CreateWindowImp();
}
```

windowSystemFactory 变量是 WindowSystemFactory 子类的实例，它是公共可见的，正如 guiFactory 是公共可见的定义视感的变量。windowSystemFactory 变量可用相同的方法进行初始化。

2.6.4 Bridge模式

WindowImp 类定义了一个公共窗口系统设施的接口，但它的设计是受不同于 Window 接口的限制条件驱动的。应用程序员不直接处理 WindowImp 的接口，它们只处理 Window 对象。所以 WindowImp 的接口不必与应用程序员的客观世界视图一致，就像我们只关心 Window 类层次和接口的设计。WindowImp 的接口更能如实反映事实上提供的是什么窗口系统。它可以偏向于功能方法的交集，也可以偏向于功能方法的并集，只要是最适合各目标窗口系统即可。

要注意的是 Window 类接口是针对应用程序员的，而 WindowImp 接口是针对窗口系统的。将窗口功能分离到 Window 和 WindowImp 类层次中，这样我们可以独立实现这些接口。这些类层次的对象合作实现 Lexi 无须修改就能运行在多窗口系统的目标。

Window 和 WindowImp 的关系是 Bridge(4.2) 模式的一个例子。Bridge 模式的目的就是允许分离的类层次一起工作，即使它们是独立演化的。我们的设计准则使得我们创建了两个分离的类层次，一个支持窗口的逻辑概念，另一个描述了窗口的不同实现。Bridge 模式允许我们保持和加强我们对窗口的逻辑抽象，而不触及窗口系统相关的代码；反之也一样。

2.7 用户操作

Lexi 的一些功能可以通过文档的 WYSIWYG 表示得到。你可以输入和删除文本，移动插入点，通过指向、单击选择文本区域，也可以直接在文档中输入文字。另一些功能是通过 Lexi 的下拉菜单、按钮和快捷键来间接得到的。这些功能包括：

- 创建一个新的文档。
- 打开、保存和打印一个已存在文档。
- 从文档中剪切选中的文本和将它粘贴回文档。
- 改变选中文本的字体和风格。
- 改变文本的格式，例如对齐格式和调整格式。
- 退出应用。
等等。

Lexi 为这些用户操作提供不同的界面。但是我们不希望一个特定的用户操作就关联一个特定的用户界面。因为我们可能希望多个用户界面对应一个操作（例如，你既可以用一个页按钮也可以用一个菜单项来表示翻页）。你可能以后想改变界面。

再说，这些操作是用不同的类来实现的。我们想要访问这些功能，但又不希望在用户界面类和它的实现之间建立过多依赖关系。否则，最终我们得到的是紧耦合的实现，它难以理解、扩充和维护。

更复杂的是我们希望 Lexi 能对大多数功能支持撤销（undo）和重做（redo）⊖操作。特别

⊖ 即重做一个刚被撤销的操作。

是，我们希望撤销类似"删除"这样的文档修改操作——这类操作用户稍不注意就会破坏数据。但是我们不应该试图撤销像保存一幅画和退出应用程序这样的操作——这些操作应该不受撤销操作的影响。我们也不希望对撤销和重做的等级进行任何限制。

很明显对用户操作的支持渗透到了应用中。我们所面临的挑战在于提出一个简单、可扩充的机制来满足所有这些要求。

2.7.1　封装一个请求

从设计者的角度看，一个下拉菜单仅仅是包含了其他图元的又一种图元。下拉菜单和其他有子女的图元的差别在于大多数菜单中的图元会响应鼠标点击而做一些操作。

让我们假设这些做事情的图元是一个被称为 MenuItem 的 Glyph 子类的实例，并且它们做一些事情来响应客户的请求⊖。执行一个请求可能涉及一个对象的一个操作或多个对象的多个操作，或其他介于这两者之间的情况。

我们可以为每个用户操作定义一个 MenuItem 的子类，然后为每个子类编码去执行请求。但这并不是正确的办法，我们并不需要为每个请求定义一个 MenuItem 子类，正如我们并不需要为每个下拉菜单的文本字符串定义一个子类。再说，这种方法将请求与特定的用户界面结合起来，很难满足从不同用户界面发来的同样的请求。

假设你既能够通过下拉菜单的菜单项到达文档的最后一页，也能通过 Lexi 界面底部的页图标到达（对短文档可能更方便一些）。如果我们用继承的方法将用户请求和菜单项连接起来，那么我们必须同样对待页图标或其他类似的发送该用户请求的窗口组件。这样所生成的类的数目就是窗口组件类型的数目和请求数的乘积。

现在所缺少的是一种机制，即允许我们用菜单项所执行的请求对菜单项进行参数化。这种方法可以避免子类的剧增并可获得运行时更大的灵活性。我们可以调用一个函数来参数化一个 MenuItem，但是至少由于以下三个原因，这还不是很完整的解决方案：

1）它还没有解决撤销 / 重做问题。

2）很难将状态和函数联系起来。例如，一个改变字体的函数需要知道是哪一种字体。

3）函数很难扩充，并且很难部分地复用它们。

以上这些表明，我们应该用对象而不是函数来参数化 MenuItem。我们可以通过继承扩充和复用请求实现。我们也可以保存状态和实现撤销 / 重做功能。这里是另一个封装变化概念的例子，即封装请求。我们将在 command 对象中封装每一个请求。

2.7.2　Command类及其子类

首先我们定义一个 Command 抽象类，以提供发送请求的接口。这个基本接口由一个抽象操作"Execute"组成。Command 的子类以不同方式实现 Execute 操作，以满足不同的请求。

⊖　从概念上讲，客户就是 Lexi 用户，但实际上客户是管理用户输入的另外一个对象（如事件发送对象）。

一些子类可以将部分或全部工作委托给其他对象。另一些子类可能完全由自己来满足请求（参见图 2-11）。然而对于请求者来说，Command 对象就是 Command 对象，它们都是一致的。

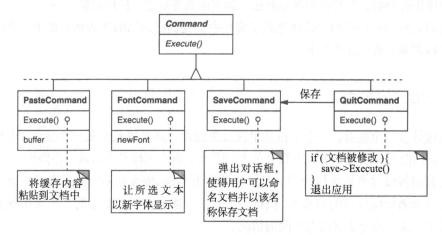

图 2-11　部分 Command 类层次

现在，MenuItem 可以保存一个封装了请求的 Command 对象（如图 2-12）。我们给每一个菜单项一个适合该菜单项的 Command 子类实例，就像我们为每个菜单项指定一个文本字符串。当用户选中一个特定菜单项时，菜单项只是调用它的 Command 对象的 Execute 操作去执行请求。注意按钮和其他窗口组件可以用相同的方式处理请求。

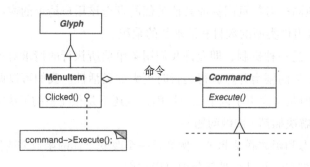

图 2-12　MenuItem-Command 关系

2.7.3　撤销和重做

在交互应用中撤销和重做（Undo/Redo）能力是很重要的。为了撤销和重做一个命令，我们在 Command 接口中增加 Unexecute 操作。Unexecute 操作是 Execute 的逆操作，它使用上一次 Execute 操作所保存的取消信息来消除 Execute 操作的影响。例如，在 FontCommand 的例子中，Execute 操作会保存改变字体的文本区域和以前的字体。FontCommand 的 Unexecute 操作将把这个区域的文本回复为以前的字体。

有时需要在运行时决定撤销和重做。如果选中文本的字体就是某个请求要修改的字体，那么这个请求是无意义的，它不会产生任何影响。假如选中了一些文字，然后发一个无意义的字体改变请求。那么接下来撤销该请求会产生什么结果呢？是不是一个无意义的字体改变操作，会引起撤销请求同样做一些无意义的事？应该不是这样的。如果用户多次重复无意义的字体改变操作，他应该不必执行相同数目的撤销操作才可以返回到上一次有意义的操作。如果执行一个命令不产生任何影响，那么就不需要相应的撤销操作。

因此为了决定一个命令是否可以撤销，我们给 Command 接口增加了一个抽象的 Reversible 操作，它返回 Boolean 值。子类可以重定义这个操作，以根据运行时情况返回 true 或 false。

2.7.4　命令历史记录

支持任意层次的撤销和重做命令的最后一步是定义一个命令历史记录（command history）或已执行命令的列表（或已被撤销的一些命令）。从概念上理解，命令的历史记录看起来如以下图形所示。

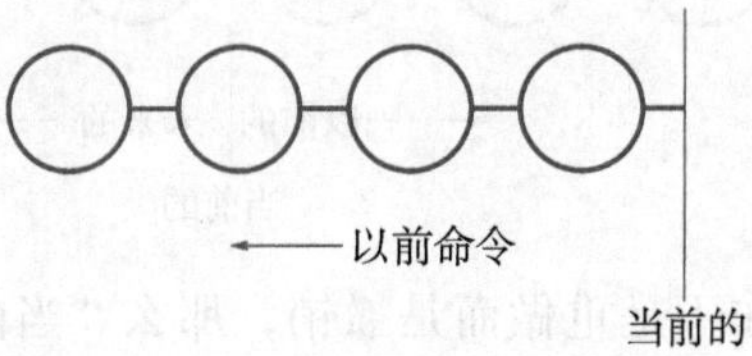

以前命令　　　当前的

每一个圆代表一个 Command 对象。在这个例子中，用户已经发出了四条命令。最左边的命令是最先发出的，依次下来，最右边的命令是最近发出的。"当前的"线跟踪表示最近执行（和被撤销）的命令。

要撤销最近命令，我们调用最右的 Command 对象的 Unexecute 操作，如下图所示。

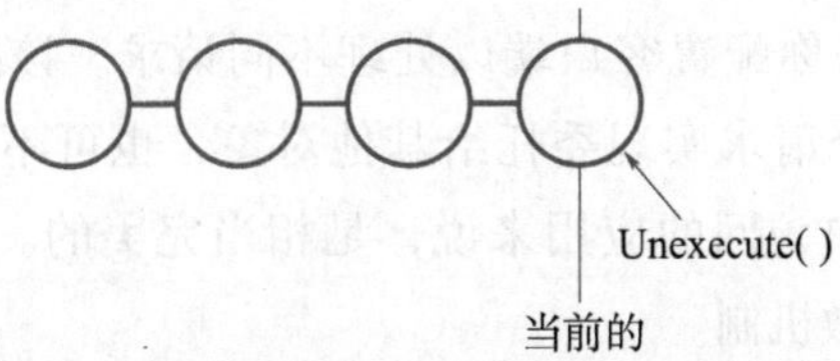

Unexecute( )

当前的

对最近命令调用 Unexecute 之后，我们将"当前的"线左移一个 Command 对象的距离。如果用户再次选择撤销操作，则下一个最近发送的命令以相同的方式被撤销，我们可以看到如下图所示的状态。

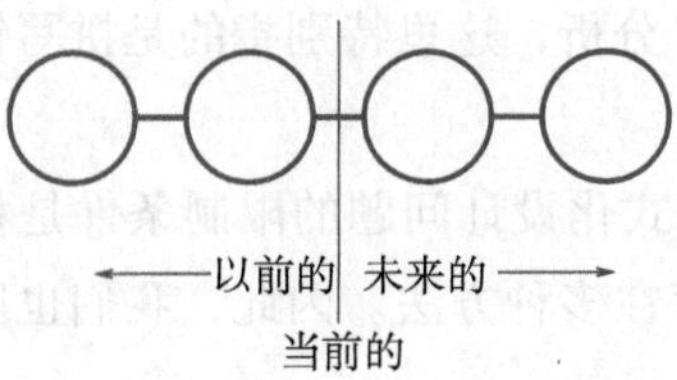

以前的　未来的

当前的

可以看到，通过重复这个过程，我们可以进行多层次的撤销。层次数只受命令历史记录长度的限制。

要重做一个刚被撤销的命令，我们只需做上面的逆过程。在"当前的"线右边的命令是以后可以被重做的命令。重做刚被撤销的命令时，我们调用紧靠"当前的"线右边的 Command 对象的 Execute，如下图所示。

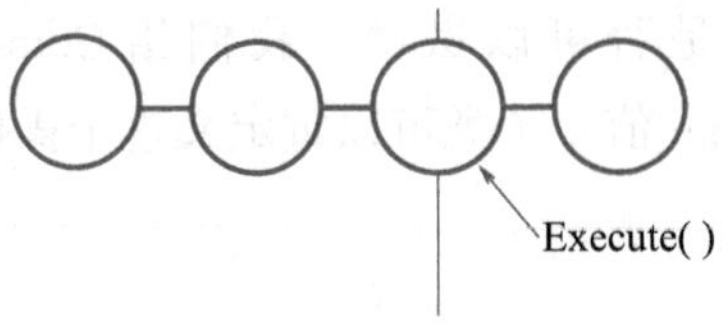

然后我们将"当前的"线前移，以便接下来的重做能够调用下一个 Command 对象，如下图所示。

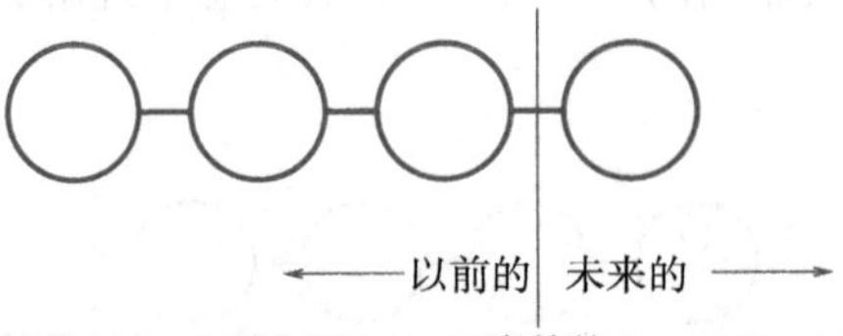

当然，如果接下来的操作不是重做而是撤销，那么"当前的"线左边的命令将被撤销。这样当需要从错误中恢复时，用户能有效及时地撤销和重做命令。

2.7.5　Command模式

Lexi 的命令是 Command(5.2) 模式的应用。该模式描述了怎样封装请求，也描述了一致的发送请求的接口，它允许你配置客户端以处理不同请求。该接口向客户屏蔽请求的实现。一个命令可以将所有或部分请求实现委托给其他对象，也可不进行委托。这对于像 Lexi 这样必须为分散功能提供集中访问的应用来说，是相当完美的。该模式还讨论了基于基本的 Command 接口的撤销和重做机制。

2.8　拼写检查和断字处理

最后一个设计问题涉及文本分析，这里特别指的是拼写错误的检查和良好格式所需的连字符连接点。

这里的限制条件与 2.3 节格式化设计问题的限制条件是相似的。类似于换行策略，拼写检查和连字符连接点的计算也存在多种方法。因此，我们也同样希望支持多个算法。一组不同算法的集合能够提供时间／空间／质量选择时的权衡，我们也希望应该能很容易加进新的算法。

我们要尽量避免将功能与文档结构紧密耦合，此时这个目标甚至比格式化设计时更重要。因为拼写检查和连字符只是我们希望 Lexi 支持的许多潜在的文本分析中的两种。我们可能会不可避免地多次扩展 Lexi 的分析能力。我们可能会加入查找、字数统计、计算表格总值的功能、语法检查等。但是我们并不希望在每次引入这类新功能时，都要改变 Glyph 类及其子类。

事实上这个难题可以分成两部分：①访问需要分析的信息，而它们是被分散在文档结构的图元中的；②分析这些信息。我们将这两部分分开对待。

2.8.1　访问分散的信息

许多分析要求逐字检查文本，而我们需要分析的文本是分散在图元对象的层次结构中的。为了检查这种结构中的文本，我们需要一种访问机制以知道数据结构中所保存的图元对象。一些图元可能以链表保存它们的子图元，另一些可能用数组保存，还有一些可能使用更复杂的数据结构。我们的访问机制应该能处理所有这些可能性。

此外，更为复杂的情况是，不同分析算法将会以不同方式访问信息。大多数分析算法总是从头到尾遍历文本，但也有一些恰恰相反——例如，逆向搜索的访问顺序是从后往前而不是从前往后。算术表达式的求值可能需要一个中序的遍历过程。

所以我们的访问机制必须能适应不同的数据结构，并且我们还必须支持不同的遍历方法，如前序、后序和中序。

2.8.2　封装访问和遍历

假如我们的图元接口使用一个整数索引让客户引用子图元。尽管这对以数组保存子图元的图元类来说是合理的，但对使用链表的图元类而言却是低效的。图元抽象的一个重要作用就是隐藏了存储其子图元的数据结构，我们可以在不影响其他类的情况下改变图元类的数据结构。

因而，只有图元自己知道它所使用的数据结构。可以有这样的推论：图元接口不应该偏重于某个数据结构。不应该像上面这样，即数组比链表更好。

我们有可能解决这个问题，并且同时支持多种遍历方式。我们可以将多个访问和遍历功能直接放到图元类中，并提供一种选择方式——这可能是通过增加一个枚举常量作为参数来实现。类在遍历过程中传递该参数以确保所用的是同一种遍历方式，它们必须传递遍历过程中积累的任何信息。

我们可以给 Glyph 的接口增加如下的抽象操作来支持这种方法：

```
void First(Traversal kind)
void Next()
bool IsDone()
Glyph* GetCurrent()
void Insert(Glyph*)
```

First、Next 和 IsDone 操作控制遍历。First 初始化遍历过程，它根据枚举类型 Traversal 的参数值确定执行何种遍历，其值可以是 CHILDREN（只遍历图元的直接子图元）、PREORDER（以先序方式遍历整个结构）、POSTORDER 和 INORDER。Next 在遍历时前进到下一个图元。IsDone 则报告遍历是否完成。GetCurrent 代替了 Child 操作，它访问遍历的当前图元。Insert 操作代替了以前的操作，它在当前位置插入给定的图元。

一个分析可以使用如下 C++ 代码对以 g 为根结点的图元结构做先序遍历：

```
Glyph* g;

for (g->First(PREORDER); !g->IsDone(); g->Next()) {
    Glyph* current = g->GetCurrent();

    // do some analysis
}
```

注意我们已经放弃了图元接口的整数索引，这样就不会偏重于某种数据结构。我们也使得客户不必自己实现通用的遍历方法。

但是该方法仍然有一些问题。举个例子，它在不扩展枚举值或增加新的操作的条件下，不能支持新的遍历方式。比方说，我们想要修改一下先序遍历，使它能自动跳过非文本图元。我们就不得不改变枚举类型 Traversal，使它包含 TEXTUAL_PREORDER 这样的值。

我们最好避免改变已有的声明。把遍历机制完全放到 Glyph 类层次中，将会导致修改和扩充时不得不改变一些类，也使得复用遍历机制来遍历其他对象结构很困难，并且在一个结构上不能同时进行多个遍历。

再一次强调，一个好的解决方案是封装那些变化的概念，在本例中我们指的是访问和遍历机制。我们引入一类称为迭代器（iterator）的对象，它们的目的是定义这些机制的不同集合。我们可以通过继承来统一访问不同的数据结构和支持新的遍历方式，同时不改变图元接口或打乱已有的图元实现。

2.8.3　Iterator类及其子类

使用抽象类 Iterator 为访问和遍历定义一个通用的接口。具体子类如 ArrayIterator 和 ListIterator 负责实现该接口，以提供对数组和列表的访问；而 PreorderIterator 和 PostorderIterator 以及类似的类负责在指定结构上实现不同的遍历方式。每个 Iterator 子类有一个指向它所遍历的结构的引用，在创建子类实例时，需用这个引用进行初始化。图 2-13 展示了 Iterator 类和它的若干子类之间的关系。注意，我们在 Glyph 类接口中增加了一个 CreateIterator 抽象操作以支持 Iterator。

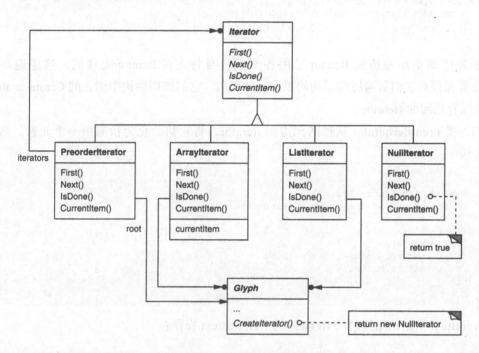

图 2-13　Iterator 类和它的子类

Iterator 接口提供 First、Next 和 IsDone 操作来控制遍历。ListIterator 类实现的 First 操作指向列表的第一个元素；Next 前进到列表的下一个元素；IsDone 返回列表指针是否指向列表范围以外；CurrentItem 返回 Iterator 所指的图元。ArrayIterator 类的实现类似，只不过它是针对一个图元数组。

现在我们无须知道具体表示也能访问一个图元结构的子女：

```
Glyph* g;
Iterator<Glyph*>* i = g->CreateIterator();

for (i->First(); !i->IsDone(); i->Next()) {
    Glyph* child = i->CurrentItem();

    // do something with current child
}
```

在默认情况下 CreateIterator 返回一个 NullIterator 实例。NullIterator 是一个退化的 Iterator，它适用于叶子图元，即没有子图元的图元。NullIterator 的 IsDone 操作总返回 true。

一个有子女的图元子类将重载 CreateIterator，返回不同 Iterator 子类的一个实例，这依赖于保存图元子女所用的结构。如果 Glyph 的行子类在一个 _children 列表中保存其子类，那么它的 CreateIterator 操作实现如下：

```
Iterator<Glyph*>* Row::CreateIterator () {
    return new ListIterator<Glyph*>(_children);
}
```

用于先序和中序遍历的 Iterator 是用各图元自身特定的 Iterator 实现的。这些遍历的
Iterator 还要保存对它们所遍历的结构的根图元的引用。它们调用结构中图元的 CreateIterator，
并用栈来保存返回的 Iterator。

例如，类 PreorderIterator 从根图元得到 Iterator，将它初始化为指向第一个元素，然后
将它压入栈中：

```
void PreorderIterator::First () {
    Iterator<Glyph*>* i = _root->CreateIterator();

    if (i) {
        i->First();
        _iterators.RemoveAll();
        _iterators.Push(i);
    }
}
```

CurrentItem 只是调用栈顶的 Iterator 的 CurrentItem 操作：

```
Glyph* PreorderIterator::CurrentItem () const {
    return
        _iterators.Size() > 0 ?
        _iterators.Top()->CurrentItem() : 0;
}
```

Next 操作得到栈顶的 Iterator，并且让它的当前项创建一个 Iterator，尽可能遍历到图元
结构的最远处（因为这是一个先序遍历）。Next 将新的 Iterator 设置到遍历中的第一个元素，
再将它压栈。然后 Next 测试最近的 Iterator，如果它的 IsDone 操作返回 true，那么我们就完
成了对当前子树（或叶子）的遍历。本例中，Next 弹出栈顶的 Iterator 并且重复上述过程，直
到发现下一个还没完成的遍历；否则，我们就完成了对整个结构的遍历。

```
void PreorderIterator::Next () {
    Iterator<Glyph*>* i =
        _iterators.Top()->CurrentItem()->CreateIterator();

    i->First();
    _iterators.Push(i);

    while (
        _iterators.Size() > 0 && _iterators.Top()->IsDone()
    ) {
        delete _iterators.Pop();
        _iterators.Top()->Next();
    }
}
```

注意 Iterator 类层次结构是怎样允许我们不改变图元类而增加新的遍历方式的——

如 PreorderIterator 所示，我们只需要创建 Iteraror 子类，并给它增加一个新的遍历算法即可。Glyph 子类给客户提供相同的接口去访问它们的子女，并不揭示其底层的数据结构。由于 Iterator 保存了自己的遍历状态，所以我们能同时执行多个遍历，甚至可以对相同的结构进行同时遍历。尽管我们在本例中的遍历是针对图元结构的，但我们没有理由不可以将像 PreorderIterator 这样的类参数化，使其能遍历其他类型的对象结构。我们可以使用 C++ 的模板技术来做这件事，这样我们在遍历其他结构时就能复用 PreorderIterator 的机制。

2.8.4　Iterator模式

Iterator(5.4) 模式描述了那些支持访问和遍历对象结构的技术，它不仅可用于组合结构，也可用于集合。该模式抽象了遍历算法，对客户隐藏了它所遍历对象的内部结构。Iterator 模式再一次说明了怎样封装变化的概念，有助于我们获得灵活性和复用性。尽管如此，迭代问题的复杂性还是令人吃惊的，Iterator 模式包含的细微差别和权衡比我们这里考虑的更多。

2.8.5　遍历和遍历过程中的动作

现在我们有了遍历图元结构的方法，可以进行拼写检查和支持连字符。这两种分析都涉及遍历过程中的信息累积。

首先我们要决定将分析的责任放在什么位置。我们可以在 Iterator 类中做分析，将分析和遍历有机地结合起来。但是如果我们能区别遍历和遍历过程中所执行动作之间的差别，就可以得到更多的灵活性和潜在复用性，这是因为不同的分析通常需要相同的遍历方式。因而，对于不同的分析而言，我们可以复用相同的 Iterator 集合。例如，先序遍历对于许多分析，包括拼写检查、连字符、向前搜索和字数统计等都是通用的。

因此，我们应当将分析和遍历分开，那么将分析责任放到什么地方呢？我们知道有许多种分析需要做，每一种分析将在不同的遍历点做不同的事情。根据分析的种类，有些 Glyph 比其他的图元更具重要性。如果做拼写检查和连字符分析，我们要考虑的是字符型图元，而不是像行和位图图形这样的图元。如果我们做颜色分割，我们要考虑的是可见的图元，而不是不可见图元。因此，不同的分析过程必然是分析不同的图元。

因而一个给定的分析必须能区别不同种类的图元。很明显的一种做法是将分析能力放到图元类本身。针对每一种分析，我们为 Glyph 类增加一个或多个抽象操作，并且根据它们在分析中所起的作用，在 Glyph 子类中实现这些操作。

但麻烦的是我们每增加一种新的分析，都必须改变每一个图元类。某些情况下可以使这个问题简化：比如有时只有部分类参与分析，又如有时大多数类都以相同方式去做分析，那么我们可以为 Glyph 类中的抽象操作补充一个默认的实现。该默认操作将包含许多通用情况。这样我们可以将修改只限于 Glyph 类和那些非标准子类。

然而即使默认实现可以减少需要修改的类的数目，一个隐含的问题依然存在：随着新的分析功能的增加，Glyph 的接口会越来越大。众多的分析操作会逐渐模糊基本的 Glyph 接口，从而很难看出图元的主要目的是定义和结构化那些有外观和形状的对象——这些接口完全被淹没了。

2.8.6　封装分析

　　所有迹象表明，我们需要在一个独立对象中封装分析方法，就像我们以前多次做过的那样。我们可以将一个给定的分析封装在一个类中，并把该类的实例和合适的 Iterator 结合起来使用。这个 Iterator 负责将该实例携带到所遍历结构的每一个图元中。这样分析对象可以在每个遍历点做一些分析工作。在遍历过程中，分析者积累它所感兴趣的信息（本例中指字符信息），如下图所示。

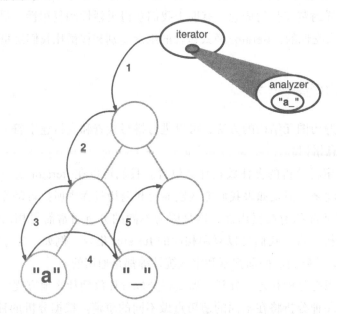

　　该方法的基本问题在于：分析对象怎样才能不使用类型检查或强制类型转换也能正确对待各种不同的图元。我们不希望 SpellingChecker 包含类似如下的（伪）代码：

```
void SpellingChecker::Check (Glyph* glyph) {
    Character* c;
    Row* r;
    Image* i;

    if (c = dynamic_cast<Character*>(glyph)) {
        // analyze the character

    } else if (r = dynamic_cast<Row*>(glyph)) {
        // prepare to analyze r's children

    } else if (i = dynamic_cast<Image*>(glyph)) {
        // do nothing
    }
}
```

这段代码相当拙劣。它依赖于比较高深的像类型的安全转换这样的能力，并且难以扩展。无论何时当我们改变 Glyph 类层次时，都要记住修改这个函数。事实上，这也是面向对象语言力图消除的那种代码。

我们如何避免这种不成熟的方式呢？让我们看看在 Glyph 类中添加如下代码时会发生什么：

```
void CheckMe (SpellingChecker&)
```

我们在每一个 Glyph 子类中定义 CheckMe 如下：

```
void GlyphSubclass::CheckMe (SpellingChecker& checker) {
    checker.CheckGlyphSubclass(this);
}
```

这里的 GlyphSubclass 将会被图元子类的名字所代替。注意当调用 CheckMe 时，当前是哪一个特定 Glyph 子类是知道的——毕竟，我们在使用它的操作。相应地，SpellingChecker 类的接口包含每一个 Glyph 子类的类似于 CheckGlyphSubclass 的操作⊖：

```
class SpellingChecker {
public:
    SpellingChecker();

    virtual void CheckCharacter(Character*);
    virtual void CheckRow(Row*);
    virtual void CheckImage(Image*);

    // ... and so forth

    List<char*>& GetMisspellings();
protected:
    virtual bool IsMisspelled(const char*);

private:
    char _currentWord[MAX_WORD_SIZE];
    List<char*> _misspellings;
};
```

SpellingChecker 的检查字符图元的操作可能如下所示：

```
void SpellingChecker::CheckCharacter (Character* c) {
    const char ch = c->GetCharCode();

    if (isalpha(ch)) {
        // append alphabetic character to _currentWord

    } else {
        // we hit a nonalphabetic character

        if (IsMisspelled(_currentWord)) {
            // add _currentWord to _misspellings
```

⊖ 我们可以使用函数重载来给每一个这样的成员函数以相同的名字，因为它们的参数已经将它们区分开了。我们这里用不同名字是为了强调它们的不同性，尤其当调用它们的时候。

```
                _misspellings.Append(strdup(_currentWord));
        }

        _currentWord[0] = '\0';
            // reset _currentWord to check next word
    }
}
```

注意我们已经在 Character 类中定义了一个特殊的 GetCharCode 操作。拼写检查者能够处理特定子类的操作，而无须类型检查或转换——这让我们可以分别对待各个对象。

CheckCharacter 将字母字符累积在 _currentWord 数组中。当碰到像下划线这样的非字母字符时，它使用 IsMisspelled 操作去检查 _currentWord 中单词的拼写⊖。如果该单词拼写错误，CheckCharacter 将它加到拼错单词的列表中。然后必须清空数组 _currentWord，以便检查下一个单词。当遍历结束后，你可以通过 GetMisspellings 操作遍历拼写错误的单词的列表。

现在，我们以拼写检查器为参数调用每个图元的 CheckMe 操作，从而实现对图元结构的遍历。这使得拼写检查器 SpellingChecker 可以有效区分每个图元，并不断推进检查器以检查下面的内容。

```
SpellingChecker spellingChecker;
Composition* c;

// ...

Glyph* g;
PreorderIterator i(c);
for (i.First(); !i.IsDone(); i.Next()) {
    g = i.CurrentItem();
    g->CheckMe(spellingChecker);
}
```

下面的交互图展示了字符图元和 SpellingChecker 对象是怎样协同工作的：

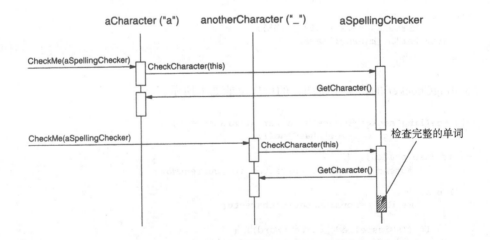

⊖　IsMisspelled 实现了拼写算法，因为它独立于 Lexi 的设计，所以这里我们就不细说。我们这里通过子类 SpellingChecker 来支持不同的算法；但也可以使用 Strategy(5.9) 模式来支持不同的拼写检查算法（就像在 2.3 节中格式化时所做的那样）。

这种方法适合于找出拼写错误，但怎样才能帮助我们去支持多种分析呢？看上去有点像我们每增加一种新的分析，就不得不为 Glyph 及其子类增加一个类似于 CheckMe(SpellingChecker&) 的操作。如果我们坚持每一个分析对应一个独立的类，事实确实如此。但是没有理由说我们不能给所有分析类型一个相同的接口。应该允许我们多态使用各种分析。也就是说，我们应能够用一个有通用参数的、与分析无关的操作来替代像 CheckMe(SpellingChecker&) 这种表示特定分析的操作。

2.8.7　Visitor类及其子类

我们使用术语访问者（visitor）来泛指在遍历过程中"访问"被遍历对象并做适当操作的一类对象⊖。本例中我们使用一个 Visitor 类来定义一个用来访问结构中的图元的抽象接口。

```
class Visitor {
public:
    virtual void VisitCharacter(Character*) { }
    virtual void VisitRow(Row*) { }
    virtual void VisitImage(Image*) { }

    // ... and so forth
};
```

Visitor 的具体子类做不同的分析，例如：我们可以用一个 SpellingCheckingVisitor 子类来检查拼写；用 HyphenationVisitor 子类做连字符分析。SpellingCheckingVisitor 可以像上面的 SpellingChecker 那样实现，只是操作名要反映通用的 Visitor 的接口。例如，CheckCharacter 应该改成 VisitCharacter。

既然 CheckMe 对于访问者并不合适，因为访问者不检查任何东西，那么我们就使用一个更加通用的名字：Accept。其参数也应该改成 Visitor&，以反映它能接受任何一个访问者这一事实。现在定义一个新的分析只需要定义一个新的 Visitor 子类——我们无须触及任何图元类。通过在 Glyph 及其子类中增加这一操作，我们就可以支持以后的所有分析方法。

我们已经看到怎样做拼写检查了。我们可以在 HyphenationVisitor 中使用类似的方法来累积文本，但一旦 HyphenationVisitor 的 VisitCharacter 操作用于处理整个单词，它的工作方式将略有不同。它并不是检查单词的拼写错误，而是使用一个连字符算法决定单词可能的连接点的位置（如果有的话）。然后在每一个连字符连接点，插入一个 Discretionary 图元。Discretionary 图元是 Glyph 子类 Discretionary 的实例。

一个 Discretionary 图元有两种可能的外观，这决定于它是否是一行的最后一个字符。如果它是最后一个字符，那么 Discretionary 看起来像一个连字符；如果不是，那么 Discretionary 不显示任何东西。Discretionary 检查它的父对象（一个行对象）来判断它是否是最后的子女。Discretionary 在每次被调用画自己或计算它的边界时，都要做这个检查。格式化策略将 Discretionary 看成空格，将它们都作为行结束的标志。下图说明了一个嵌入的

⊖　"访问"只是一个比"分析"稍微通用一点的术语。它显示了我们在设计模式中所使用的术语。

Discretionary 是怎样显示的。

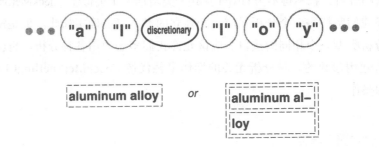

2.8.8 Visitor模式

我们这里所描述的是一个 Visitor(5.11) 模式的应用。前面的 Visitor 类及其子类是该模式的主要参与者。Visitor 模式描述了这样一种我们前面已使用过的技术，它允许对图元结构的分析数目不受限制地增加而不必改变图元类本身。访问者类的另一个优点是它不局限于像图元结构这样的组合者，也适用于其他任何对象结构，包括集合、列表，甚至无环有向图。再者，访问者所能访问的类之间无须通过一个公共父类关联起来。也就是说，访问者能跨越类层次结构。

在使用 Visitor 模式之前你要问自己的一个重要问题是：哪一个类层次变化得最厉害？该模式最适合于当你想对一个稳定类结构的对象做许多不同的事情的情况。增加一种新的访问者而不需要改变类结构，这对于很大的类结构是尤其重要的。但是，只要你给类结构增加了一个子类，你就不得不更新你所有访问者类的接口以包含针对那个子类的 Visit... 操作。比如在我们的例子中，增加一个被称为 Foo 的新 Glyph 子类，将需要改变 Visitor 及其子类以包含一个 VisitFoo 操作。但是考虑到我们的设计限制条件，比较常见的是为 Lexi 增加一种新的分析方法，而不是增加一种新的图元。所以 Visitor 模式是适合我们的需要的。

2.9 小结

我们在 Lexi 的设计中使用了 8 种不同的模式：

1）Composite(4.3) 表示文档的物理结构。

2）Strategy(5.9) 允许不同的格式化算法。

3）Decorator(4.4) 修饰用户界面。

4）Abstract Factory(3.1) 支持多视感标准。

5）Bridge(4.2) 允许多个窗口平台。

6）Command(5.2) 支持撤销用户操作。

7）Iterator(5.4) 访问和遍历对象结构。

8）Visitor(5.11) 允许无限扩充分析能力而又不会使文档结构的实现复杂化。

　　以上这些设计要点都不仅仅局限于像 Lexi 这样的文档编辑应用。事实上，很多重要的应用都可以使用这些模式处理不同的事情。一个财务分析应用可能使用 Composite 模式定义由多种类型子文件夹组成的投资文件夹。一个编译程序可能使用 Strategy 模式来考虑不同目标机上的寄存器分配方案。图形用户界面的应用可能至少要用到 Decorator 和 Command 模式，正如本例所示。

　　我们已经讨论了 Lexi 设计中的一些主要问题，但还有很多其他的问题没有讨论。需再次说明的是，本书描述的不仅是以上我们所用到的 8 个模式。所以在学习其余模式时，你要考虑怎样才能把它们用在 Lexi 中。最好能考虑在你自己的设计中怎样使用它们。

第 3 章

创建型模式

　　创建型设计模式抽象了实例化过程。它们帮助一个系统独立于如何创建、组合和表示它的那些对象。一个类创建型模式使用继承改变被实例化的类，而一个对象创建型模式将实例化委托给另一个对象。

　　随着系统演化得越来越依赖于对象组合而不是类继承，创建型模式变得更为重要。当这种情况发生时，重心从对一组固定行为的硬编码（hard-coding）转移为定义一个较小的基本行为集，这些行为可以被组合成任意数目的更复杂的行为。这样创建有特定行为的对象要求的不仅仅是实例化一个类。

　　在这些模式中有两个不断出现的主旋律。第一，它们都将关于该系统使用哪些具体的类的信息封装起来。第二，它们隐藏了这些类的实例是如何被创建和放在一起的。整个系统关于这些对象所知道的是由抽象类所定义的接口。因此，创建型模式在什么被创建、谁创建它、它是怎样被创建的，以及何时创建等方面给予你很大的灵活性。它们允许你用结构和功能差别很大的"产品"对象配置一个系统。配置可以是静态的（即在编译时指定），也可以是动态的（在运行时指定）。

　　有时创建型模式是相互竞争的。例如，有些情况下 Prototype(3.4) 或 Abstract Factory(3.1) 用起来都很好。而在有些情况下它们是互补的：Builder(3.2) 可以使用其他模式去实现某个构件的创建，Prototype(3.4) 可以在它的实现中使用 Singleton(3.5)。

　　因为创建型模式紧密相关，我们将所有 5 个模式一起研究以突出它们的相似点和差异点。我们也将举一个通用的例子——为一个电脑游戏创建一个迷宫——来说明它们的实现。这个迷宫和游戏将随着各种模式不同而略有区别。有时这个游戏将仅仅是找到一个迷宫的出口——在这种情况下，游戏者可能仅能见到该迷宫的局部。有时迷宫包括一些要解决的问题和要化解的危险，并且这些游戏可能会提供已经被探索过的那部分迷宫地图。

　　我们将忽略迷宫中的许多细节以及一个迷宫游戏中有多少个游戏者。我们仅关注迷宫是怎样创建的。我们将一个迷宫定义为一系列房间，一个房间知道它的邻居；可能的邻居要么是另一个房间，要么是一堵墙或者是到另一个房间的一扇门。

　　类 Room、Door 和 Wall 定义了我们所有的例子中用到的构件。我们仅定义这些类中对创建一个迷宫起重要作用的那部分。我们将忽略游戏者、显示操作和在迷宫中四处移动等操作，以及其他一些重要的却与创建迷宫无关的功能。

　　下页图表示了这些类之间的关系。

　　每一个房间有四面，我们使用 C++ 中的枚举类型 Direction 来指定房间的东南西北：

```
enum Direction {North, South, East, West};
```

　　Smalltalk 的实现使用相应的符号来表示这些方向。

　　类 MapSite 是所有迷宫构件的公共抽象类。为简化例子，MapSite 仅定义了一个操作 Enter，它的含义取决于你在进入哪里。如果你进入一个房间，那么你的位置会发生改变。如果你试图进入一扇门，那么将发生以下两件事之一：如果门是开着的，你进入另一个房间；如果门是关着的，那么你就会碰壁。

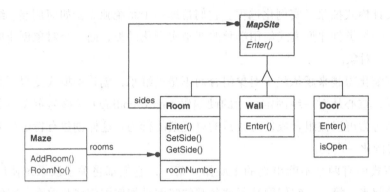

```
class MapSite {
public:
    virtual void Enter() = 0;
};
```

Enter 为更加复杂的游戏操作提供了一个简单基础。例如，如果你在一个房间中说"向东走"，游戏只能简单地确定直接在东边的是哪一个 MapSite 并对它调用 Enter。特定子类的 Enter 操作将计算出是你的位置发生改变，还是你会碰壁。在一个真正的游戏中，Enter 可以将移动的游戏者对象作为一个参数。

Room 是 MapSite 的一个具体子类，而 MapSite 定义了迷宫中构件之间的主要关系。Room 有指向其他 MapSite 对象的引用，并保存一个房间号，这个数字用来标识迷宫中的房间。

```
class Room : public MapSite {
public:
    Room(int roomNo);

    MapSite* GetSide(Direction) const;
    void SetSide(Direction, MapSite*);

    virtual void Enter();
private:
    MapSite* _sides[4];
    int _roomNumber;
};
```

下面的类描述了一个房间的每一面所出现的墙壁或门。

```
class Wall : public MapSite {
public:
    Wall();

    virtual void Enter();
};
class Door : public MapSite {
public:
    Door(Room* = 0, Room* = 0);

    virtual void Enter();
```

```
    Room* OtherSideFrom(Room*);
private:
    Room* _room1;
    Room* _room2;
    bool _isOpen;
};
```

我们不仅需要知道迷宫的各部分，还要定义一个用来表示房间集合的 Maze 类。使用
RoomNo 操作和给定的房间号，Maze 就可以找到一个特定的房间。

```
class Maze {
public:
    Maze();

    void AddRoom(Room*);
    Room* RoomNo(int) const;
private:
    // ...
};
```

RoomNo 可以使用线性搜索、hash 表甚至简单数组进行查找。但我们此处并不考虑这些
细节，而是将注意力集中于如何指定一个迷宫对象的构件。

我们定义的另一个类是 MazeGame，由它来创建迷宫。一个简单直接的创建迷宫的方法
是使用一系列操作将构件增加到迷宫中，然后连接它们。例如，下面的成员函数将创建一个
迷宫，这个迷宫由两个房间和它们之间的一扇门组成：

```
Maze* MazeGame::CreateMaze () {
    Maze* aMaze = new Maze;
    Room* r1 = new Room(1);
    Room* r2 = new Room(2);
    Door* theDoor = new Door(r1, r2);

    aMaze->AddRoom(r1);
    aMaze->AddRoom(r2);

    r1->SetSide(North, new Wall);
    r1->SetSide(East, theDoor);
    r1->SetSide(South, new Wall);
    r1->SetSide(West, new Wall);

    r2->SetSide(North, new Wall);
    r2->SetSide(East, new Wall);
    r2->SetSide(South, new Wall);
    r2->SetSide(West, theDoor);

    return aMaze;
}
```

考虑到这个函数所做的是创建一个有两个房间的迷宫，它是相当复杂的。显然有办法使
它变得更简单。例如，Room 的构造器可以提前用墙壁来初始化房间的每一面。但这仅仅是
将代码移到了其他地方。这个成员函数真正的问题不在于它的大小而在于它不灵活。它对迷
宫的布局进行硬编码。改变布局意味着改变这个成员函数，通过以下方式：重定义（override）
它——这意味着重新实现整个过程；对它的部分进行改变——这容易产生错误并且不利于

复用。

创建型模式表明如何使得这个设计更灵活，但未必会更小。特别是，它们将便于修改定义迷宫构件的类。

假设你想在一个包含（所有的东西）施了魔法的迷宫的新游戏中复用一个已有的迷宫布局。施了魔法的迷宫游戏有新的构件，如 DoorNeedingSpell，它是一扇只能用咒语才能被锁上和打开的门；以及 EnchantedRoom，一个可以有不寻常东西的房间，比如魔法钥匙或者咒语。你怎样才能较容易地改变 CreateMaze 以让它用这些新类型的对象创建迷宫呢？

这种情况下，改变的最大障碍是对已实例化的类进行硬编码。创建型模式提供了多种不同方法，从实例化它们的代码中除去对这些具体类的显式引用：

- 如果 CreateMaze 调用虚函数而不是构造器来创建它需要的房间、墙壁和门，那么你可以创建一个 MazeGame 的子类并重定义这些虚函数，从而改变被实例化的类。这一方法是 Factory Method(3.3) 模式的一个例子。
- 如果传递一个对象给 CreateMaze 作为参数来创建房间、墙壁和门，那么你可以传递不同的参数来改变房间、墙壁和门的类。这是 Abstract Factory(3.1) 模式的一个例子。
- 如果传递一个对象给 CreateMaze，这个对象可以在它所建造的迷宫中使用增加房间、墙壁和门的操作来全面创建一个新的迷宫，那么你可以使用继承来改变迷宫的一些部分或迷宫的建造方式。这是 Builder(3.2) 模式的一个例子。
- 如果 CreateMaze 由多种原型的房间、墙壁和门对象参数化，它复制并将这些对象增加到迷宫中，那么你可以用不同的对象替换这些原型对象以改变迷宫的构成。这是 Prototype(3.4) 模式的一个例子。

剩下的创建型模式 Singleton(3.5) 可以保证每个游戏中仅有一个迷宫而且所有的游戏对象都可以迅速访问它——不需要求助于全局变量或函数。Singleton 也使得迷宫易于扩展或替换，且不需要变动已有的代码。

3.1 Abstract Factory（抽象工厂）——对象创建型模式

1. 意图
提供一个接口以创建一系列相关或相互依赖的对象，而无须指定它们具体的类。

2. 别名
Kit。

3. 动机
考虑一个支持多种视感（look-and-feel）标准的用户界面工具包，例如 Motif 和 Presentation Manager。不同的视感风格为诸如滚动条、窗口和按钮等用户界面"窗口组件"定义不同的外观和行为。为保证视感风格标准之间的可移植性，一个应用不应该为一个特定的视感外观硬编码它的窗口组件。在整个应用中实例化特定视感风格的窗口组件类将使得以后很难改变视感风格。

为解决这一问题，我们可以定义一个抽象的 WidgetFactory 类，这个类声明了一个用来创建每一类基本窗口组件的接口。每一类窗口组件都有一个抽象类，而具体子类则实现了窗口组件的特定视感风格。对于每一个抽象窗口组件类，WidgetFactory 接口都有一个返回新窗口组件对象的操作。客户调用这些操作以获得窗口组件实例，但客户并不知道其正在使用的是哪些具体类。这样客户就不依赖于一般的视感风格，如下图所示。

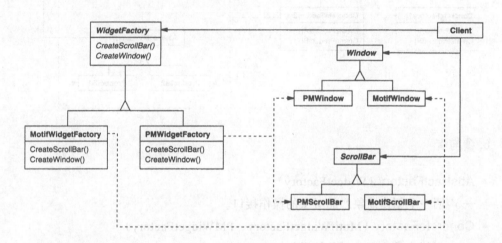

每一种视感标准都对应于一个具体的 WidgetFactory 子类。每一子类实现那些用于创建合适视感风格的窗口组件的操作。例如，MotifWidgetFactory 的 CreateScrollBar 操作实例化并返回一个 Motif 滚动条，而相应的 PMWidgetFactory 操作返回一个 Presentation Manager 的滚动条。客户仅通过 WidgetFactory 接口创建窗口组件，而并不知道哪些类实现了特定视感风格的窗口组件。换言之，客户仅与抽象类定义的接口交互，而不使用特定的具体类的接口。

WidgetFactory 也增强了具体窗口组件类之间的依赖关系。一个 Motif 的滚动条应该与 Motif 按钮、Motif 文本编辑器一起使用，这一约束条件作为使用 MotifWidgetFactory 的结果被自动加上。

4. 适用性

在以下情况下使用 Abstract Factory 模式：

- 一个系统要独立于它的产品的创建、组合和表示。
- 一个系统要由多个产品系列中的一个来配置。
- 要强调一系列相关的产品对象的设计以便进行联合使用。
- 提供一个产品类库，但只想显示它们的接口而不是实现。

5. 结构

此模式的结构如下图所示。

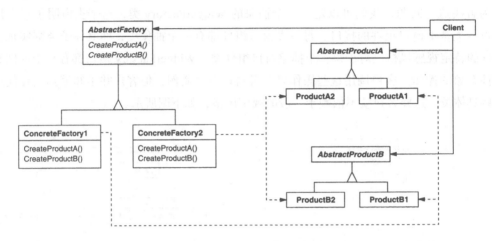

6. 参与者

- AbstractFactory（WidgetFactory）
  — 声明一个创建抽象产品对象的操作接口。
- ConcreteFactory（MotifWidgetFactory、PMWidgetFactory）
  — 实现创建具体产品对象的操作。
- AbstractProduct（Window、ScrollBar）
  — 为一类产品对象声明一个接口。
- ConcreteProduct（MotifWindow、MotifScrollBar）
  — 定义一个将被相应的具体工厂创建的产品对象。
  — 实现 AbstractProduct 接口。
- Client
  — 仅使用由 AbstractFactory 和 AbstractProduct 类声明的接口。

7. 协作

- 通常在运行时创建一个 ConcreteFactroy 类的实例。这一具体的工厂创建具有特定实现的产品对象。为创建不同的产品对象，客户应使用不同的具体工厂。
- Abstract Factory 将产品对象的创建延迟到它的 ConcreteFactory 子类。

8. 效果

Abstract Factory 模式有以下优点和缺点：

1）它分离了具体的类 Abstract Factory 模式帮助你控制一个应用创建的对象的类。因为一个工厂封装创建产品对象的责任和过程，它将客户与类的实现分离。客户通过它们的抽象接口操纵实例。产品的类名也在具体工厂的实现中被隔离，即它们不出现在客户代码中。

2）它使得易于交换产品系列　一个具体工厂类在一个应用中仅出现一次——在它初始化的时候。这使得改变一个应用的具体工厂变得很容易。只需要改变具体的工厂即可使用不同的产品配置，这是因为一个抽象工厂创建了一个完整的产品系列，所以整个产品系列会立刻改变。在我们的用户界面的例子中，我们仅须转换到相应的工厂对象并重新创建接口，就可实现从 Motif 窗口组件转换为 Presentation Manager 窗口组件。

3）它有利于产品的一致性　当一个系列中的产品对象被设计成一起工作时，一个应用一次只能使用同一个系列中的对象，这一点很重要。而 Abstract Factory 很容易实现这一点。

4）难以支持新种类的产品　难以扩展抽象工厂以生产新种类的产品。这是因为 AbstractFactory 接口确定了可以被创建的产品集合。支持新种类的产品就需要扩展该工厂接口，这将涉及 AbstractFactory 类及其所有子类的改变。我们会在实现一节讨论这个问题的一个解决办法。

9. 实现

下面是实现 Abstract Factor 模式的一些有用技术：

1）将工厂作为单件　一个应用中一般每个产品系列只需要一个 ConcreteFactory 的实例。因此工厂通常最好实现为一个 Singleton(3.5)。

2）创建产品　AbstractFactory 仅声明一个创建产品的接口，真正创建产品是由 ConcreteProduct 子类实现的。最通常的办法是为每一个产品定义一个工厂方法（参见 Factory Method(3.3)）。一个具体的工厂将为每个产品重定义该工厂方法以指定产品。虽然这样的实现很简单，但它却要求每个产品系列都要有一个新的具体工厂子类，即使这些产品系列的差别很小。

如果有多个可能的产品系列，具体工厂也可以使用 Prototype(3.4) 模式来实现。具体工厂使用产品系列中每一个产品的原型实例来初始化，且它通过复制它的原型来创建新的产品。基于原型的方法使得并非每个新的产品系列都需要一个新的具体工厂类。

此处是 Smalltalk 中实现一个基于原型的工厂的方法。具体工厂在一个被称为 partCatalog 的字典中存储将被复制的原型。方法 make: 检索该原型并复制它。

```
make : partName
    ^ (partCatalog at : partName) copy
```

具体工厂有一个方法用来向该目录中增加部件。

```
addPart : partTemplate named : partName
   partCatalog at : partName put : partTemplate
```

原型用一个符号标识它们，从而被增加到工厂中：

```
aFactory addPart : aPrototype named : #ACMEWidget
```

在将类作为第一类对象的语言中（例如 Smalltalk 和 ObjectiveC），这个基于原型的方法可能有所变化。你可以将这些语言中的类看成是退化的工厂，它仅创建一种产品。你可以将类存储在一个具体工厂中，这个具体工厂在变量中创建多个具体的产品，这很像原型。这些类代替具体工厂创建了新的实例。你可以通过使用产品的类而不是子类初始化一个具体工厂的实例来定义一个新的工厂。这一方法利用了语言的特点，而纯基于原型的方法是与语言无关的。

像刚讨论过的 Smalltalk 中的基于原型的工厂一样，基于类的版本将有一个唯一的实例变量 partCatalog，它是一个字典，它的主键是各部分的名字。partCatalog 存储产品的类而不是存储被复制的原型。方法 make: 现在如下所示。

```
make : partName
    ^ (partCatalog at : partName) new
```

3）定义可扩展的工厂　Abstract Factory 通常为每一种它可以生产的产品定义一个操作。产品的种类被编码在操作型构（signature）中。增加一种新的产品要求改变 Abstract Factory 的接口以及所有与它相关的类。

一个更灵活但不太安全的设计是给创建对象的操作增加一个参数。该参数指定了将被创建的对象的种类。它可以是一个类标识符、一个整数、一个字符串，或其他任何可以标识这种产品的东西。实际上，使用这种方法 Abstract Factory 只需要一个 " Make " 操作和一个指示要创建对象的种类的参数。这是前面已经讨论过的基于原型的和基于类的抽象工厂的技术。

与 C++ 这样的静态类型语言相比，这一变化更容易用在类似于 Smalltalk 这样的动态类型语言中。仅当所有对象都有相同的抽象基类，或者当产品对象可以被请求它们的客户安全地强制转换成正确的类型时，才能够在 C++ 中使用它。Factory Method(3.3) 的实现部分说明了怎样在 C++ 中实现这样的参数化操作。

该方法即使不需要强制类型转换，仍有一个本质的问题：所有的产品将返回类型所给定的相同的抽象接口返回给客户。客户将不能区分或对一个产品的类别进行安全的假定。如果一个客户需要进行与特定子类相关的操作，而这些操作则不能通过抽象接口得到。虽然客户可以实施一个向下类型转换（downcast）（例如在 C++ 中用 dynamic_cast），但这并不总是可行或安全的，因为向下类型转换可能会失败。这是一个典型的高度灵活和可扩展接口的权衡考虑。

10. 代码示例

我们将使用 Abstract Factory 模式创建本章开始所讨论的迷宫。

类 MazeFactory 可以创建迷宫的构件。它建造房间、墙壁和房间之间的门。它可以用于一个从文件中读取迷宫说明图并建造相应迷宫的程序，或者用于一个随机建造迷宫的程序。建造迷宫的程序将 MazeFactory 作为一个参数，这样程序员就能指定要创建的房间、墙壁和门等类。

```
class MazeFactory {
public:
    MazeFactory();

    virtual Maze* MakeMaze() const
        { return new Maze; }
    virtual Wall* MakeWall() const
        { return new Wall; }
    virtual Room* MakeRoom(int n) const
        { return new Room(n); }
    virtual Door* MakeDoor(Room* r1, Room* r2) const
        { return new Door(r1, r2); }
};
```

回想一下建立一个由两个房间和它们之间的门组成的小迷宫的成员函数 CreateMaze。CreateMaze 对类名进行硬编码，这使得很难用不同的构件创建迷宫。

这里是一个以 MazeFactory 为参数的新版本的 CreateMaze ，它修改了以上缺点：

```
Maze* MazeGame::CreateMaze (MazeFactory& factory) {
    Maze* aMaze = factory.MakeMaze();
    Room* r1 = factory.MakeRoom(1);
    Room* r2 = factory.MakeRoom(2);
    Door* aDoor = factory.MakeDoor(r1, r2);

    aMaze->AddRoom(r1);
    aMaze->AddRoom(r2);

    r1->SetSide(North, factory.MakeWall());
    r1->SetSide(East, aDoor);
    r1->SetSide(South, factory.MakeWall());
    r1->SetSide(West, factory.MakeWall());

    r2->SetSide(North, factory.MakeWall());
    r2->SetSide(East, factory.MakeWall());
    r2->SetSide(South, factory.MakeWall());
    r2->SetSide(West, aDoor);

    return aMaze;
}
```

我们创建 MazeFactory 的子类 EnchantedMazeFactory，这是一个创建施了魔法的迷宫的工厂。EnchantedMazeFactory 将重定义不同的成员函数并返回 Room、Wall 等不同的子类。

```
class EnchantedMazeFactory : public MazeFactory {
public:
    EnchantedMazeFactory();

    virtual Room* MakeRoom(int n)  const
        { return new EnchantedRoom(n, CastSpell()); }

    virtual Door* MakeDoor(Room* r1, Room* r2)  const
        { return new DoorNeedingSpell(r1, r2); }

protected:
    Spell* CastSpell() const;
};
```

现在假设我们想生成一个迷宫游戏，在这个游戏里，每个房间中可以有一个炸弹。如果这个炸弹爆炸，它将（至少）毁坏墙壁。我们可以生成一个 Room 的子类以明了是否有一个炸弹在房间中以及该炸弹是否爆炸了。我们也将需要一个 Wall 的子类以明了对墙壁的损坏。

我们将称这些类为 RoomWithABomb 和 BombedWall。

我们将定义的最后一个类是 BombedMazeFactory，它是 MazeFactory 的子类，保证了墙壁是 BombedWall 类的而房间是 RoomWithABomb 类的。BombedMazeFactory 仅须重定义两个函数：

```
Wall* BombedMazeFactory::MakeWall () const {
    return new BombedWall;
}

Room* BombedMazeFactory::MakeRoom(int n) const {
    return new RoomWithABomb(n);
}
```

为建造一个包含炸弹的简单迷宫，我们仅用 BombedMazeFactory 调用 CreateMaze。

```
MazeGame game;
BombedMazeFactory factory;

game.CreateMaze(factory);
```

CreateMaze 也可以用一个 EnchantedMazeFactory 实例来建造施了魔法的迷宫。

注意 MazeFactory 仅是工厂方法的一个集合。这是最通常的实现 Abstract Factory 模式的方式。同时注意 MazeFactory 不是一个抽象类，因此它既作为 AbstractFactory 也作为 ConcreteFactory。这是 Abstract Factory 模式的简单应用的另一个通常的实现。因为 MazeFactory 是一个完全由工厂方法组成的具体类，通过生成一个子类并重定义需要改变的操作，它很容易生成一个新的 MazeFactory。

CreateMaze 使用房间的 SetSide 操作来指定它们的各面。如果它用一个 BombedMaze-Factory 创建房间，那么该迷宫将由有 BombedWall 面的 RoomWithABomb 对象组成。如果 RoomWithABomb 必须访问一个 BombedWall 的与特定子类相关的成员，那么它将不得不对它的墙壁引用进行从 Wall* 到 BombedWall* 的转换。只要该参数确实是一个 BombedWall，这个向下类型转换就是安全的，而如果墙壁仅由一个 BombedMazeFactory 创建就可以保证这一点。

当然，像 Smalltalk 这样的动态类型语言不需要向下类型转换，但如果它们在应该是 Wall 的子类的地方遇到一个 Wall 类可能会产生运行时错误。使用 Abstract Factory 建造墙壁，通过确定仅有特定类型的墙壁可以被创建，有助于防止这些运行时错误。

让我们考虑一个 Smalltalk 版本的 MazeFactory，它仅有一个以要生成的对象种类为参数的 make 操作。此外，具体工厂存储它所创建的产品的类。

首先，我们用 Smalltalk 写一个等价的 CreateMaze：

```
createMaze: aFactory
    | room1 room2 aDoor |
    room1 := (aFactory make: #room) number: 1.
    room2 := (aFactory make: #room) number: 2.
    aDoor := (aFactory make: #door) from: room1 to: room2.
    room1 atSide: #north put: (aFactory make: #wall).
```

```
room1 atSide: #east put: aDoor.
room1 atSide: #south put: (aFactory make: #wall).
room1 atSide: #west put: (aFactory make: #wall).
room2 atSide: #north put: (aFactory make: #wall).
room2 atSide: #east put: (aFactory make: #wall).
room2 atSide: #south put: (aFactory make: #wall).
room2 atSide: #west put: aDoor.
^ Maze new addRoom: room1; addRoom: room2; yourself
```

正如我们在实现一节所讨论的，MazeFactory 仅需一个实例变量 partCatalog 来提供一个字典，这个字典的主键为迷宫构件的类。也回想一下我们是如何实现 make: 方法的。

```
make: partName
    ^ (partCatalog at: partName) new
```

现在我们可以创建一个 MazeFactory 并用它来实现 CreateMaze。我们将用类 MazeGame 的方法 CreateMazeFactory 来创建该工厂。

```
createMazeFactory
    ^ (MazeFactory new
        addPart: Wall named: #wall;
        addPart: Room named: #room;
        addPart: Door named: #door;
        yourself)
```

将不同的类与其主键相关联，就可以创建一个 BombedMazeFactory 或 EnchantedMaze-Factory。例如，一个 EnchantedMazeFactory 可以这样创建：

```
createMazeFactory
    ^ (MazeFactory new
        addPart: Wall named: #wall;
        addPart: EnchantedRoom named: #room;
        addPart: DoorNeedingSpell named: #door;
        yourself)
```

11. 已知应用

InterView 使用 "Kit" 后缀 [Lin92] 来表示 AbstractFactory 类。它定义 WidgetKit 和 DialogKit 抽象工厂来生成与特定视感风格相关的用户界面对象。InterView 还包括一个 LayoutKit，它根据所需要的布局生成不同的组合（composition）对象。例如，一个概念上是水平的布局根据文档的定位（画像或风景）可能需要不同的组合对象。

ET++[WGM88] 使用 Abstract Factory 模式达到在不同窗口系统（例如，X Windows 和 SunView）间的可移植性。WindowSystem 抽象基类定义一些接口来创建表示窗口系统资源的对象（例如 MakeWindow、MakeFont、MakeColor）。具体的子类为某个特定的窗口系统实现这些接口。运行时，ET++ 创建一个具体 WindowSystem 子类的实例，以创建具体的系统资源对象。

12. 相关模式

AbstractFactory 类通常用工厂方法（Factory Method(3.3)）实现，但它们也可以用

Prototype 实现。

一个具体的工厂通常是一个单件（Singleton(3.5)）。

3.2 Builder（生成器）——对象创建型模式

1. 意图

将一个复杂对象的构建与它的表示分离，使得同样的构建过程可以创建不同的表示。

2. 动机

一个 RTF（Rich Text Format）文档交换格式的阅读器应能将 RTF 转换为多种文本格式。该阅读器可以将 RTF 文档转换成普通 ASCII 文本或转换成一个能以交互方式编辑的文本窗口组件。但问题在于可能转换的数目是无限的。因此要能够很容易实现新的转换的增加，同时又不改变 RTF 阅读器。

一个解决办法是用一个可以将 RTF 转换成另一种文本表示的 TextConverter 对象来配置这个 RTFReader 类。当 RTFReader 对 RTF 文档进行语法分析时，它使用 TextConverter 去做转换。无论何时 RTFReader 识别了一个 RTF 标记（或是普通文本或是一个 RTF 控制字），它都发送一个请求给 TextConverter 去转换这个标记。TextConverter 对象负责进行数据转换以及用特定格式表示该标记，如下图所示。

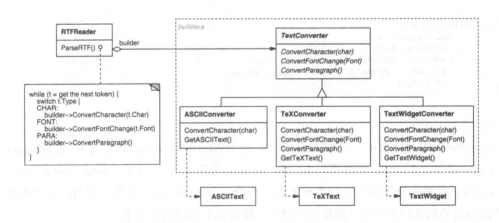

TextConvert 的子类对不同转换和不同格式进行特殊处理。例如，一个 ASCIIConverter 只负责转换普通文本，而忽略其他转换请求。另一方面，一个 TeXConverter 将会实现对所有请求的操作，以便生成一个获取文本中所有风格信息的 TEX 表示。一个 TextWidget-Converter 将生成一个复杂的用户界面对象以便用户浏览和编辑文本。

每种转换器类将创建和装配一个复杂对象的机制隐含在抽象接口的后面。转换器独立于阅读器，阅读器负责对一个 RTF 文档进行语法分析。

Builder 模式描述了所有这些关系。每一个转换器类在该模式中被称为生成器（builder），而阅读器则称为导向器（director）。在上面的例子中，Builder 模式将分析文本格式的算法（即

RTF 文档的语法分析程序）与描述怎样创建和表示一个转换后格式的算法分离开来。这使我们可以复用 RTFReader 的语法分析算法，根据 RTF 文档创建不同的文本表示——仅须使用不同的 TextConverter 的子类配置该 RTFReader 即可。

3. 适用性

在以下情况下使用 Builder 模式：

- 当创建复杂对象的算法应该独立于该对象的组成部分以及它们的装配方式时。
- 当构造过程必须允许被构造的对象有不同的表示时。

4. 结构

此模式的结构如下图所示。

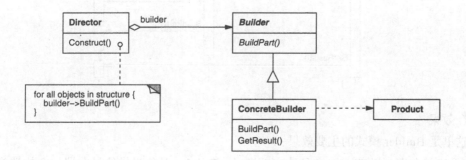

5. 参与者

- Builder（TextConverter）
  - 为创建一个 Product 对象的各个部件指定抽象接口。
- ConcreteBuilder（ASCIIConverter、TeXConverter、TextWidgetConverter）
  - 实现 Builder 的接口以构造和装配该产品的各个部件。
  - 定义并跟踪它所创建的表示。
  - 提供一个检索产品的接口（例如，GetASCIIText 和 GetTextWidget）。
- Director（RTFReader）
  - 构造一个使用 Builder 接口的对象。
- Product（ASCIIText、TeXText、TextWidget）
  - 表示被构造的复杂对象。ConcreteBuilder 创建该产品的内部表示并定义它的装配过程。
  - 包含定义组成部件的类，包括将这些部件装配成最终产品的接口。

6. 协作

- 客户创建 Director 对象，并用它所想要的 Builder 对象进行配置。

- 一旦生成了产品部件，导向器就会通知生成器。
- 生成器处理导向器的请求，并将部件添加到该产品中。
- 客户从生成器中检索产品。

下面的交互图说明了 Builder 和 Director 是如何与一个客户协作的。

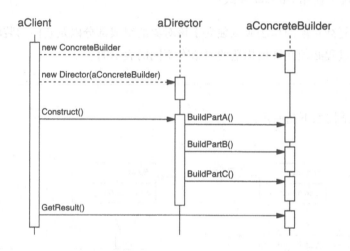

7. 效果

这里是 Builder 模式的主要效果：

1）它使你可以改变一个产品的内部表示   Builder 对象提供给导向器一个构造产品的抽象接口。该接口使得生成器可以隐藏这个产品的表示和内部结构。它同时也隐藏了该产品是如何装配的。因为产品是通过抽象接口构造的，你在改变该产品的内部表示时所要做的只是定义一个新的生成器。

2）它将构造代码和表示代码分开   Builder 模式通过封装一个复杂对象的创建和表示方式提高了对象的模块性。客户不需要知道定义产品内部结构的类的所有信息，这些类是不出现在 Builder 接口中的。每个 ConcreteBuilder 包含了创建和装配一个特定产品的所有代码。这些代码只需要写一次；然后不同的 Director 可以复用它以在相同部件集合的基础上构建不同的 Product。在前面的 RTF 例子中，我们可以为 RTF 格式以外的格式定义一个阅读器，比如一个 SGMLReader，并使用相同的 TextConverter 生成 SGML 文档的 ASCIIText、TeXText 和 TextWidget 译本。

3）它使你可对构造过程进行更精细的控制   Builder 模式与一下子就生成产品的创建型模式不同，它是在导向器的控制下一步一步构造产品的。仅当该产品完成时导向器才从生成器中取回它。因此 Builder 接口相比其他创建型模式能更好地反映产品的构造过程。这使你可以更精细地控制构建过程，从而能更精细地控制所得产品的内部结构。

8. 实现

通常有一个抽象的 Builder 类为导向器可能要求创建的每一个构件定义一个操作。这些操作默认情况下什么都不做。一个 ConcreteBuilder 类对它有兴趣创建的构件重定义这些操作。

这里是其他一些要考虑的实现问题：

1）装配和构造接口　生成器逐步地构造它们的产品。因此 Builder 类接口必须足够普遍，以便为各种类型的具体生成器构造产品。

一个关键的设计问题在于构造和装配过程的模型。构造请求的结果只是被添加到产品中，通常这样的模型就已足够了。在 RTF 的例子中，生成器转换下一个标记并将它添加到它已经转换了的文本中。

但有时你可能需要访问前面已经构造了的产品部件。我们在代码示例一节所给出的 Maze 例子中，MazeBuilder 接口允许你在已经存在的房间之间增加一扇门。像语法分析树这样自底向上构建的树形结构就是另一个例子。在这种情况下，生成器会将子结点返回给导向器，然后导向器将它们回传给生成器去创建父结点。

2）为什么产品没有抽象类　通常情况下，由具体生成器生成的产品，其表示相差非常大，以至于给不同的产品以公共父类没有太大意思。在 RTF 例子中，ASCIIText 和 TextWidget 对象不太可能有公共接口，它们也不需要这样的接口。因为客户通常用合适的具体生成器来配置导向器，客户所处的位置使它知道 Builder 的哪一个具体子类被使用，并能相应地处理它的产品。

3）在 Builder 中默认的方法为空　C++ 中，生成方法故意不声明为纯虚成员函数，而是把它们定义为空方法，这使客户只重定义他们所感兴趣的操作。

9. 代码示例

我们将定义一个 CreateMaze 成员函数的变体，它以类 MazeBuilder 的一个生成器对象作为参数。

MazeBuilder 类定义下面的接口来创建迷宫：

```cpp
class MazeBuilder {
public:
    virtual void BuildMaze() { }
    virtual void BuildRoom(int room) { }
    virtual void BuildDoor(int roomFrom, int roomTo) { }

    virtual Maze* GetMaze() { return 0; }
protected:
    MazeBuilder();
};
```

该接口可以创建：①迷宫；②有一个特定房间号的房间；③在有号码的房间之间的门。GetMaze 操作返回这个迷宫给客户。MazeBuilder 的子类将重定义这些操作，返回它们所创建的迷宫。

MazeBuilder 的所有建造迷宫的操作默认时什么也不做。不将它们定义为纯虚函数是为了便于派生类只重定义它们所感兴趣的那些方法。

用 MazeBuilder 接口，我们可以改变 CreateMaze 成员函数，以生成器作为它的参数。

```
Maze* MazeGame::CreateMaze (MazeBuilder& builder) {
    builder.BuildMaze();

    builder.BuildRoom(1);
    builder.BuildRoom(2);
    builder.BuildDoor(1, 2);

    return builder.GetMaze();
}
```

将这个 CreateMaze 版本与原来的相比，注意生成器是如何隐藏迷宫的内部表示的——定义房间、门和墙壁的那些类——以及这些部件是如何组装成最终的迷宫的。有人可能猜测到有一些类是用来表示房间和门的，但没有迹象显示哪个类是用来表示墙壁的。这就使得改变一个迷宫的表示方式要容易一些，因为所有 MazeBuilder 的客户都不需要被改变。

像其他创建型模式一样，Builder 模式封装了对象是如何被创建的，在这个例子中是通过 MazeBuilder 所定义的接口来封装的。这就意味着我们可以复用 MazeBuilder 来创建不同种类的迷宫。CreateComplexMaze 操作给出了一个例子：

```
Maze* MazeGame::CreateComplexMaze (MazeBuilder& builder) {
    builder.BuildRoom(1);
    // ...
    builder.BuildRoom(1001);

    return builder.GetMaze();
}
```

注意 MazeBuilder 自己并不创建迷宫，它的主要目的仅仅是为创建迷宫定义一个接口。它主要为方便起见定义一些空的实现。MazeBuilder 的子类做实际工作。

子类 StandardMazeBuilder 是一个创建简单迷宫的实现。它将它正在创建的迷宫放在变量 _currentMaze 中。

```
class StandardMazeBuilder : public MazeBuilder {
public:
    StandardMazeBuilder();

    virtual void BuildMaze();
    virtual void BuildRoom(int);
    virtual void BuildDoor(int, int);

    virtual Maze* GetMaze();
private:
    Direction CommonWall(Room*, Room*);
    Maze* _currentMaze;
};
```

CommonWall 是一个功能性操作，它决定两个房间之间的公共墙壁的方位。
StandardMazeBuilder 的构造器只初始化了 _currentMaze。

```
StandardMazeBuilder::StandardMazeBuilder () {
    _currentMaze = 0;
}
```

BuildMaze 实例化一个 Maze，它将被其他操作装配并最终返回给客户（通过 GetMaze）。

```
void StandardMazeBuilder::BuildMaze () {
    _currentMaze = new Maze;
}

Maze* StandardMazeBuilder::GetMaze () {
    return _currentMaze;
}
```

BuildRoom 操作创建一个房间并建造它周围的墙壁：

```
void StandardMazeBuilder::BuildRoom (int n) {
    if (!_currentMaze->RoomNo(n)) {
        Room* room = new Room(n);
        _currentMaze->AddRoom(room);

        room->SetSide(North, new Wall);
        room->SetSide(South, new Wall);
        room->SetSide(East, new Wall);
        room->SetSide(West, new Wall);
    }
}
```

为建造一扇两个房间之间的门，StandardMazeBuilder 查找迷宫中的这两个房间并找到它们相邻的墙：

```
void StandardMazeBuilder::BuildDoor (int n1, int n2) {
    Room* r1 = _currentMaze->RoomNo(n1);
    Room* r2 = _currentMaze->RoomNo(n2);
    Door* d = new Door(r1, r2);

    r1->SetSide(CommonWall(r1,r2), d);
    r2->SetSide(CommonWall(r2,r1), d);
}
```

客户现在可以用 CreateMaze 和 StandardMazeBuilder 来创建一个迷宫：

```
Maze* maze;
MazeGame game;
StandardMazeBuilder builder;

game.CreateMaze(builder);
maze = builder.GetMaze();
```

我们本可以将所有的 StandardMazeBuilder 操作放在 Maze 中并让每一个 Maze 创建它自身，但将 Maze 变得小一些使得它能更容易被理解和修改，而且 StandardMazeBuilder 易于从 Maze 中分离。更重要的是，将两者分离使得你可以有多种 MazeBuilder，每一种使用不同的房间、墙壁和门的类。

一个更特殊的 MazeBuilder 是 CountingMazeBuilder。这个生成器根本不创建迷宫，它仅仅对已被创建的不同种类的构件进行计数。

```
class CountingMazeBuilder : public MazeBuilder {
public:
    CountingMazeBuilder();

    virtual void BuildMaze();
    virtual void BuildRoom(int);
    virtual void BuildDoor(int, int);
    virtual void AddWall(int, Direction);

    void GetCounts(int&, int&) const;
private:
    int _doors;
    int _rooms;
};
```

构造器初始化该计数器，而重定义了的 MazeBuilder 操作只是相应地增加计数。

```
CountingMazeBuilder::CountingMazeBuilder () {
    _rooms = _doors = 0;
}

void CountingMazeBuilder::BuildRoom (int) {
    _rooms++;
}

void CountingMazeBuilder::BuildDoor (int, int) {
    _doors++;
}

void CountingMazeBuilder::GetCounts (
    int& rooms, int& doors
) const {
    rooms = _rooms;
    doors = _doors;
}
```

下面是一个客户可能怎样使用 CountingMazeBuilder：

```
int rooms, doors;
MazeGame game;
CountingMazeBuilder builder;

game.CreateMaze(builder);
builder.GetCounts(rooms, doors);

cout << "The maze has "
    << rooms << " rooms and "
    << doors << " doors" << endl;
```

10. 已知应用

RTF 转换器应用来自 ET++[WGM88]。它的文本生成模块使用一个生成器处理以 RTF 格式存储的文本。

生成器在 Smalltalk-80[Par90] 中是一个通用的模式：

- 编译子系统中的 Parser 类是一个 Director，它以一个 ProgramNodeBuilder 对象作为参数。每当 Parser 对象识别出一个语法结构时，它就通知它的 ProgramNodeBuilder 对象。当这个语法分析器做完时，它向该生成器请求它生成的语法分析树并将语法分析树返回给客户。

- ClassBuilder 是一个生成器，Class 使用它为自己创建子类。在这个例子中，一个 Class 既是 Director 也是 Product。
- ByteCodeStream 是一个生成器，它将一个被编译了的方法创建为字节数组。ByteCodeStream 不是 Builder 模式的标准使用，因为它生成的复杂对象被编码为一个字节数组，而不是正常的 Smalltalk 对象。但 ByteCodeStream 的接口是一个典型的生成器，而且将很容易用一个将程序表示为组合对象的不同的类来替换 ByteCode-Stream。

自适应通信环境（Adaptive Communications Environment）中的服务配置者（Service Configurator）框架使用生成器来构造运行时动态连接到服务器的网络服务构件 [SS94]。这些构件使用一个被 LALR(1) 语法分析器进行语法分析的配置语言来描述。这个语法分析器的语义动作对将信息加载给服务构件的生成器进行操作。在这个例子中，语法分析器就是 Director。

11. 相关模式

Abstract Factory(3.1) 与 Builder 相似，因为它也可以创建复杂对象。主要的区别是 Builder 模式着重于一步步构造一个复杂对象。而 Abstract Factory 着重于多个系列的产品对象（简单的或是复杂的）。Builder 在最后一步返回产品，而对于 Abstract Factory 来说，产品是立即返回的。

Composite(4.3) 通常是用 Builder 生成的。

3.3 Factory Method（工厂方法）——对象创建型模式

1. 意图

定义一个用于创建对象的接口，让子类决定实例化哪一个类。Factory Method 使一个类的实例化延迟到其子类。

2. 别名

虚构造器（virtual constructor）。

3. 动机

框架使用抽象类定义和维护对象之间的关系。这些对象的创建通常也由框架负责。

考虑这样一个应用框架，它可以向用户显示多个文档。在这个框架中，两个主要的抽象是类 Application 和 Document。这两个类都是抽象的，客户必须通过它们的子类来做与具体应用相关的实现。例如，为创建一个绘图应用，我们定义类 DrawingApplication 和 DrawingDocument。Application 类负责管理 Document 并根据需要创建它们——例如，当用户从菜单中选择 Open 或 New 的时候。

因为被实例化的特定 Document 子类是与特定应用相关的，所以 Application 类不可能预测到哪个 Document 子类将被实例化——Application 类仅知道一个新的文档何时应被创建，而不知道哪种 Document 将被创建。这就产生了一个尴尬的局面：框架必须实例化类，但是它只知道不能被实例化的抽象类。

Factory Method 模式提供了一个解决办案。它封装了哪个 Document 子类将被创建的信息并将这些信息从该框架中分离出来，如下图所示。

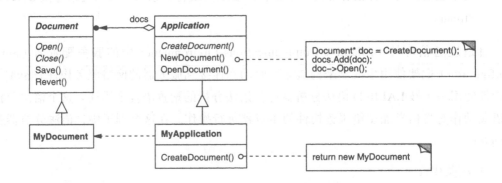

Application 的子类重定义 Application 的抽象操作 CreateDocument 以返回适当的 Document 子类对象。一旦一个 Application 子类实例化，它就可以实例化与应用相关的文档，而无须知道这些文档的类。我们称 CreateDocument 是一个工厂方法（factory method），因为它负责"生产"一个对象。

4. 适用性

在下列情况下可以使用 Factory Method 模式：

- 当一个类不知道它所必须创建的对象的类的时候。
- 当一个类希望由它的子类来指定它所创建的对象的时候。
- 当类将创建对象的职责委托给多个帮助子类中的某一个，并且你希望将哪一个帮助子类是代理者这一信息局部化的时候。

5. 结构

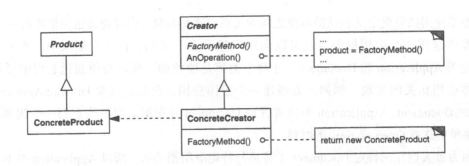

6. 参与者

- Product（Document）
  — 定义工厂方法所创建的对象的接口。
- ConcreteProduct（MyDocument）
  — 实现 Product 接口。
- Creator（Application）
  — 声明工厂方法，该方法返回一个 Product 类型的对象。Creator 也可以定义一个工厂方法的默认实现，它返回一个默认的 ConcreteProduct 对象。
  — 可以调用工厂方法以创建一个 Product 对象。
- ConcreteCreator（MyApplication）
  — 重定义工厂方法以返回一个 ConcreteProduct 实例。

7. 协作

- Creator 依赖于它的子类来定义工厂方法，所以它返回一个适当的 ConcreteProduct 实例。

8. 效果

工厂方法不再将与特定应用有关的类绑定到你的代码中。代码仅处理 Product 接口，因此它可以与用户定义的任何 ConcreteProduct 类一起使用。

工厂方法的一个潜在缺点在于，客户可能仅仅为了创建一个特定的 ConcreteProduct 对象，就不得不创建 Creator 的子类。当 Creator 子类不是必需的时，客户现在必然要处理类演化的其他方面。但是当客户无论如何必须创建 Creator 的子类时，创建子类也是可行的。

下面是 Factory Method 模式的另外两种效果：

1）为子类提供钩子（hook） 用工厂方法在一个类的内部创建对象通常比直接创建对象更灵活。Factory Method 给子类一个钩子以提供对象的扩展版本。

在 Document 的例子中，Document 类可以定义一个称为 CreateFileDialog 的工厂方法，该方法为打开一个已有的文档创建默认的文件对话框对象。Document 的子类可以重定义这个工厂方法以定义一个与特定应用相关的文件对话框。在这种情况下，工厂方法就不再抽象了，而是提供了一个合理的默认实现。

2）连接平行的类层次 迄今为止，在我们所考虑的例子中，工厂方法并不只是被 Creator 调用，客户可以找到一些有用的工厂方法，尤其在平行的类层次的情况下。

当一个类将它的一些职责委托给一个独立的类的时候，就产生了平行类层次。考虑可以被交互操纵的图形，也就是说，可以用鼠标对它们进行伸展、移动或者旋转。实现这样一些交互并不总是那么容易，它通常需要存储和更新在给定时刻记录操纵状态的信息，这个状态仅仅在操纵时需要。因此它不需要被保存在图形对象中。此外，当用户操纵图形时，不同的图形有不同的行为。例如，将直线图形拉长可能会产生一个端点被移动的效果，而伸展文本图形则可能会改变行距。

有了这些限制，最好使用一个独立的 Manipulator 对象实现交互并保存所需要的任何与特定操纵相关的状态。不同的图形将使用不同的 Manipulator 子类来处理特定的交互。得到的 Manipulator 类层次与 Figure 类层次是平行的（至少部分平行），如下图所示。

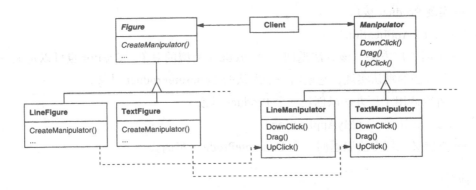

Figure 类提供了一个 CreateManipulator 工厂方法，它使得客户可以创建一个与 Figure 相对应的 Manipulator。Figure 子类重定义该方法以返回一个合适的 Manipulator 子类实例。作为一种选择，Figure 类可以实现 CreateManipulator 以返回一个默认的 Manipulator 实例，而 Figure 子类可以只是继承这个默认实现。这样的 Figure 类不需要相应的 Manipulator 子类——因此该层次只是部分平行的。

注意工厂方法是怎样定义两个类层次之间的连接的。它将哪些类应一同工作的信息局部化了。

9. 实现

当应用 Factory Method 模式时要考虑下面一些问题：

1）主要有两种不同的情况　Factory Method 模式主要有两种不同的情况：① Creator 类是一个抽象类并且不提供它所声明的工厂方法的实现；② Creator 是一个具体的类而且为工厂方法提供一个默认的实现。也有可能有一个定义了默认实现的抽象类，但这不太常见。

第一种情况需要子类来定义实现，因为没有合理的默认实现。它避免了不得不实例化不可预见类的问题。在第二种情况中，具体的 Creator 主要由于灵活性才使用工厂方法。它所遵循的准则是，"用一个独立的操作创建对象，这样子类才能重定义它们的创建方式。"这条准则保证了子类的设计者能够在必要的时候改变父类所实例化的对象的类。

2）参数化工厂方法　该模式的另一种情况使得工厂方法可以创建多种产品。工厂方法采用一个标识要被创建的对象种类的参数。工厂方法创建的所有对象将共享 Product 接口。在 Document 的例子中，Application 可能支持不同种类的 Document。你给 CreateDocument 传递一个外部参数来指定将要创建的文档的种类。

图形编辑框架 Unidraw [VL90] 使用这种方法来重构存储在磁盘上的对象。Unidraw 定义了一个 Creator 类，该类拥有一个以类标识符为参数的工厂方法 Create。类标识符指定要被实例化的类。当 Unidraw 将一个对象存盘时，它首先写类标识符，然后是它的实例变量。当它从磁盘中重构该对象时，它首先读取的是类标识符。

一旦类标识符被读取，这个框架就将该标识符作为参数，调用 Create。Create 到构造器中查询相应的类并用它实例化对象。最后，Create 调用对象的 Read 操作，读取磁盘上剩余的信息并初始化该对象的实例变量。

一个参数化的工厂方法具有如下的一般形式，此处 MyProduct 和 YourProduct 是 Product 的子类：

```
class Creator {
public:
    virtual Product* Create(ProductId);
};

Product* Creator::Create (ProductId id) {
    if (id == MINE)  return new MyProduct;
    if (id == YOURS) return new YourProduct;
    // repeat for remaining products...

    return 0;
}
```

重定义一个参数化的工厂方法使你可以简单而有选择性地扩展或改变一个 Creator 生产的产品。你可以为新产品引入新的标识符，或将已有的标识符与不同的产品相关联。

例如，子类 MyCreator 可以交换 MyProduct 和 YourProduct 并且支持一个新的子类 TheirProduct：

```
Product* MyCreator::Create (ProductId id) {
    if (id == YOURS)  return new MyProduct;
    if (id == MINE)   return new YourProduct;
        // N.B.: switched YOURS and MINE

    if (id == THEIRS) return new TheirProduct;

    return Creator::Create(id); // called if all others fail
}
```

注意这个操作所做的最后一件事是调用父类的 Create。这是因为 MyCreator::Create 仅在对 YOURS、MINE 和 THEIRS 的处理上与父类不同。它对其他类不感兴趣。因此 MyCreator 扩展了所创建产品的种类，并且将除少数产品以外所有产品的创建职责延迟给了父类。

3）特定语言的变化和问题 不同的语言有助于产生其他一些有趣的变化和警告（caveat）。

Smalltalk 程序通常使用一个方法返回被实例化的对象的类。Creator 工厂方法可以使用这个值去创建一个产品，并且 ConcreteCreator 可以存储甚至计算这个值。这个结果是对实例化的 ConcreteProduct 类型的一个更迟的绑定。

Smalltalk 版本的 Document 的例子可以在 Application 中定义一个 documentClass 方法。该方法为实例化文档返回合适的 Document 类，其在 MyApplication 中的实现返回 MyDocument 类。这样在类 Application 中我们有

```
clientMethod
    document := self documentClass new.

documentClass
    self subclassResponsibility
```

在类 MyApplication 中我们有

```
documentClass
    ^ MyDocument
```

它把将被实例化的类 MyDocument 返回给 Application。一个更灵活的类似于参数化工厂方法的办法是将被创建的类存储为 Application 的一个类变量。你用这种方法在改变产品时就无须用到 Application 的子类。

C++ 中的工厂方法都是虚函数并且常常是纯虚函数。一定要注意在 Creator 的构造器中不要调用工厂方法——在 ConcreteCreator 中该工厂方法还不可用。

只要你使用按需创建产品的访问者操作，很小心地访问产品，就可以避免这一点。构造器只是将产品初始化为 0，而不是创建一个具体产品。访问者返回该产品。但首先它要检查确定该产品的存在，如果产品不存在，访问者就创建它。这种技术有时被称为惰性初始化（lazy initialization）。下面的代码给出了一个典型的实现：

```
class Creator {
public:
    Product* GetProduct();
protected:
    virtual Product* CreateProduct();
private:
    Product* _product;
};

Product* Creator::GetProduct () {
    if (_product == 0) {
        _product = CreateProduct();
    }
    return _product;
}
```

4）使用模板以避免创建子类 正如我们已经提及的，工厂方法另一个潜在的问题是它们可能仅为了创建适当的 Product 对象而迫使你创建 Creator 子类。在 C++ 中另一个解决方法是提供 Creator 的一个模板子类，它使用 Product 类作为模板参数：

```
class Creator {
public:
    virtual Product* CreateProduct() = 0;
};

template <class TheProduct>
class StandardCreator: public Creator {
public:
    virtual Product* CreateProduct();
};

template <class TheProduct>
Product* StandardCreator<TheProduct>::CreateProduct () {
    return new TheProduct;
}
```

使用这个模板，客户仅提供产品类——而不需要创建 Creator 的子类。

```
class MyProduct : public Product {
public:
    MyProduct();
    // ...
};

StandardCreator<MyProduct> myCreator;
```

5）命名约定　使用命名约定是一个好习惯，它可以清楚地说明你正在使用工厂方法。例如，Macintosh 的应用框架 MacApp [App89] 总是声明那些定义为工厂方法的抽象操作为 Class* DoMakeClass( )，此处 Class 是 Product 类。

10. 代码示例

函数 CreateMaze（本章开始）建造并返回一个迷宫。这个函数存在的一个问题是它对迷宫、房间、门和墙壁的类进行了硬编码。我们将引入工厂方法以使子类可以选择这些构件。首先我们将在 MazeGame 中定义工厂方法以创建迷宫、房间、墙壁和门对象：

```
class MazeGame {
public:
    Maze* CreateMaze();

// factory methods:

    virtual Maze* MakeMaze() const
        { return new Maze; }
    virtual Room* MakeRoom(int n) const
        { return new Room(n); }
    virtual Wall* MakeWall() const
        { return new Wall; }
    virtual Door* MakeDoor(Room* r1, Room* r2) const
        { return new Door(r1, r2); }
};
```

每一个工厂方法返回一个给定类型的迷宫构件。MazeGame 提供一些默认的实现，它们返回最简单的迷宫、房间、墙壁和门。

现在我们可以用这些工厂方法重写 CreateMaze：

```
Maze* MazeGame::CreateMaze () {
    Maze* aMaze = MakeMaze();

    Room* r1 = MakeRoom(1);
    Room* r2 = MakeRoom(2);
    Door* theDoor = MakeDoor(r1, r2);

    aMaze->AddRoom(r1);
    aMaze->AddRoom(r2);

    r1->SetSide(North, MakeWall());
    r1->SetSide(East, theDoor);
    r1->SetSide(South, MakeWall());
    r1->SetSide(West, MakeWall());
```

```
    r2->SetSide(North, MakeWall());
    r2->SetSide(East, MakeWall());
    r2->SetSide(South, MakeWall());
    r2->SetSide(West, theDoor);
    return aMaze;
}
```

不同的游戏可以创建 MazeGame 的子类以特别指明一些迷宫的部件。MazeGame 子类可以重定义一些或所有的工厂方法以指定产品中的变化。例如，一个 BombedMazeGame 可以重定义产品 Room 和 Wall 以返回爆炸后的变体：

```
class BombedMazeGame : public MazeGame {
public:
    BombedMazeGame();

    virtual Wall* MakeWall() const
        { return new BombedWall; }

    virtual Room* MakeRoom(int n) const
        { return new RoomWithABomb(n); }
};
```

一个 EnchantedMazeGame 变体可以像这样定义：

```
class EnchantedMazeGame : public MazeGame {
public:
    EnchantedMazeGame();

    virtual Room* MakeRoom(int n) const
        { return new EnchantedRoom(n, CastSpell()); }

    virtual Door* MakeDoor(Room* r1, Room* r2) const
        { return new DoorNeedingSpell(r1, r2); }
protected:
    Spell* CastSpell() const;
};
```

11. 已知应用

工厂方法主要用于工具包和框架中。前面的文档例子是 MacApp 和 ET++[WGM88] 中的一个典型应用。操纵器的例子来自 Unidraw。

Smalltalk-80 Model/View/Controller 框架中的类视图（Class View）有一个创建控制器的方法 defaultController，它有点类似于一个工厂方法 [Par90]。但是 View 的子类通过定义 defaultControllerClass 来指定它们默认的控制器的类。defaultControllerClass 返回 defaultController 所创建实例的类，因此它才是真正的工厂方法，即子类应该重定义它。

Smalltalk-80 中一个更为深奥的例子是由 Behavior（用来表示类的所有对象的超类）定义的工厂方法 parserClass。这使得一个类可以对它的源代码使用一个定制的语法分析器。例如，一个客户可以定义一个类 SQLParser 来分析嵌入了 SQL 语句的类的源代码。Behavior 类实现了 parserClass，返回一个标准的 Smalltalk Parser 类。一个包含嵌入 SQL 语句的类重定义了该方法（以类方法的形式）并返回 SQLParser 类。

IONA Technologies 的 Orbix ORB 系统 [ION94] 在对象给一个远程对象引用发送请求时，使用 Factory Method 生成一个适当类型的代理（参见 Proxy(4.7)）。Factory Method 使得易于替换默认代理。比如说，可以用一个使用客户端高速缓存的代理来替换。

12. 相关模式

Abstract Factory(3.1) 经常用工厂方法来实现。Abstract Factory 模式中动机一节的例子也对 Factory Method 进行了说明。

工厂方法通常在 Template Method(5.10) 中被调用。在上面的文档例子中，NewDocument 就是一个模板方法。

Prototype(3.4) 不需要创建 Creator 的子类。但是，它们通常要求一个针对 Product 类的 Initialize 操作。Creator 使用 Initialize 来初始化对象，而 Factory Method 不需要这样的操作。

3.4　Prototype（原型）——对象创建型模式

1. 意图
用原型实例指定创建对象的种类，并且通过复制这些原型创建新的对象。

2. 动机
你可以通过定制一个通用的图形编辑器框架以及增加一些表示音符、休止符和五线谱的新对象来构造一个乐谱编辑器。这个编辑器框架可能有一个工具选择板用于将这些音乐对象加到乐谱中。这个选择板可能还包括选择、移动和其他操纵音乐对象的工具。用户可以点击四分音符工具并使用它将四分音符加到乐谱中，或者可以使用移动工具在五线谱上上下移动一个音符，从而改变它的音调。

我们假定该框架为音符和五线谱这样的图形构件提供了一个抽象的 Graphic 类。此外，为定义选择板中的那些工具，还提供一个抽象类 Tool。该框架还为一些创建图形对象实例并将它们加入文档中的工具预定义了一个 GraphicTool 子类。

但 GraphicTool 给框架设计者带来一个问题。音符和五线谱的类特定于我们的应用，而 GraphicTool 类却属于框架。GraphicTool 不知道如何创建我们的音乐类的实例，并将它们添加到乐谱中。我们可以为每一种音乐对象创建一个 GraphicTool 的子类，但这样会产生大量的子类，这些子类仅仅在它们所初始化的音乐对象的类别上有所不同。我们知道对象组合是比创建子类更灵活的一种选择。问题是，该框架怎样用它来参数化 GraphicTool 的实例，而这些实例是由 Graphic 类所支持创建的。

解决办法是让 GraphicTool 通过复制或者"克隆"一个 Graphic 子类的实例来创建新的 Graphic，我们称这个实例为一个原型。GraphicTool 将它应该克隆和添加到文档中的原型作为参数。如果所有 Graphic 子类都支持 Clone 操作，那么 GraphicTool 可以克隆所有种类的 Graphic，如下图所示。

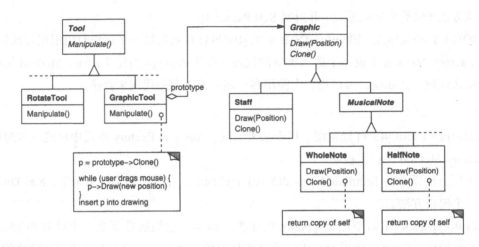

因此在我们的音乐编辑器中，用于创建一个音乐对象的每一种工具都是一个用不同原型进行初始化的 GraphicTool 实例。通过克隆一个音乐对象的原型并将这个克隆添加到乐谱中，每个 GraphicTool 实例都会产生一个音乐对象。

我们甚至可以进一步使用 Prototype 模式来减少类的数目。我们使用不同的类来表示全音符和半音符，但可能不需要这么做。它们可以是使用不同位图和时延初始化的相同的类的实例。一个创建全音符的工具就是这样的 GraphicTool，它的原型是一个被初始化成全音符的 MusicalNote。这可以极大地减少系统中类的数目，同时也更易于在音乐编辑器中增加新的音符。

3. 适用性

在下列情况下可以使用 Prototype 模式：

- 当一个系统应该独立于它的产品创建、构成和表示时。
- 当要实例化的类是在运行时指定时，例如，通过动态装载。
- 为了避免创建一个与产品类层次平行的工厂类层次时。
- 当一个类的实例只能有几个不同状态组合中的一种时。建立相应数目的原型并克隆它们可能比每次用合适的状态手工实例化该类更方便一些。

4. 结构

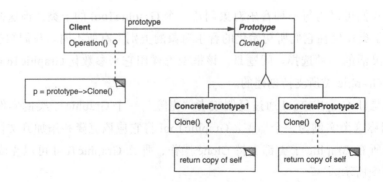

5. 参与者

- Prototype（Graphic）
  —— 声明一个克隆自身的接口。
- ConcretePrototype（Staff、WholeNote、HalfNote）
  —— 实现一个克隆自身的操作。
- Client（GraphicTool）
  —— 让一个原型克隆自身从而创建一个新的对象。

6. 协作

- 客户请求一个原型克隆自身。

7. 效果

Prototype 有许多与 Abstract Factory(3.1) 和 Builder(3.2) 一样的效果：它对客户隐藏了具体的产品类，因此减少了客户知道的名字的数目。此外，这些模式使客户无须改变即可使用与特定应用相关的类。

下面列出 Prototype 模式的另外一些优点。

1）运行时增加和删除产品　Prototype 允许只通过客户注册原型实例就将一个新的具体产品类并入系统。它比其他创建型模式更为灵活，因为客户可以在运行时建立和删除原型。

2）改变值以指定新对象　高度动态的系统允许你通过对象组合定义新的行为——例如，通过为一个对象变量指定值——并且不定义新的类。你通过实例化已有类并且将这些实例注册为客户对象的原型，就可以有效定义新类别的对象。客户可以将职责代理给原型，从而表现出新的行为。

这种设计使得用户无须编程即可定义新"类"。实际上，克隆一个原型类似于实例化一个类。Prototype 模式可以极大地减少系统所需的类的数目。在我们的音乐编辑器中，一个 GraphicTool 类可以创建无数种音乐对象。

3）改变结构以指定新对象　许多应用由部件和子部件来创建对象。例如电路设计编辑器就是由子电路来构造电路的。[⊖]为方便起见，这样的应用通常允许你实例化复杂的、用户定义的结构，比方说，一次又一次地重复使用一个特定的子电路。

Prototype 模式也支持这一点。我们仅须将这个子电路作为一个原型增加到可用的电路元素选择板中。只要组合电路对象将 Clone 实现为一个深复制（deep copy），具有不同结构的电路就可以是原型了。

4）减少子类的构造　Factory Method(3.3) 经常产生一个与产品类层次平行的 Creator 类层次。Prototype 模式使得你克隆一个原型而不是请求一个工厂方法去产生一个新的对象，因此你根本不需要 Creator 类层次。这一优点主要适用于像 C++ 这样不将类作为一级类对象的语言。像 Smalltalk 和 Objective C 这样的语言从中获益较少，因为你总是可以用一个类对象

⊖ 这样的应用反映了 Composite(4.3) 和 Decorator(4.4) 模式。

作为生成者。在这些语言中，类对象已经起到原型一样的作用了。

5）用类动态配置应用　一些运行时环境允许你动态地将类装载到应用中。在像 C++ 这样的语言中，Prototype 模式是利用这种功能的关键。

一个希望创建动态载入类的实例的应用不能静态引用类的构造器，而应该由运行环境在载入时自动创建每个类的实例，并用原型管理器来注册这个实例（参见实现一节）。这样应用就可以向原型管理器请求新装载的类的实例，这些类原本并没有和程序相连接。ET++ 应用框架 [WGM88] 有一个运行系统就是使用这一方案的。

Prototype 的主要缺陷是每一个 Prototype 的子类都必须实现 Clone 操作，这可能很困难。例如，当所考虑的类已经存在时就难以新增 Clone 操作。当内部包括一些不支持复制或有循环引用的对象时，实现克隆可能也会很困难。

8. 实现

因为在像 C++ 这样的静态语言中，类不是对象，并且运行时只能得到很少或者得不到任何类型信息，所以 Prototype 特别有用。而在 Smalltalk 或 Objective C 这样的语言中 Prototype 就不是那么重要了，因为这些语言提供了一个等价于原型的东西（即类对象）来创建每个类的实例。Prototype 模式在像 Self[US87] 这样基于原型的语言中是固有的，所有对象的创建都是通过克隆一个原型实现的。

当实现原型时，要考虑下面一些问题：

1）使用一个原型管理器　当一个系统中原型数目不固定时（也就是说，它们可以动态创建和销毁），要保持一个可用原型的注册表。客户不会自己来管理原型，但会在注册表中存储和检索原型。客户在克隆一个原型前会向注册表请求该原型。我们称这个注册表为原型管理器（prototype manager）。

原型管理器是一个关联存储器（associative store），它返回一个与给定关键字相匹配的原型。它有一些操作可以用来通过关键字注册原型和解除注册。客户可以在运行时更改甚至浏览这个注册表。这使得客户无须编写代码就可以扩展并得到系统清单。

2）实现克隆操作　Prototype 模式最困难的部分在于正确实现 Clone 操作。当对象结构包含循环引用时，这尤为棘手。

大多数语言都对克隆对象提供了一些支持。例如，Smalltalk 提供了一个 copy 的实现，它被所有 Object 的子类所继承。C++ 提供了一个复制构造器。但这些工具并不能解决"浅复制和深复制"问题 [GR83]。也就是说，克隆一个对象是依次克隆它的实例变量，还是由克隆对象和原对象共享这些变量？

浅复制简单并且通常足够了，它是 Smalltalk 所默认提供的。C++ 中的默认复制构造器实现按成员复制，这意味着在复制的对象和原来的对象之间是共享指针的。但克隆一个结构复杂的原型通常需要深复制，因为复制对象和原对象必须相互独立。因此你必须保证克隆对象的构件也是对原型的构件的克隆。克隆迫使你决定如果所有东西都被共享了该怎么办。

如果系统中的对象提供了 Save 和 Load 操作，那么你只需通过保存对象和立刻载入对象，就可以为 Clone 操作提供一个默认实现。Save 操作将该对象保存在内存缓冲区中，而

Load 则通过从该缓冲区中重构这个对象来创建一个副本。

3）初始化克隆对象 当一些客户对克隆对象已经相当满意时，另一些客户将会希望使用他们所选择的一些值来初始化该对象的一些或是所有的内部状态。一般来说不可能在 Clone 操作中传递这些值，因为这些值的数目会由于原型的类的不同而有所不同。一些原型可能需要多个初始化参数，另一些可能什么也不要。在 Clone 操作中传递参数会破坏克隆接口的统一性。

可能会出现这样的情况，即原型的类已经为（重）设定一些关键的状态值定义好了操作。如果这样的话，客户在克隆后马上就可以使用这些操作。否则，你就可能不得不引入一个 Initialize 操作（参见代码示例一节），该操作使用初始化参数并据此设定克隆对象的内部状态。注意深复制 Clone 操作——一些副本在你重新初始化它们之前可能必须要删除掉（删除可以显式地做也可以在 Initialize 内部做）。

9. 代码示例

我们将定义 MazeFactory 的子类 MazePrototypeFactory。该子类将使用它要创建的对象的原型来初始化，这样我们就不需要仅仅为了改变它所创建的墙壁或房间的类而生成子类了。

MazePrototypeFactory 用一个以原型为参数的构造器来扩充 MazeFactory 接口：

```cpp
class MazePrototypeFactory : public MazeFactory {
public:
    MazePrototypeFactory(Maze*, Wall*, Room*, Door*);

    virtual Maze* MakeMaze() const;
    virtual Room* MakeRoom(int) const;
    virtual Wall* MakeWall() const;
    virtual Door* MakeDoor(Room*, Room*) const;

private:
    Maze* _prototypeMaze;
    Room* _prototypeRoom;
    Wall* _prototypeWall;
    Door* _prototypeDoor;
};
```

新的构造器只初始化它的原型：

```cpp
MazePrototypeFactory::MazePrototypeFactory (
    Maze* m, Wall* w, Room* r, Door* d
) {
    _prototypeMaze = m;
    _prototypeWall = w;
    _prototypeRoom = r;
    _prototypeDoor = d;
}
```

用于创建墙壁、房间和门的成员函数是相似的：每个都要克隆一个原型，然后初始化。下面是 MakeWall 和 MakeDoor 的定义：

```cpp
Wall* MazePrototypeFactory::MakeWall () const {
```

```
        return _prototypeWall->Clone();
}

Door* MazePrototypeFactory::MakeDoor (Room* r1, Room *r2) const {
    Door* door = _prototypeDoor->Clone();
    door->Initialize(r1, r2);
    return door;
}
```

我们只需使用基本迷宫构件的原型进行初始化，就可以由 MazePrototypeFactory 来创建一个原型的或默认的迷宫：

```
MazeGame game;
MazePrototypeFactory simpleMazeFactory(
    new Maze, new Wall, new Room, new Door
);

Maze* maze = game.CreateMaze(simpleMazeFactory);
```

为了改变迷宫的类型，我们用一个不同的原型集合来初始化 MazePrototypeFactory。下面的调用用一个 BombedDoor 和一个 RoomWithABomb 创建了一个迷宫：

```
MazePrototypeFactory bombedMazeFactory(
    new Maze, new BombedWall,
    new RoomWithABomb, new Door
);
```

一个可以被用作原型的对象，例如 Wall 的实例，必须支持 Clone 操作。它还必须有一个复制构造器用于克隆。它可能还需要一个独立的操作来重新初始化内部状态。我们将给 Door 增加 Initialize 操作以允许客户初始化克隆对象的房间。

将下面 Door 的定义与第 3 章的进行比较：

```
class Door : public MapSite {
public:
    Door();
    Door(const Door&);

    virtual void Initialize(Room*, Room*);
    virtual Door* Clone() const;
    virtual void Enter();
    Room* OtherSideFrom(Room*);
private:
    Room* _room1;
    Room* _room2;
};

Door::Door (const Door& other) {
    _room1 = other._room1;
    _room2 = other._room2;
}

void Door::Initialize (Room* r1, Room* r2) {
    _room1 = r1;
    _room2 = r2;
}
```

```
Door* Door::Clone () const {
    return new Door(*this);
}
```

BombedWall 子类必须重定义 Clone 并实现相应的复制构造器。

```
class BombedWall : public Wall {
public:
    BombedWall();
    BombedWall(const BombedWall&);

    virtual Wall* Clone() const;
    bool HasBomb();
private:
    bool _bomb;
};

BombedWall::BombedWall (const BombedWall& other) : Wall(other) {
    _bomb = other._bomb;
}

Wall* BombedWall::Clone () const {
    return new BombedWall(*this);
}
```

虽然 BombedWall::Clone 返回一个 Wall*，但它的实现返回了一个指向子类的新实例的指针，即 BombedWall*。我们在基类中这样定义 Clone 是为了保证克隆原型的客户不需要知道具体的子类。客户不需要将 Clone 的返回值向下类型转换为所需类型。

在 Smalltalk 中，可以复用从 Object 中继承的标准 copy 方法来克隆任一 MapSite。可以用 MazeFactory 来生成你需要的原型，例如，你可以提供名字 #room 来创建一个房间。MazeFactory 有一个将名字映射为原型的字典。它的 make: 方法如下：

```
make: partName
    ^ (partCatalog at: partName) copy
```

假定有用原型初始化 MazeFactory 的适当方法，你可以用下面代码创建一个简单迷宫：

```
CreateMaze
    on: (MazeFactory new
        with: Door new named: #door;
        with: Wall new named: #wall;
        with: Room new named: #room;
        yourself)
```

其中 CreateMaze 的类方法 on: 的定义将是

```
on: aFactory
    | room1 room2 |
    room1 := (aFactory make: #room) location: 1@1.
    room2 := (aFactory make: #room) location: 2@1.
    door := (aFactory make: #door) from: room1 to: room2.

    room1
        atSide: #north put: (aFactory make: #wall);
        atSide: #east put: door;
```

```
        atSide: #south put: (aFactory make: #wall);
        atSide: #west put: (aFactory make: #wall).
    room2
        atSide: #north put: (aFactory make: #wall);
        atSide: #east put: (aFactory make: #wall);
        atSide: #south put: (aFactory make: #wall);
        atSide: #west put: door.
    ^ Maze new
        addRoom: room1;
        addRoom: room2;
        yourself
```

10. 已知应用

可能 Prototype 模式的第一个例子出现于 Ivan Sutherland 的 Sketchpad 系统中 [Sut63]。该模式在面向对象语言中第一个广为人知的应用是在 ThingLab 中，其中用户能够生成组合对象，然后把它安装到一个可复用的对象库中，从而促使它成为一个原型 [Bor81]。Goldberg 和 Robson 都提出原型是一种模式 [GR83]，但 Coplien[Cop92] 给出了一个更为完整的描述，他为 C++ 描述了与 Prototype 模式相关的术语并给出了很多例子和变种。

etgdb 是一个基于 ET++ 的调试器前端，它为不同的行导向（line-oriented）调试器提供了一个点触式（point-and-click）接口。每个调试器有相应的 DebuggerAdaptor 子类。例如，GdbAdaptor 使 etgdb 适应 GNU 的 gdb 命令语法，而 SunDbxAdaptor 则使 etgdb 适应 Sun 的 dbx 调试器。etgdb 没有一组硬编码于其中的 DebuggerAdaptor 类。它从环境变量中读取要用到的适配器的名字，在一个全局表中根据特定名字查询原型，然后克隆这个原型。新的调试器通过与该调试器相对应的 DebuggerAdaptor 链接，可以被添加到 etgdb 中。

Mode Composer 中的"交互技术库"（interaction technique library）存储了支持多种交互技术的对象的原型 [Sha90]。将 Mode Composer 创建的任一交互技术放入这个库中，它就可以被作为一个原型使用。Prototype 模式使得 Mode Composer 可支持数目无限的交互技术。

前面讨论过的音乐编辑器的例子是基于 Unidraw 绘图框架的 [VL90]。

11. 相关模式

正如我们在这一章结尾所讨论的那样，Prototype 和 Abstract Factory(3.1) 模式在某些方面是相互竞争的。但是它们也可以一起使用。Abstract Factory 可以存储一个被克隆的原型的集合，并且返回产品对象。

大量使用 Composite(4.3) 和 Decorator(4.4) 模式的设计通常也可从 Prototype 模式获益。

3.5 Singleton（单件）——对象创建型模式

1. 意图
保证一个类仅有一个实例，并提供一个访问它的全局访问点。

2. 动机
对一些类来说，只有一个实例是很重要的。虽然系统中可以有许多打印机，但却只应该有一个打印假脱机（printer spooler），只应该有一个文件系统和一个窗口管理器。一个数字滤波器只能有一个 A/D 转换器。一个会计系统只能专用于一个公司。

怎样才能保证一个类只有一个实例并且这个实例易于被访问呢？全局变量使得一个对象可以被访问，但它不能防止你实例化多个对象。

一个更好的办法是，让类自身负责保存它的唯一实例。这个类可以保证没有其他实例可以被创建（通过截取创建新对象的请求），并且它可以提供一个访问该实例的方法。这就是 Singleton 模式。

3. 适用性

在下面的情况下可以使用 Singleton 模式：

- 当类只能有一个实例而且客户可以从一个众所周知的访问点访问它时。
- 当这个唯一实例应该是通过子类化可扩展的，并且客户应该无须更改代码就能使用一个扩展的实例时。

4. 结构

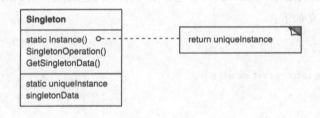

5. 参与者

- Singleton
  - 定义一个 Instance 操作，允许客户访问它的唯一实例。Instance 是一个类操作（即 Smalltalk 中的一个类方法和 C++ 中的一个静态成员函数）。
  - 可能负责创建它自己的唯一实例。

6. 协作

- 客户只能通过 Singleton 的 Instance 操作访问一个 Singleton 的实例。

7. 效果

Singleton 模式有许多优点：

1）对唯一实例的受控访问　因为 Singleton 类封装它的唯一实例，所以它可以严格地控制客户怎样以及何时访问它。

2）缩小名字空间　Singleton 模式是对全局变量的一种改进，它避免了那些存储唯一实例的全局变量污染名字空间。

3）允许对操作和表示的精化　Singleton 类可以有子类，而且用这个扩展类的实例来配置一个应用是很容易的。你可以用你所需要的类的实例在运行时配置应用。

4）允许可变数目的实例 这个模式使得你易于改变你的想法，并允许 Singleton 类的多个实例。此外，你可以用相同的方法来控制应用所使用的实例的数目。只有允许访问 Singleton 实例的操作需要改变。

5）比类操作更灵活 另一种封装单件功能的方式是使用类操作（即 C++ 中的静态成员函数或者是 Smalltalk 中的类方法）。但这两种语言技术都难以改变设计以允许一个类有多个实例。此外，C++ 中的静态成员函数不是虚函数，因此子类不能多态地重定义它们。

8. 实现

下面是使用 Singleton 模式时所要考虑的实现问题：

1）保证一个唯一的实例 Singleton 模式使得这个唯一实例是类的一般实例，但该类被写成只有一个实例能被创建。做到这一点的一个常用方法是将创建这个实例的操作隐藏在一个类操作（即一个静态成员函数或者是一个类方法）后面，由它保证只有一个实例被创建。这个操作可以访问保存唯一实例的变量，而且它可以保证这个变量在返回值之前用这个唯一实例初始化。这种方法保证了单件在它的首次使用前被创建和使用。

在 C++ 中你可以用 Singleton 类的静态成员函数 Instance 来定义这个类操作。Singleton 还定义了一个静态成员变量 _instance，它包含了一个指向它的唯一实例的指针。

Singleton 类定义如下：

```
class Singleton {
public:
    static Singleton* Instance();
protected:
    Singleton();
private:
    static Singleton* _instance;
};
```

相应的实现是

```
Singleton* Singleton::_instance = 0;

Singleton* Singleton::Instance () {
    if (_instance == 0) {
        _instance = new Singleton;
    }
    return _instance;
}
```

客户仅通过 Instance 成员函数访问这个单件。变量 _instance 初始化为 0，而静态成员函数 Instance 返回该变量值，如果其值为 0 则用唯一实例初始化它。Instance 使用惰性（lazy）初始化，它的返回值直到被第一次访问时才创建和保存。

注意构造器是保护型的。试图直接实例化 Singleton 的客户将得到一个编译时的错误信息。这就保证了仅有一个实例可以被创建。

此外，因为 _instance 是一个指向 Singleton 对象的指针，Instance 成员函数可以将一个指向 Singleton 的子类的指针赋给这个变量。我们将在代码示例一节给出一个这样的例子。

关于 C++ 的实现还有一点需要注意。将单件定义为一个全局或静态的对象，然后依赖于自动初始化，这是不够的。有如下三个原因：

- 我们不能保证静态对象只有一个实例会被声明。
- 我们可能没有足够的信息在静态初始化时实例化每一个单件。单件可能需要在程序执行中稍后被计算出来的值。
- C++ 没有定义转换单元（translation unit）上全局对象的构造器的调用顺序 [ES90]。这就意味着单件之间不存在依赖关系，如果有，那么错误将是不可避免的。

使用全局 / 静态对象的实现方法还有另一个缺点（尽管很小），它使得所有单件无论用到与否都要被创建。使用静态成员函数避免了所有这些问题。

Smalltalk 中，返回唯一实例的函数被实现为 Singleton 类的一个类方法。为保证只有一个实例被创建，重定义了 new 操作。得到的 Singleton 类可能有下列两个类方法，其中 SoleInstance 是一个其他地方并不使用的类变量：

```
new
    self error: 'cannot create new object'

default
    SoleInstance isNil ifTrue: [SoleInstance := super new].
    ^ SoleInstance
```

2）创建 Singleton 类的子类　主要问题与其说是定义子类不如说是建立它的唯一实例，这样客户就可以使用它。事实上，指向单件实例的变量必须用子类的实例进行初始化。最简单的技术是在 Singleton 的 Instance 操作中决定你想使用的是哪一个单件。代码示例一节中的一个例子说明了如何用环境变量实现这一技术。

另一个选择 Singleton 的子类的方法是将 Instance 的实现从父类（即 MazeFactory）中分离出来并将它放入子类。这就允许 C++ 程序员在链接时决定单件的类（即通过链入一个包含不同实现的对象文件），但对单件的客户则隐蔽这一点。

链接的方法在链接时确定了单件类的选择，这使得难以在运行时选择单件类。使用条件语句来决定子类更加灵活一些，但这硬性限定（hard-wire）了可能的 Singleton 类的集合。这两种方法不是在所有的情况都足够灵活。

一个更灵活的方法是使用一个单件注册表（registry of singleton）。可能的 Singleton 类的集合不是由 Instance 定义的，Singleton 类可以根据名字在一个众所周知的注册表中注册它们的单件实例。

这个注册表在字符串名字和单件之间建立映射。当 Instance 需要一个单件时，它参考注册表，根据名字请求单件。

注册表查询相应的单件（如果存在的话）并返回它。这个方法使得 Instance 不再需要知道所有可能的 Singleton 类或实例。它所需要的只是所有 Singleton 类的一个公共的接口，该接口包括了对注册表的操作：

```
class Singleton {
public:
    static void Register(const char* name, Singleton*);
    static Singleton* Instance();
protected:
    static Singleton* Lookup(const char* name);
private:
    static Singleton* _instance;
    static List<NameSingletonPair>* _registry;
};
```

Register 以给定的名字注册 Singleton 实例。为保证注册表简单，我们将让它存储一列 NameSingletonPair 对象。每个 NameSingletonPair 将一个名字映射到一个单件。Lookup 操作根据给定单件的名字进行查找。我们假定一个环境变量指定了所需要的单件的名字。

```
Singleton* Singleton::Instance () {
    if (_instance == 0) {
        const char* singletonName = getenv("SINGLETON");
        // user or environment supplies this at startup

        _instance = Lookup(singletonName);
        // Lookup returns 0 if there's no such singleton
    }
    return _instance;
}
```

Singleton 类在何处注册自己？一种可能是在其构造器中。例如，MySingleton 子类可以像下面这样做：

```
MySingleton::MySingleton() {
    // ...
    Singleton::Register("MySingleton", this);
}
```

当然，除非实例化类否则这个构造器不会被调用，这正反映了 Singleton 模式试图解决的问题！在 C++ 中我们可以定义 MySingleton 的一个静态实例来避免这个问题。例如，可以在包含 MySingleton 实现的文件中定义：

```
static MySingleton theSingleton;
```

Singleton 类不再负责创建单件。它的主要职责是使得供选择的单件对象在系统中可以被访问。静态对象方法还是有一个潜在的缺点——所有可能的 Singleton 子类的实例都必须被创建，否则它们不会被注册。

9. 代码示例

假定我们定义一个 MazeFactory 类用于建造在本章前面所描述的迷宫。MazeFactory 定义了一个建造迷宫的不同部件的接口。子类可以重定义这些操作以返回特定产品类的实例，如用 BombedWall 对象代替普通的 Wall 对象。

此处相关的问题是 Maze 应用仅需迷宫工厂的一个实例，且这个实例对建造迷宫任何部件的代码都是可用的。这样就引入了 Singleton 模式。将 MazeFactory 作为单件，我们无须借助全局变量就可使迷宫对象具有全局可访问性。

为简单起见，假定不会生成 MazeFactory 的子类。（我们随后将考虑另一个选择。）我们通过增加静态的 Instance 操作和静态的用来保存唯一实例的成员 _instance，在 C++ 中生成一个 Singleton 类。我们还必须保护构造器以防止意外的实例化，因为意外的实例化可能会导致多个实例。

```cpp
class MazeFactory {
public:
    static MazeFactory* Instance();

    // existing interface goes here
protected:
    MazeFactory();
private:
    static MazeFactory* _instance;
};
```

相应的实现是：

```cpp
MazeFactory* MazeFactory::_instance = 0;

MazeFactory* MazeFactory::Instance () {
    if (_instance == 0) {
        _instance = new MazeFactory;
    }
    return _instance;
}
```

现在让我们考虑当存在 MazeFactory 的多个子类，而且应用必须决定使用哪个子类时的情况。我们将通过环境变量选择迷宫的种类并根据该环境变量的值增加代码用于实例化适当的 MazeFactory 子类。Instance 操作是增加这些代码的好地方，因为它已经实例化了 MazeFactory：

```cpp
MazeFactory* MazeFactory::Instance () {
    if (_instance == 0) {
        const char* mazeStyle = getenv("MAZESTYLE");

        if (strcmp(mazeStyle, "bombed") == 0) {
            _instance = new BombedMazeFactory;

        } else if (strcmp(mazeStyle, "enchanted") == 0) {
            _instance = new EnchantedMazeFactory;

        // ... other possible subclasses

        } else {        // default
            _instance = new MazeFactory;
        }
    }
    return _instance;
}
```

注意，无论何时定义一个新的 MazeFactory 的子类，Instance 都必须被修改。在这个应用中这可能没什么关系，但对于定义在一个框架中的抽象工厂来说，这可能是一个问题。

一个可能的解决办法将是使用在实现一节中所描述过的注册表的方法。此处动态链接可能也很有用——它使得应用不需要装载那些用不着的子类。

10. 已知应用

在 Smalltalk-80[Par90] 中 Singleton 模式的例子是改变代码的集合，即 ChangeSet current。一个更巧妙的例子是类及其元类（metaclass）之间的关系。一个元类是一个类的类，而且每一个元类有一个实例。元类没有名字（除非间接地通过它们的唯一实例），但它们记录了唯一实例并且通常不会再创建其他实例。

InterViews 用户界面工具箱 [LCI+92] 使用 Singleton 模式在其他类中访问 Session 和 WidgetKit 类的唯一实例。Session 定义了应用的主事件调度循环，存储用户的风格偏好数据库，并管理与一个或多个物理显示的连接。WidgetKit 是一个 Abstract Factory(3.1)，用于定义用户的窗口组件的视感风格。WidgetKit::instance() 操作决定了特定的 WidgetKit 子类，该子类根据 Session 定义的环境变量进行实例化。Session 的一个类似操作决定了支持单色还是彩色显示并据此配置单件 Session 的实例。

11. 相关模式

很多模式可以使用 Singleton 模式实现。参见 Abstract Factor(3.1)、Builder(3.2) 和 Prototype(3.4)。

3.6 创建型模式的讨论

用一个系统创建的那些对象的类对系统进行参数化有两种常用方法。一种是生成创建对象的类的子类，这对应于使用 Factory Method(3.3) 模式。这种方法的主要缺点是，仅为了改变产品类，就可能需要创建一个新的子类。这样的改变可能是级联的（cascade）。例如，如果产品的创建者本身是由一个工厂方法创建的，那么你也必须重定义它的创建者。

另一种对系统进行参数化的方法更多地依赖于对象组合：定义一个对象负责明确产品对象的类，并将它作为该系统的参数。这是 Abstract Factory(3.1)、Builder(3.2) 和 Prototype(3.4) 模式的关键特征。所有这三个模式都涉及创建一个新的负责创建产品对象的"工厂对象"。Abstract Factory 由这个工厂对象产生多个类的对象。Builder 使用一个相对复杂的协议，由这个工厂对象逐步创建一个复杂产品。Prototype 由该工厂对象通过复制原型对象来创建产品对象。在这种情况下，因为原型负责返回产品对象，所以工厂对象和原型是同一个对象。

考虑在 Prototype 模式中描述的绘图编辑器框架。有多种方法通过产品类来参数化 GraphicTool：

- 使用 Factory Method 模式，将为选择板中的每个 Graphic 的子类创建一个 GraphicTool 的子类。GraphicTool 将有一个 NewGraphic 操作，每个 GraphicTool 的子类都会重定义它。

- 使用 Abstract Factory 模式，将有一个 GraphicsFactory 类层次对应于每个 Graphic 的子

类。在这种情况下每个工厂仅创建一个产品：CircleFactory 将创建 Circle，LineFactory 将创建 Line，等等。GraphicTool 将以创建合适种类 Graphic 的工厂作为参数。

- 使用 Prototype 模式，每个 Graphic 的子类将实现 Clone 操作，并且 GraphicTool 将以它所创建的 Graphic 的原型作为参数。

究竟哪种模式最好取决于诸多因素。在我们的绘图编辑器框架中，第一眼看来，Factory Method 模式的使用是最简单的。它易于定义一个新的 GraphicTool 的子类，并且仅当选择板被定义的时候，GraphicTool 的实例才被创建。它的主要缺点在于 GraphicTool 子类数目的激增，并且它们都没有做很多事情。

Abstract Factory 并没有很大的改进，因为它需要一个同样庞大的 GraphicsFactory 类层次。只有当早已存在一个 GraphicsFactory 类层次时，Abstract Factory 才比 Factory Method 更好一点——或是因为编译器自动提供（像在 Smalltalk 或是 Objective C 中），或是因为系统的其他部分需要这个 GraphicsFactory 类层次。

总的来说，Prototype 模式对绘图编辑器框架可能是最好的，因为它仅须为每个 Graphic 类实现一个 Clone 操作。这就减少了类的数目，并且 Clone 可以用于其他目的而不仅仅是纯粹的实例化（例如，一个 Duplicate 菜单操作）。

Factory Method 使一个设计可以定制且只略微有一些复杂。其他设计模式需要新的类，而 Factory Method 只需要一个新的操作。人们通常将 Factory Method 作为一种标准的创建对象的方法。但是当被实例化的类根本不发生变化或实例化出现在子类可以很容易重定义的操作（比如初始化操作）中时，这就不必要了。

使用 Abstract Factory、Prototype 或 Builder 的设计甚至比使用 Factory Method 的设计更灵活，但它们也更加复杂。通常，设计以使用 Factory Method 开始，并且当设计者发现需要更大的灵活性时，设计便会向其他创建型模式演化。当你在设计标准之间进行权衡的时候，了解多个模式可以给你提供更多的选择余地。

第 4 章

结构型模式

结构型模式涉及如何组合类和对象以获得更大的结构。结构型类模式采用继承机制来组合接口或实现。一个简单的例子是采用多重继承方法将两个以上的类组合成一个类，结果这个类包含了所有父类的性质。这一模式尤其有助于多个独立开发的类库协同工作。另外一个例子是类形式的 Adapter(4.1) 模式。一般来说，适配器使得一个接口（adaptee 的接口）与其他接口兼容，从而给出多个不同接口的统一抽象。为此，类适配器对一个 adaptee 类进行私有继承。这样，适配器就可以用 adaptee 的接口表示它的接口。

结构型对象模式不是对接口和实现进行组合，而是描述了如何对一些对象进行组合，从而实现新功能的一些方法。因为可以在运行时改变对象组合关系，所以对象组合方式具有更大的灵活性，而这种机制用静态类组合是不可能实现的。

Composite(4.3) 模式是结构型对象模式的一个实例。它描述了如何构造一个类层次式结构，这一结构由两种类型的对象（基元对象和组合对象）所对应的类构成。其中的组合对象使得你可以组合基元对象以及其他的组合对象，从而形成任意复杂的结构。在 Proxy(4.7) 模式中，proxy 对象作为其他对象的一个方便的替代或占位符。它的使用可以有多种形式。例如，它可以在局部空间中代表一个远程地址空间中的对象，也可以表示一个要求被加载的较大的对象，还可以用来保护对敏感对象的访问。Proxy 模式还提供了对对象的一些特有性质的一定程度上的间接访问，从而它可以限制、增强或修改这些性质。

Flyweight(4.6) 模式为了共享对象定义了一个结构。至少有两个原因要求对象共享：效率和一致性。Flyweight 的对象共享机制主要强调对象的空间效率。使用很多对象的应用必须考虑每一个对象的开销。使用对象共享而不是进行对象复制，可以省去大量的空间资源。但是仅当这些对象没有定义与上下文相关的状态时，它们才可以被共享。Flyweight 的对象没有这样的状态，任何执行任务时需要的其他信息仅当需要时才传递过去。由于不存在与上下文相关的状态，因此 Flyweight 对象可以被自由地共享。

如果说 Flyweight 模式说明了如何生成很多较小的对象，那么 Facade(4.5) 模式则描述了如何用单个对象表示整个子系统。模式中的 facade 用来表示一组对象，facade 的职责是将消息转发给它所表示的对象。Bridge(4.2) 模式将对象的抽象和其实现分离，从而可以独立地改变它们。

Decorator(4.4) 模式描述了如何动态地为对象添加职责。Decorator 模式是一种结构型模式。这一模式采用递归方式组合对象，从而允许你添加任意多的对象职责。例如，一个包含用户界面组件的 Decorator 对象可以将边框或阴影这样的装饰添加到该组件中，或者它可以将窗口滚动和缩放这样的功能添加到组件中。将一个 Decorator 对象嵌套在另一个对象中就可以很简单地增加两个装饰，添加其他的装饰也是如此。因此，每个 Decorator 对象必须与其组件的接口兼容并且保证将消息传递给它。Decorator 模式在转发一条信息之前或之后都可以完成它的工作（比如绘制组件的边框）。

许多结构型模式在某种程度上具有相关性，我们将在本章末讨论这些关系。

4.1　Adapter（适配器）——类对象结构型模式

1. 意图

将一个类的接口转换成客户希望的另外一个接口。Adapter 模式使得原本由于接口不兼容而不能一起工作的那些类可以一起工作。

2. 别名

包装器（wrapper）。

3. 动机

有时，为复用而设计的工具箱类不能够被复用仅仅是因为它的接口与专业应用领域所需要的接口不匹配。

例如，有一个绘图编辑器，这个编辑器允许用户绘制和排列基本图元（线、多边形和文本等）来生成图片和图表。这个绘图编辑器的关键抽象是图形对象。图形对象有一个可编辑的形状，并可以绘制自身。图形对象的接口由一个称为 Shape 的抽象类定义。绘图编辑器为每一种图形对象定义了一个 Shape 的子类：LineShape 类对应于直线，PolygonShape 类对应于多边形，等等。

像 LineShape 和 PolygonShape 这样的基本几何图形的类比较容易实现，这是由于它们的绘图和编辑功能本来就很有限。但是对于可以显示和编辑文本的 TextShape 子类来说，实现相当困难，因为即使是基本的文本编辑也要涉及复杂的屏幕刷新和缓冲区管理。同时，成品的用户界面工具箱可能已经提供了一个复杂的 TextView 类用于显示和编辑文本。理想的情况是我们可以复用 TextView 类以实现 TextShape 类，但是工具箱的设计者当时并没有考虑到 Shape 的存在，因此 TextView 和 Shape 对象不能互换。

一个应用可能会有一些类具有不同的接口并且这些接口互不兼容，在这样的应用中像 TextView 这样已经存在并且不相关的类如何协同工作呢？我们可以改变 TextView 类使它兼容 Shape 类的接口，但前提是必须有这个工具箱的源代码。然而即使我们得到了这些源代码，修改 TextView 也是没有什么意义的，因为不应该仅仅为了实现一个应用，工具箱就不得不采用一些与特定领域相关的接口。

我们可以不用上面的方法，而定义一个 TextShape 类，由它来适配 TextView 的接口和 Shape 的接口。我们可以用两种方法做这件事：①继承 Shape 类的接口和 TextView 的实现；②将一个 TextView 实例作为 TextShape 的组成部分，并且使用 TextView 的接口实现 TextShape。这两种方法恰恰对应于 Adapter 模式的类和对象版本。我们将 TextShape 称为适配器（adapter）。

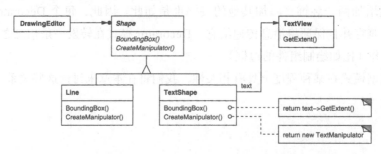

上面的类图说明了对象适配器实例。它说明了在 Shape 类中声明的 BoundingBox 请求如何被转换成在 TextView 类中定义的 GetExtent 请求。由于 TextShape 将 TextView 的接口与 Shape 的接口进行了匹配，因此绘图编辑器就可以复用原先并不兼容的 TextView 类。

Adapter 经常还要负责提供那些被匹配的类所没有提供的功能，上面的类图中说明了适配器如何实现这些职责。这是由于绘图编辑器允许用户交互地将每一个 Shape 对象"拖动"到一个新的位置，而 TextView 设计中没有这种功能。我们可以实现 TextShape 类的 CreateManipulator 操作，从而增加这个缺少的功能，这个操作返回相应的 Manipulator 子类的一个实例。

Manipulator 是一个抽象类，它所描述的对象知道如何驱动 Shape 类响应相应的用户输入，例如将图形拖动到一个新的位置。对应于不同形状的图形，Manipulator 有不同的子类，例如子类 TextManipulator 对应于 TextShape。TextShape 通过返回一个 TextManipulator 实例，增加了 TextView 中缺少而 Shape 需要的功能。

4. 适用性

以下情况下使用 Adapter 模式：

- 你想使用一个已经存在的类，而它的接口不符合你的需求。
- 你想创建一个可以复用的类，该类可以与其他不相关的类或不可预见的类（即那些接口可能不一定兼容的类）协同工作。
- （仅适用于对象 Adapter）你想使用一些已经存在的子类，但是不可能对每一个都进行子类化以匹配它们的接口。对象适配器可以适配它的父类接口。

5. 结构

类适配器使用多重继承对一个接口与另一个接口进行匹配，如下图所示。

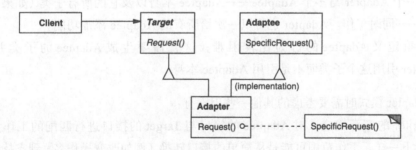

对象匹配器依赖于对象组合，如下图所示。

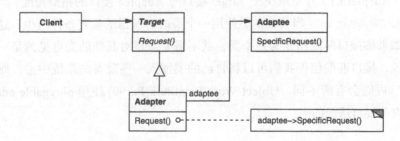

6. 参与者

- Target（Shape）
  —— 定义 Client 使用的与特定领域相关的接口。
- Client（DrawingEditor）
  —— 与符合 Target 接口的对象协同。
- Adaptee（TextView）
  —— 定义一个已经存在的接口，这个接口需要适配。
- Adapter（TextShape）
  —— 对 Adaptee 的接口与 Target 接口进行适配。

7. 协作

- Client 在 Adapter 实例上调用一些操作。接着适配器调用 Adaptee 的操作实现这个请求。

8. 效果

类适配器和对象适配器有不同的权衡。类适配器的权衡为：

- 用一个具体的 Adapter 类对 Adaptee 和 Target 进行匹配。结果是当我们想要匹配一个类以及所有它的子类时，类 Adapter 将不能胜任工作。
- 使得 Adapter 可以重定义 Adaptee 的部分行为，因为 Adapter 是 Adaptee 的一个子类。
- 仅仅引入了一个对象，并不需要额外的指针以间接得到 Adaptee。

对象适配器的权衡为：

- 允许一个 Adapter 与多个 Adaptee——Adaptee 本身以及它的所有子类（如果有子类的话）——同时工作。Adapter 也可以一次给所有的 Adaptee 添加功能。
- 使得重定义 Adaptee 的行为比较困难。这就需要生成 Adaptee 的子类并且使得 Adapter 引用这个子类而不是引用 Adaptee 本身。

使用 Adapter 模式时需要考虑的其他一些因素有：

1）Adapter 的匹配程度　对 Adaptee 的接口与 Target 的接口进行匹配的工作量，各个 Adapter 可能不一样。工作范围可能是从简单的接口转换（例如改变操作名）到支持完全不同的操作集合。Adapter 的工作量取决于 Target 接口与 Adaptee 接口的相似程度。

2）可插入的 Adapter　当其他的类使用一个类时，所需的假定条件越少，这个类就更具可复用性。如果将接口匹配构建为一个类，就不需要假定对其他的类可见的是一个相同的接口。也就是说，接口匹配使得我们可以将自己的类加入一些现有的系统中去，而这些系统对这个类的接口可能会有所不同。Object-Work/Smalltalk[Par90] 使用 pluggable adapter 一词描述那些具有内部接口适配的类。

考虑 TreeDisplay 窗口组件，它可以图形化显示树状结构。如果这是一个具有特殊用途的窗口组件，仅在一个应用中使用，我们可能要求它所显示的对象有一个特殊的接口，即它们都是抽象类 Tree 的子类。如果我们希望使 TreeDisplay 具有良好的复用性的话（比如说，我们希望将它作为可用窗口组件工具箱的一部分），那么这种要求将是不合理的。应用程序将自己定义树结构类，而不一定要使用我们的抽象类 Tree。不同的树结构会有不同的接口。

例如，在一个目录层次结构中，可以通过 GetSubdirectory 操作访问子目录，然而在一个继承式层次结构中，相应的操作可能被称为 GetSubclass。尽管这两种层次结构使用的接口不同，但一个可复用的 TreeDisplay 窗口组件必须能显示这两种结构。也就是说，TreeDisplay 应具有接口适配的功能。

我们将在实现一节讨论在类中构建接口适配的多种方法。

3）使用双向适配器提供透明操作　使用适配器的一个潜在问题是，它们不对所有的客户都透明。被适配的对象不再兼容 Adaptee 的接口，因此并不是所有 Adaptee 对象可以被使用的地方它都可以被使用。双向适配器提供了这样的透明性。在两个不同的客户需要用不同的方式查看同一个对象时，双向适配器尤其有用。

考虑一个双向适配器，它将图形编辑框架 Unidraw [VL90] 与约束求解工具箱 QOCA [HHMV92] 集成起来。这两个系统都有一些类，这些类显式地表示变量：Unidraw 含有类 StateVariable，QOCA 含有类 ConstraintVariable，如下图所示。为了使 Unidraw 与 QOCA 协同工作，必须首先使类 ConstraintVariable 与类 StateVariable 相匹配；而为了将 QOCA 的求解结果传递给 Unidraw，必须使 StateVariable 与 ConstraintVariable 相匹配。

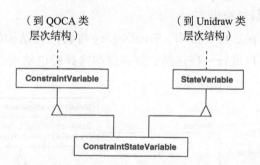

这一方案中包含了一个双向适配器 ConstraintStateVariable，它是类 ConstraintVariable 与类 StateVariable 的共同子类，ConstraintStateVariable 使得两个接口互相匹配。在该例子中多重继承是一个可行的解决方案，因为被适配类的接口差异较大。双向适配器与这两个被匹配的类都兼容，在这两个系统中它都可以工作。

9. 实现

尽管 Adapter 模式的实现方式通常简单直接，但是仍需要注意以下一些问题：

1）使用 C++ 实现适配器类　在使用 C++ 实现适配器类时，Adapter 类应该采用公共方式继承 Target 类，并且用私有方式继承 Adaptee 类。因此，Adapter 类应该是 Target 的子类型，但不是 Adaptee 的子类型。

2）可插入的适配器　有许多方法可以实现可插入的适配器。例如，前面描述的 TreeDisplay 窗口组件可以自动地布置和显示层次式结构，对于它有三种实现方法：

首先（这也是所有这三种实现都要做的）是为 Adaptee 找到一个"窄"接口，即可用于适配的最小操作集，因为包含较少操作的窄接口相对包含较多操作的宽接口比较容易进行匹配。对于 TreeDisplay 而言，被匹配的对象可以是任何一个层次式结构。因此最小接口集合仅包含两个操作：一个操作定义如何在层次结构中表示一个结点，另一个操作返回该结点的子结点。

对这个窄接口，有以下三个实现途径：

- **使用抽象操作**　在 TreeDisplay 类中定义窄 Adaptee 接口相应的抽象操作，这样就由子类来实现这些抽象操作并匹配具体的树结构的对象。例如，DirectoryTreeDisplay 子类将通过访问目录结构实现这些操作，如下图所示。

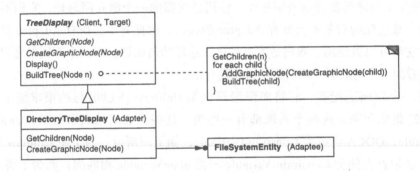

DirectoryTreeDisplay 对这个窄接口加以特化，使得它的 DirectoryBrowser 客户可以用它来显示目录结构。

- **使用代理对象**　在这种方法中，TreeDisplay 将访问树结构的请求转发到代理对象。TreeDisplay 的客户进行一些选择，并将这些选择提供给代理对象，这样客户就可以对适配加以控制，如下图所示。

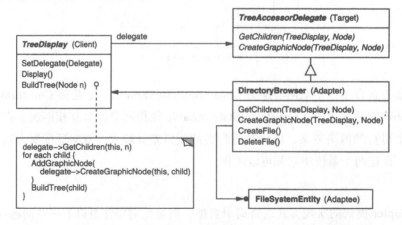

例如，有一个 DirectoryBrowser，它像前面一样使用 TreeDisplay。DirectoryBrowser 可能为匹配 TreeDisplay 和层次目录结构构造出一个较好的代理。在 Smalltalk 或

Objective C 这样的动态类型语言中，该方法只需要一个接口对适配器注册代理即可。然后 TreeDisplay 简单地将请求转发给代理对象。NEXTSTEP[Add94] 大量使用这种方法以减少子类化。

在 C++ 这样的静态类型语言中，需要一个代理的显式接口定义。我们将 TreeDisplay 需要的窄接口放入纯虚类 TreeAccessorDelegate 中，从而指定这样的一个接口。然后我们可以运用继承机制将这个接口融合到我们所选择的代理中——这里我们选择 DirectoryBrowser。如果 DirectoryBrowser 没有父类，我们将采用单继承，否则采用多继承。这种将类融合在一起的方法相对于引入一个新的 TreeDisplay 子类并单独实现它的操作的方法要容易一些。

- 参数化的适配器　通常在 Smalltalk 中支持可插入适配器的方法是，用一个或多个模块对适配器进行参数化。模块构造支持无子类化的适配。一个模块可以匹配一个请求，并且适配器可以为每个请求存储一个模块。在本例中意味着，TreeDisplay 存储的一个模块用来将一个结点转化成为一个 GraphicNode，另外一个模块用来存取一个结点的子结点。

例如，当对一个目录层次建立 TreeDisplay 时，我们可以这样写：

```
directoryDisplay :=
    (TreeDisplay on: treeRoot)
        getChildrenBlock:
            [:node | node getSubdirectories]
        createGraphicNodeBlock:
            [:node | node createGraphicNode].
```

如果你在一个类中创建接口适配，这种方法提供了另外一种选择，它相对于子类化方法来说更方便一些。

10. 代码示例

对动机一节中的例子，从类 Shape 和 TextView 开始，我们将给出类适配器和对象适配器实现代码的简要框架。

```
class Shape {
public:
    Shape();
    virtual void BoundingBox(
        Point& bottomLeft, Point& topRight
    ) const;
    virtual Manipulator* CreateManipulator() const;
};


class TextView {
public:
    TextView();
    void GetOrigin(Coord& x, Coord& y) const;
    void GetExtent(Coord& width, Coord& height) const;
    virtual bool IsEmpty() const;
};
```

Shape 假定有一个边框，这个边框由它相对的两角定义。而 TextView 则由原点、宽度和高度定义。Shape 同时定义了 CreateManipulator 操作用于创建一个 Manipulator 对象。当用户操作一个图形时，Manipulator 对象知道如何驱动这个图形⊖。TextView 没有等同的操作。TextShape 类是这些不同接口间的适配器。

类适配器采用多重继承适配接口。类适配器的关键是用一个分支继承接口，而用另外一个分支继承接口的实现部分。通常 C++ 中做出这一区分的方法是：用公共方式继承接口；用私有方式继承接口的实现。下面我们按照这种常规方法定义 TextShape 适配器。

```
class TextShape : public Shape, private TextView {
public:
    TextShape();

    virtual void BoundingBox(
        Point& bottomLeft, Point& topRight
    ) const;
    virtual bool IsEmpty() const;
    virtual Manipulator* CreateManipulator() const;
};
```

BoundingBox 操作对 TextView 的接口进行转换使之匹配 Shape 的接口。

```
void TextShape::BoundingBox (
    Point& bottomLeft, Point& topRight
) const {
    Coord bottom, left, width, height;

    GetOrigin(bottom, left);
    GetExtent(width, height);

    bottomLeft = Point(bottom, left);
    topRight = Point(bottom + height, left + width);
}
```

IsEmpty 操作给出了在适配器实现过程中常用的一种方法——直接转发请求：

```
bool TextShape::IsEmpty () const {
    return TextView::IsEmpty();
}
```

最后，我们定义 CreateManipulator（TextView 不支持该操作），假定我们已经实现了支持 TextShape 操作的类 TextManipulator。

```
Manipulator* TextShape::CreateManipulator () const {
    return new TextManipulator(this);
}
```

对象适配器采用对象组合的方法将具有不同接口的类组合在一起。在该方法中，适配器 TextShape 维护一个指向 TextView 的指针。

```
class TextShape : public Shape {
public:
    TextShape(TextView*);
```

⊖　CreateManipulator 是一个 Factory Method 的实例。

```
    virtual void BoundingBox(
        Point& bottomLeft, Point& topRight
    ) const;
    virtual bool IsEmpty() const;
    virtual Manipulator* CreateManipulator() const;
private:
    TextView* _text;
};
```

TextShape 必须在构造器中对指向 TextView 实例的指针进行初始化，当它自身的操作被调用时，它还必须对它的 TextView 对象调用相应的操作。在本例中，假设客户创建了 TextView 对象并且将其传递给 TextShape 的构造器：

```
TextShape::TextShape (TextView* t) {
    _text = t;
}
void TextShape::BoundingBox (
    Point& bottomLeft, Point& topRight
) const {
    Coord bottom, left, width, height;

    _text->GetOrigin(bottom, left);
    _text->GetExtent(width, height);

    bottomLeft = Point(bottom, left);
    topRight = Point(bottom + height, left + width);
}

bool TextShape::IsEmpty () const {
    return _text->IsEmpty();
}
```

CreateManipulator 的实现代码与类适配器版本的实现代码一样，因为它的实现从零开始，没有复用任何 TextView 已有的函数。

```
Manipulator* TextShape::CreateManipulator () const {
    return new TextManipulator(this);
}
```

将这段代码与类适配器的相应代码进行比较，可以看出编写对象适配器代码相对麻烦一些，但是它比较灵活。例如，客户仅须将 TextView 子类的一个实例传给 TextShape 类的构造函数，对象适配器版本的 TextShape 就可以与 TextView 子类一起很好地工作。

11. 已知应用

意图一节的例子来自一个基于 ET++[WGM88] 的绘图应用程序 ET++Draw，ET++Draw 通过使用一个 TextShape 适配器类的方式复用了 ET++ 中的一些类，并将它们用于文本编辑。

InterView2.6 为诸如 scrollbar、button 和 menu 的用户界面元素定义了一个抽象类 Interactor[VL88]，它同时也为 line、circle、polygon 和 spline 这样的结构化图形对象定义了一个抽象类 Graphic。Interactor 和 Graphic 都有图形外观，但它们有着不同的接口和实现（它们没有同一个父类），因此它们并不兼容。也就是说，你不能直接将一个结构化的图形对象嵌入一个对话框中。

而 InterView2.6 定义了一个称为 GraphicBlock 的对象适配器，它是 Interactor 的子类，包含 Graphic 类的一个实例。GraphicBlock 将 Graphic 类的接口与 Interactor 类的接口进行匹配。GraphicBlock 使得一个 Graphic 的实例可以在 Interactor 结构中被显示、滚动和缩放。

可插入的适配器在 ObjectWorks/Smalltalk[Par90] 中很常见。标准 Smalltalk 为显示单个值的视图定义了一个 ValueModel 类。为访问这个值，ValueModel 定义了一个"value"和"value:"接口。这些都是抽象方法。应用程序员用与特定领域相关的名字访问这个值，如"width"和"width:"，但为了使特定领域相关的名字与 ValueModel 的接口相匹配，不一定要生成 ValueModel 的子类。

而 ObjectWorks/Smalltalk 包含了一个 ValueModel 类的子类，称为 PluggableAdaptor。PluggableAdaptor 对象可以将其他对象与 ValueModel 的接口（"value"和"value:"）相匹配。它可以用模块进行参数化，以便获取和设置所期望的值。PluggableAdaptor 在其内部使用这些模块以实现"value"和"value:"接口，如下图所示。为语法上方便起见，PluggableAdaptor 也允许你直接传递选择器的名字（例如"width"和"width:"），它自动将这些选择器转换为相应的模块。

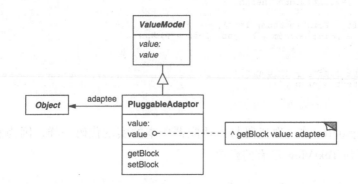

另外一个来自 ObjectWorks/Smalltalk 的例子是 TableAdaptor 类，它可以将一个对象序列与一个表格表示相匹配。这个表格在每行显示一个对象。客户用表格可以使用的消息集对 TableAdaptor 进行参数设置，从一个对象得到行属性。

在 NeXT 的 AppKit[Add94] 中，一些类使用代理对象进行接口匹配。一个例子是类 NXBrowser，它可以显示层次式数据列表。NXBrowser 类用一个代理对象存取并适配数据。

Mayer 的"Marriage of Convenience"[Mey88] 是一种类适配器形式。Mayer 描述了 FixedStack 类如何匹配一个 Array 类的实现部分和一个 Stack 类的接口部分。结果是一个包含一定数目项目的栈。

12. 相关模式

模式 Bridge(4.2) 的结构与对象适配器类似，但是 Bridge 模式的出发点不同：Bridge 的目的是将接口部分和实现部分分离，从而可以对它们较为容易也相对独立地加以改变。而 Adapter 则意味着改变一个已有对象的接口。

Decorator(4.4) 模式增强了其他对象的功能而同时又不改变它的接口，因此 Decorator 对应用程序的透明性比适配器要好。结果是 Decorator 支持递归组合，而纯粹使用适配器是不可能实现这一点的。

模式 Proxy(4.7) 在不改变它的接口的条件下，为另一个对象定义了一个代理。

4.2　Bridge（桥接）——对象结构型模式

1. 意图
将抽象部分与它的实现部分分离，使它们可以独立地变化。

2. 别名
Handle/Body。

3. 动机
当一个抽象可能有多个实现时，通常用继承来协调它们。抽象类定义对该抽象的接口，而具体的子类则用不同方式加以实现。但是此方法有时不够灵活。继承机制将抽象部分与它的实现部分固定在一起，使得难以对抽象部分和实现部分独立地进行修改、扩充和复用。

让我们考虑在一个用户界面工具箱中一个可移植的 Window 抽象部分的实现。例如，这一抽象部分应该允许用户开发一些在 X Window 和 IBM 的 Presentation Manager（PM）系统中都可以使用的应用程序。运用继承机制，我们可以定义 Window 抽象类和它的两个子类 XWindow 与 PMWindow，由它们分别实现不同系统平台上的 Window 界面。但是继承机制有两个不足之处：

1）扩展 Window 抽象使之适用于不同种类的窗口或新的系统平台很不方便。假设有 Window 的一个子类 IconWindow，它专门将 Window 抽象用于图标处理。为了使 IconWindow 支持两个系统平台，我们必须实现两个新类 XIconWindow 和 PMIconWindow，更为糟糕的是，我们不得不为每一种类型的窗口都定义两个类。而为了支持第三个系统平台，我们还必须为每一种窗口定义一个新的 Window 子类，如下图所示。

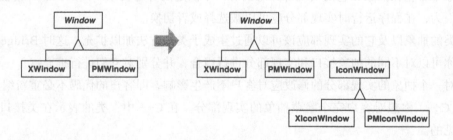

2）继承机制使得客户代码与平台相关。每当客户创建一个窗口时，必须要实例化一个具体的类，这个类有特定的实现部分。例如，创建 XWindow 对象会将 Window 抽象与 X Window 的实现部分绑定起来，这使得客户程序依赖于 X Window 的实现部分。这将使得很难将客户代码移植到其他平台上去。

客户在创建窗口时应该不涉及其具体实现部分，仅仅是窗口的实现部分依赖于应用运行的平台。这样客户代码在创建窗口时就不应涉及特定的平台。

Bridge 模式解决以上问题的方法是，将 Window 抽象和它的实现部分分别放在独立的类层次结构中。其中一个类层次结构针对窗口接口（Window、IconWindow、TransientWindow），另外一个独立的类层次结构针对平台相关的窗口实现部分，这个类层次结构的根类为WindowImp。例如 XWindowImp 子类提供了一个基于 X Window 系统的实现，如下图所示。

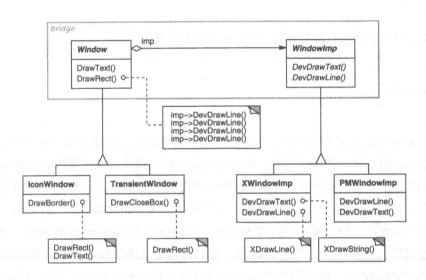

对 Window 子类的所有操作都是用 WindowImp 接口中的抽象操作实现的。这就将窗口的抽象与系统平台相关的实现部分分离开来。因此，我们将 Window 与 WindowImp 之间的关系称为桥接，因为它在抽象类与它的实现之间起到了桥梁作用，使它们可以独立地变化。

4. 适用性

以下情况下使用 Bridge 模式：

- 你不希望在抽象和它的实现部分之间有一个固定的绑定关系。例如，这种情况可能是因为，在程序运行时实现部分应可以被选择或者切换。
- 类的抽象以及它的实现都应该可以通过生成子类的方法加以扩充。这时 Bridge 模式使你可以对不同的抽象接口和实现部分进行组合，并分别对它们进行扩充。
- 对一个抽象的实现部分的修改应对客户不产生影响，即客户的代码不必重新编译。
- （C++）你想对客户完全隐藏抽象的实现部分。在 C++ 中，类的表示在类接口中是可见的。
- 正如在意图一节的第一个类图中所示的那样，有许多类要生成。这样一种类层次结构说明你必须将一个对象分解成两个部分。Rumbaugh 称这种类层次结构为"嵌套的泛化"（nested generalization）[RBP+91]。
- 你想在多个对象间共享实现（可能使用引用计数），但同时要求客户并不知道这一点。

一个简单的例子便是 Coplien 的 String 类 [Cop92]，在这个类中多个对象可以共享同
一个字符串表示（StringRep）。

5. 结构

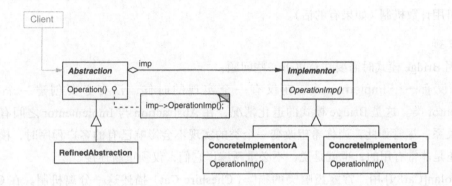

6. 参与者

- Abstraction（Window）
  — 定义抽象类的接口。
  — 维护一个指向 Implementor 类型对象的指针。
- RefinedAbstraction（IconWindow）
  — 扩充由 Abstraction 定义的接口。
- Implementor（WindowImp）
  — 定义实现类的接口，该接口不一定要与 Abstraction 的接口完全一致，事实上
    这两个接口可以完全不同。一般来讲，Implementor 接口仅提供基本操作，而
    Abstraction 则定义了基于这些基本操作的较高层次的操作。
- ConcreteImplementor（XWindowImp、PMWindowImp）
  — 实现 Implementor 接口并定义它的具体实现。

7. 协作

- Abstraction 将 client 的请求转发给它的 Implementor 对象。

8. 效果

Bridge 模式有以下一些优点：

1）分离接口及其实现部分　一个实现未必不变地绑定在一个接口上。抽象类的实现可
以在运行时进行配置，一个对象甚至可以在运行时改变它的实现。

将 Abstraction 与 Implementor 分离有助于降低对实现部分编译时的依赖性，当改变一个
实现类时，并不需要重新编译 Abstraction 类和它的客户程序。为了保证一个类库的不同版本
之间的二进制兼容性，一定要有这个性质。

另外，接口与实现分离有助于分层，从而产生更好的结构化系统，系统的高层部分仅须知道 Abstraction 和 Implementor。

2）提高可扩充性　你可以独立地对 Abstraction 和 Implementor 层次结构进行扩充。

3）实现细节对客户透明　你可以对客户隐藏实现细节，例如共享 Implementor 对象以及相应的引用计数机制（如果有的话）。

9. 实现

使用 Bridge 模式时需要注意以下一些问题：

1）仅有一个 Implementor　在仅有一个实现的时候，没有必要创建一个抽象的 Implementor 类。这是 Bridge 模式的退化情况，在 Abstraction 与 Implementor 之间有一种一对一的关系。尽管如此，当你希望改变一个类的实现不会影响已有的客户程序时，模式的分离机制还是非常有用的，也就是说，不必重新编译它们，仅须重新连接。

Carolan[Car89] 用 "常露齿嬉笑的猫"（Cheshire Cat）描述这一分离机制。在 C++ 中，Implementor 类的类接口可以在一个私有的头文件中定义，这个文件不提供给客户。这样你就对客户彻底隐藏了一个类的实现部分。

2）创建正确的 Implementor 对象　当存在多个 Implementor 类的时候，你应该用何种方法，何时在何处确定创建哪一个 Implementor 类呢？

如果 Abstraction 知道所有的 ConcreteImplementor 类，它就可以在它的构造器中对其中的一个类进行实例化，它可以通过传递给构造器的参数确定实例化哪一个类。例如，如果一个 collection 类支持多重实现，就可以根据 collection 的大小决定实例化哪一个类。链表的实现可以用于较小的 collection 类，而 hash 表则可用于较大的 collection 类。

另外一种方法是首先选择一个默认的实现，然后根据需要改变这个实现。例如，如果一个 collection 的大小超出了一定的阈值，它将会切换它的实现，使之更适用于表目较多的 collection。

也可以代理给另一个对象，由它一次决定。在 Window/WindowImp 的例子中，我们可以引入一个 factory 对象（参见 Abstract Factory(3.1)），该对象的唯一职责就是封装系统平台的细节。这个对象知道应该为所用的平台创建何种类型的 WindowImp 对象，Window 仅须向它请求一个 WindowImp，而它会返回正确类型的 WindowImp 对象。这种方法的优点是 Abstraction 类不和任何一个 Implementor 类直接耦合。

3）共享 Implementor 对象　Coplien 阐明了如何用 C++ 中常用的 Handle/Body 方法在多个对象间共享一些实现 [Cop92]。其中 Body 有一个对象引用计数器，Handle 对它进行增减操作。将共享程序体赋给句柄的代码一般具有以下形式：

```
Handle& Handle::operator= (const Handle& other) {
    other._body->Ref();
    _body->Unref();

    if (_body->RefCount() == 0) {
        delete _body;
    }
    _body = other._body;
```

```
        return *this;
    }
```

4）采用多重继承机制   在 C++ 中可以使用多重继承机制将抽象接口和它的实现部分结合起来 [Mar91]。例如，一个类可以用 public 方式继承 Abstraction 而以 private 方式继承 ConcreteImplementor。但是由于这种方法依赖于静态继承，它将实现部分与接口固定不变地绑定在一起。因此不可能使用多重继承的方法实现真正的 Bridge 模式——至少用 C++ 不行。

10. 代码示例

下面的 C++ 代码实现了意图一节中 Window/WindowImp 的例子，其中 Window 类为客户应用程序定义了窗口抽象类：

```cpp
class Window {
public:
    Window(View* contents);

    // requests handled by window
    virtual void DrawContents();

    virtual void Open();
    virtual void Close();
    virtual void Iconify();
    virtual void Deiconify();

    // requests forwarded to implementation
    virtual void SetOrigin(const Point& at);
    virtual void SetExtent(const Point& extent);
    virtual void Raise();
    virtual void Lower();

    virtual void DrawLine(const Point&, const Point&);
    virtual void DrawRect(const Point&, const Point&);
    virtual void DrawPolygon(const Point[], int n);
    virtual void DrawText(const char*, const Point&);

protected:
    WindowImp* GetWindowImp();
    View* GetView();
    private:
        WindowImp* _imp;
        View* _contents; // the window's contents
    };
```

Window 维护一个对 WindowImp 的引用，WindowImp 抽象类定义了一个对底层窗口系统的接口。

```cpp
class WindowImp {
public:
    virtual void ImpTop() = 0;
    virtual void ImpBottom() = 0;
    virtual void ImpSetExtent(const Point&) = 0;
    virtual void ImpSetOrigin(const Point&) = 0;

    virtual void DeviceRect(Coord, Coord, Coord, Coord) = 0;
    virtual void DeviceText(const char*, Coord, Coord) = 0;
    virtual void DeviceBitmap(const char*, Coord, Coord) = 0;
```

```
        // lots more functions for drawing on windows...
protected:
    WindowImp();
};
```

Window 的子类定义了应用程序可能用到的不同类型的窗口，如应用窗口、图标、对话框临时窗口以及工具箱的移动面板等。

例如，ApplicationWindow 类将实现 DrawContents 操作以绘制它所存储的 View 实例：

```
class ApplicationWindow : public Window {
public:
    // ...
    virtual void DrawContents();
};

void ApplicationWindow::DrawContents () {
    GetView()->DrawOn(this);
}
```

IconWindow 中存储了它所显示的图标对应的位图名：

```
class IconWindow : public Window {
public:
    // ...
    virtual void DrawContents();
private:
    const char* _bitmapName;
};
...
```

并且实现 DrawContents 操作将这个位图绘制在窗口上：

```
void IconWindow::DrawContents() {
    WindowImp* imp = GetWindowImp();
    if (imp != 0) {
        imp->DeviceBitmap(_bitmapName, 0.0, 0.0);
    }
}
```

我们还可以定义许多其他类型的 Window 类，例如 TransientWindow 在与客户对话时由一个窗口创建，它可能要和这个创建它的窗口进行通信；PaletteWindow 总是在其他窗口之上；IconDockWindow 拥有一些 IconWindow，并且由它负责将它们排列整齐。

Window 的操作由 WindowImp 的接口定义。例如，在调用 WindowImp 操作在窗口中绘制矩形之前，DrawRect 必须从它的两个 Point 参数中提取四个坐标值：

```
void Window::DrawRect (const Point& p1, const Point& p2) {
    WindowImp* imp = GetWindowImp();
    imp->DeviceRect(p1.X(), p1.Y(), p2.X(), p2.Y());
}
```

具体的 WindowImp 子类可支持不同的窗口系统，XWindowImp 子类支持 X Window 系统：

```
class XWindowImp : public WindowImp {
public:
```

```
    XWindowImp();

    virtual void DeviceRect(Coord, Coord, Coord, Coord);
    // remainder of public interface...
private:
    // lots of X window system-specific state, including:
    Display* _dpy;
    Drawable _winid;    // window id
    GC _gc;             // window graphic context
};
```

对于 Presentation Manager (PM)，我们定义 PMWindowImp 类：

```
class PMWindowImp : public WindowImp {
public:
    PMWindowImp();
    virtual void DeviceRect(Coord, Coord, Coord, Coord);

    // remainder of public interface...
private:
    // lots of PM window system-specific state, including:
    HPS _hps;
};
```

这些子类用窗口系统的基本操作实现 WindowImp 操作，例如，对于 X Window 系统这样实现 DeviceRect：

```
void XWindowImp::DeviceRect (
    Coord x0, Coord y0, Coord x1, Coord y1
) {
    int x = round(min(x0, x1));
    int y = round(min(y0, y1));
    int w = round(abs(x0 - x1));
    int h = round(abs(y0 - y1));
    XDrawRectangle(_dpy, _winid, _gc, x, y, w, h);
}
```

PM 的实现部分可能像下面这样：

```
void PMWindowImp::DeviceRect (
    Coord x0, Coord y0, Coord x1, Coord y1
) {
    Coord left = min(x0, x1);
    Coord right = max(x0, x1);
    Coord bottom = min(y0, y1);
    Coord top = max(y0, y1);

    PPOINTL point[4];

    point[0].x = left;      point[0].y = top;
    point[1].x = right;     point[1].y = top;
    point[2].x = right;     point[2].y = bottom;
    point[3].x = left;      point[3].y = bottom;

    if (
        (GpiBeginPath(_hps, 1L) == false) ||
        (GpiSetCurrentPosition(_hps, &point[3]) == false) ||
        (GpiPolyLine(_hps, 4L, point) == GPI_ERROR)  ||
        (GpiEndPath(_hps) == false)
    ) {
        // report error
```

```
    } else {
        GpiStrokePath(_hps, 1L, 0L);
    }
}
```

那么一个窗口怎样得到正确的 WindowImp 子类的实例呢？在本例中我们假设 Window 类具有这个职责，它的 GetWindowImp 操作负责从一个抽象工厂（参见 Abstract Factory(3.1) 模式）得到正确的实例，这个抽象工厂封装了所有窗口系统的细节。

```
WindowImp* Window::GetWindowImp () {
    if (_imp == 0) {
        _imp = WindowSystemFactory::Instance()->MakeWindowImp();
    }
    return _imp;
}
```

WindowSystemFactory::Instance() 函数返回一个抽象工厂，该工厂负责处理所有与特定窗口系统相关的对象。为简化起见，我们创建一个单件（Singleton），允许 Window 类直接访问这个工厂。

11. 已知应用

上面的 Window 实例来自于 ET++[WGM88]。在 ET++ 中，WindowImp 称为"WindowPort"，它有 XWindowPort 和 SunWindowPort 这样一些子类。Window 对象请求一个称为"WindowSystem"的抽象工厂创建相应的 Implementor 对象。WindowSystem 提供了一个接口用于创建一些与特定平台相关的对象，例如字体、光标、位图等。

ET++ 的 Window/WindowPort 设计扩展了 Bridge 模式，因为 WindowPort 保留了一个指回 Window 的指针。WindowPort 的 Implementor 类用这个指针通知 Window 对象发生了一些与 WindowPort 相关的事件，例如输入事件的到来、窗口调整大小等。

Coplien[Cop92] 和 Stroustrup[Str91] 都提及 Handle 类并给出了一些例子。这些例子集中处理一些内存管理问题，例如共享字符串表达式以及支持大小可变的对象等。我们主要关心它怎样支持对一个抽象和它的实现进行独立的扩展。

libg++[Lea88] 类库定义了一些类用于实现公共的数据结构，例如 Set、LinkedSet、HashSet、LinkedList 和 HashTable。Set 是一个抽象类，它定义了一组抽象接口，而 LinkedList 和 HashTable 则分别是链表和 hash 表的具体实现。LinkedSet 和 HashSet 是 Set 的实现者，它们桥接了 Set 和它们具体所对应的 LinkedList 和 HashTable。这是一种退化的桥接模式，因为没有抽象的 Implementor 类。

NeXT's AppKit[Add94] 在图像生成和显示中使用了 Bridge 模式。一个图像可以有多种不同的表示方式，一个图像的最佳显示方式取决于显示设备的特性，特别是它的色彩数目和分辨率。如果没有 AppKit 的帮助，每一个应用程序开发者都要确定在不同的情况下应该使用哪一种实现方法。

为了减轻开发者的负担，AppKit 提供了 NXImage/NXImageRep 桥接。NXImage 定义

了图像处理的接口，而图像接口的实现部分则定义在独立的 NXImageRep 类层次中，这个类层次包含了多个子类，如 NXEPSImageRep、NXCachedImageRep 和 NXBitMapImageRep 等。NXImage 维护一个指针，指向一个或多个 NXImageRep 对象。如果有多个图像实现，NXImage 会选择一个最适合当前显示设备的图像实现。必要时 NXImage 还可以将一个实现转换成另一个实现。这个 Bridge 模式的变种很有趣的地方是：NXImage 能同时存储多个 NXImageRep 实现。

12. 相关模式

Abstract Factory(3.1) 模式可以用来创建和配置一个特定的 Bridge 模式。

Adapter(4.1) 模式用来帮助无关的类协同工作，它通常在系统设计完成后才会被使用。然而，Bridge 模式则是在系统开始时就被使用，它使得抽象接口和实现部分可以独立进行改变。

4.3 Composite（组合）——对象结构型模式

1. 意图

将对象组合成树形结构以表示"部分 – 整体"的层次结构。Composite 使得用户对单个对象和组合对象的使用具有一致性。

2. 动机

在绘图编辑器和图形捕捉系统这样的图形应用程序中，用户可以使用简单的组件创建复杂的图表。用户可以组合多个简单组件以形成一些较大的组件，这些组件又可以组合成更大的组件。一个简单的实现方法是为 Text 和 Line 这样的图元定义一些类，另外定义一些类作为这些图元的容器类（Container）。

然而这种方法存在一个问题：使用这些类的代码必须区别对待图元对象与容器对象，而实际上大多数情况下用户认为它们是一样的。对这些类区别使用，使得程序更加复杂。Composite 模式描述了如何使用递归组合，使得用户不必对这些类进行区别，如下图所示。

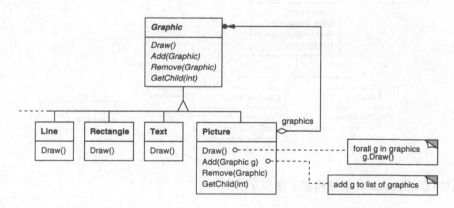

Composite 模式的关键是一个抽象类，它既可以代表图元，又可以代表图元的容器。在图形系统中这个类就是 Graphic，它声明一些与特定图形对象相关的操作，例如 Draw。同时它也声明了所有的组合对象共享的一些操作，例如一些操作用于访问和管理它的子部件。

子类 Line、Rectangle 和 Text（参见前面的类图）定义了一些图元对象，这些类实现 Draw，分别用于绘制直线、矩形和文本。由于图元都没有子图形，因此它们都不执行与子类有关的操作。

Picture 类定义了一个 Graphic 对象的聚合。Picture 的 Draw 操作是通过对它的子部件调用 Draw 实现的，Picture 还用这种方法实现了一些与其子部件相关的操作。由于 Picture 接口与 Graphic 接口是一致的，因此 Picture 对象可以递归地组合其他 Picture 对象。

下图是一个典型的由递归组合的 Graphic 对象组成的组合对象结构。

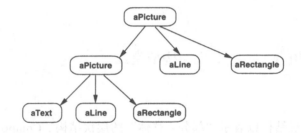

3. 适用性

以下情况下使用 Composite 模式：

- 你想表示对象的部分 – 整体层次结构。
- 你希望用户忽略组合对象与单个对象的不同，用户将统一地使用组合结构中的所有对象。

4. 结构

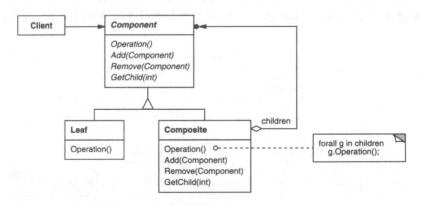

典型的 Composite 对象结构如下图所示。

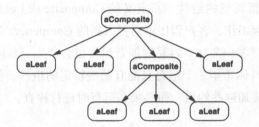

5. 参与者

- Component（Graphic）
  - 为组合中的对象声明接口。
  - 在适当的情况下，实现所有类共有接口的默认行为。
  - 声明一个接口用于访问和管理 Component 的子组件。
  - （可选）在递归结构中定义一个接口，用于访问一个父部件，并在合适的情况下实现它。
- Leaf（Rectangle、Line、Text 等）
  - 在组合中表示叶结点对象，叶结点没有子结点。
  - 在组合中定义图元对象的行为。
- Composite（Picture）
  - 定义有子部件的那些部件的行为。
  - 存储子部件。
  - 在 Component 接口中实现与子部件有关的操作。
- Client
  - 通过 Component 接口操纵组合部件的对象。

6. 协作

- 用户使用 Component 类接口与组合结构中的对象进行交互。如果接收者是一个叶结点，则直接处理请求。如果接收者是 Composite，它通常将请求发送给它的子部件，在转发请求之前和 / 或之后可能执行一些辅助操作。

7. 效果

- 定义了包含基本对象和组合对象的类层次结构　基本对象可以被组合成更复杂的组合对象，而这个组合对象又可以被组合，这样不断地递归下去。客户代码中，任何用到基本对象的地方都可以使用组合对象。
- 简化客户代码　客户可以一致地使用组合结构和单个对象。通常用户不知道（也不关心）处理的是一个叶结点还是一个组合组件。这就简化了客户代码，因为在定义组合的那些类中不需要写一些充斥着选择语句的函数。

- **使得更容易增加新类型的组件** 新定义的 Composite 或 Leaf 子类自动地与已有的结构和客户代码一起工作，客户程序不需要因新的 Component 类而改变。
- **使你的设计变得更加一般化** 容易增加新组件也会产生一些问题，那就是很难限制组合中的组件。有时你希望一个组合只能有某些特定的组件。使用 Composite 时，你不能依赖类型系统施加这些约束，而必须在运行时进行检查。

8. 实现

在实现 Composite 模式时需要考虑以下几个问题：

1）**显式的父部件引用** 保持从子部件到父部件的引用能简化组合结构的遍历和管理。父部件引用可以简化结构的上移和组件的删除，同时父部件引用也支持 Chain of Responsibility 模式。

通常在 Component 类中定义父部件引用。Leaf 和 Composite 类可以继承这个引用以及管理这个引用的那些操作。

对于父部件引用，必须维护一个不变式，即一个组合的所有子结点以这个组合为父结点，反之，该组合以这些结点为子结点。保证这一点最容易的办法是，仅当在一个组合中增加或删除一个组件时，才改变这个组件的父部件。如果能在 Composite 类的 Add 和 Remove 操作中实现这种方法，那么所有的子类都可以继承这一方法，并且将自动维护这一不变式。

2）**共享组件** 共享组件是很有用的，比如它可以减少对存储的需求。但是当一个组件只有一个父部件时，很难共享组件。

一个可行的解决办法是为子部件存储多个父部件，但当一个请求在结构中向上传递时，这种方法会导致多义性。Flyweight(4.6) 模式讨论了如何修改设计以避免将父部件存储在一起的方法。如果子部件可以将一些状态（或是所有的状态）存储在外部，从而不需要向父部件发送请求，那么这种方法是可行的。

3）**最大化 Component 接口** Composite 模式的目的之一是使得用户不知道他们正在使用的具体的 Leaf 和 Composite 类。为了达到这一目的，Composite 类应为 Leaf 和 Composite 类尽可能多定义一些公共操作。Composite 类通常为这些操作提供默认的实现，而 Leaf 和 Composite 子类可以对它们进行重定义。

然而，这个目标有时可能会与类层次结构设计原则相冲突，该原则规定：一个类只能定义那些对它的子类有意义的操作。有许多 Component 所支持的操作对 Leaf 类似乎没有什么意义，那么 Component 怎样为它们提供一个默认的操作呢？

有时一点创造性可以使得一个看起来仅对 Composite 才有意义的操作，通过将它移入 Component 类中，就会对所有的 Component 都适用。例如，访问子结点的接口是 Composite 类的一个基本组成部分，但对 Leaf 类来说并不必要。但是如果我们把一个 Leaf 看成一个没有子结点的 Component，就可以在 Component 类中定义一个默认的操作，用于对子结点进行访问，这个默认的操作不返回任何一个子结点。Leaf 类可以使用默认的实现，而 Composite 类则会重新实现这个操作以返回它们的子类。

管理子部件的操作比较复杂，我们将在下面予以讨论。

4）声明管理子部件的操作 虽然 Composite 类实现了 Add 和 Remove 操作用于管理子部件，但在 Composite 模式中一个重要的问题是：在 Composite 类层次结构中哪些类声明这些操作。我们是应该在 Component 中声明这些操作，并使这些操作对 Leaf 类有意义，还是只应该在 Composite 和它的子类中声明并定义这些操作呢？

这需要在安全性和透明性之间做出选择。

- 在类层次结构的根部定义子结点管理接口的方法具有良好的透明性，因为你可以一致地使用所有的组件，但是这一方法是以安全性为代价的，因为客户有可能会做一些无意义的事情，例如在 Leaf 中增加和删除对象等。
- 在 Composite 类中定义管理子部件的方法具有良好的安全性，因为在像 C++ 这样的静态类型语言中，在编译时任何从 Leaf 中增加或删除对象的尝试都将被发现。但是这又损失了透明性，因为 Leaf 和 Composite 具有不同的接口。

在这一模式中，相对于安全性，我们比较强调透明性。如果你选择了安全性，有时你可能会丢失类型信息，并且不得不将一个组件转换成一个组合。这样的类型转换必定不是类型安全的。

一种办法是在 Component 类中声明一个操作 Composite* GetComposite()。Component 提供了一个返回空指针的默认操作。Composite 类重新定义这个操作并通过 this 指针返回它自身。

```
class Composite;

class Component {
public:
    //...
    virtual Composite* GetComposite() { return 0; }
};

class Composite : public Component {
public:
    void Add(Component*);
    // ...
    virtual Composite* GetComposite() { return this; }
};

class Leaf : public Component {
    // ...
};
```

GetComposite 允许你查询一个组件看它是否是一个组合，你可以对返回的组合安全地执行 Add 和 Remove 操作。

```
Composite* aComposite = new Composite;
Leaf* aLeaf = new Leaf;

Component* aComponent;
Composite* test;
```

```
aComponent = aComposite;
if (test = aComponent->GetComposite()) {
    test->Add(new Leaf);
}

aComponent = aLeaf;

if (test = aComponent->GetComposite()) {
    test->Add(new Leaf); // will not add leaf
}
```

你可使用 C++ 中的 dynamic_cast 结构对 Composite 做相似的试验。

当然，这里的问题是我们对所有组件的处理并不一致。在进行适当的动作之前，我们必须检测不同的类型。

提供透明性的唯一方法是在 Component 中定义默认的 Add 和 Remove 操作。这又带来了一个新的问题：Component::Add 的实现不可避免地会有失败的可能性。你可以不让 Component::Add 做任何事情，但这就忽略了一个很重要的问题：企图向叶结点中增加一些东西时可能会引入错误。这时 Add 操作会产生垃圾。你可以让 Add 操作删除它的参数，但可能客户并不希望这样。

如果该组件不允许有子部件，或者 Remove 的参数不是该组件的子结点，通常最好使用默认方式（可能是产生一个异常）处理 Add 和 Remove 的失败。

另一个办法是对"删除"的含义做一些改变。如果该组件有一个父部件引用，我们可重新定义 Component :: Remove，在它的父组件中删除掉这个组件。然而，对应的 Add 操作仍然没有合理的解释。

5）Component 是否应该实现一个 Component 列表　你可能希望在 Component 类中将子结点集合定义为一个实例变量，而这个 Component 类中也声明了一些操作对子结点进行访问和管理。但是在基类中存放子类指针，对叶结点来说会导致空间浪费，因为叶结点根本没有子结点。只有当该结构中子类数目相对较少时，才值得使用这种方法。

6）子部件排序　许多设计指定了 Composite 的子部件顺序。在前面的 Graphic 例子中，排序可能表示了从前至后的顺序。如果 Composite 表示语法分析树，Composite 子部件的顺序必须反映程序结构，而组合语句就是这样一些 Composite 的实例。

如果需要考虑子结点的顺序，必须仔细地设计对子结点的访问和管理接口，以便管理子结点序列。Iterator 模式 (5.4) 可以在这方面给予一定的指导。

7）使用高速缓冲存储改善性能　如果你需要对组合进行频繁的遍历或查找，Composite 类可以缓冲存储对它的子结点进行遍历或查找的相关信息。Composite 可以缓冲存储实际结果或者仅仅是一些用于缩短遍历或查询长度的信息。例如，动机一节的例子中 Picture 类能高速缓冲存储其子部件的边界框，在绘图或选择期间，当子部件在当前窗口中不可见时，这个边界框使得 Picture 不需要再进行绘图或选择。

一个组件发生变化时，它的父部件原先缓冲存储的信息也变得无效。在组件知道其父部件时，这种方法最为有效。因此，如果你使用高速缓冲存储，需要定义一个接口来通知组合组件它们所缓冲存储的信息无效。

8）应该由谁删除 Component　在没有垃圾回收机制的语言中，当一个 Composite 被销毁时，通常最好由 Composite 负责删除其子结点。但有一种情况除外，即 Leaf 对象不会改变，因此可以被共享。

9）存储组件最好用哪种数据结构　Composite 可使用多种数据结构存储它们的子结点，包括连接列表、树、数组和 hash 表。数据结构的选择取决于效率。事实上，使用通用数据结构根本没有必要。有时对每个子结点 Composite 都有一个变量与之对应，这就要求 Composite 的每个子类都要实现自己的管理接口。参见 Interpreter(5.3) 模式中的例子。

9. 代码示例

计算机和立体声组合音响这样的设备经常被组装成部分—整体层次结构或者是容器层次结构。例如，底盘可包含驱动装置和平面板，总线含有多个插件，机柜包括底盘、总线等。这种结构可以很自然地用 Composite 模式进行模拟。

Equipment 类为部分 – 整体层次结构中的所有设备定义了一个接口。

```cpp
class Equipment {
public:
    virtual ~Equipment();

    const char* Name() { return _name; }

    virtual Watt Power();
    virtual Currency NetPrice();
    virtual Currency DiscountPrice();

    virtual void Add(Equipment*);
    virtual void Remove(Equipment*);
    virtual Iterator<Equipment*>* CreateIterator();
protected:
    Equipment(const char*);
private:
    const char* _name;
};
```

Equipment 声明一些操作返回一个设备的属性，例如它的能量消耗和价格。子类为指定的设备实现这些操作，Equipment 还声明了一个 CreateIterator 操作，该操作为访问它的零件返回一个 Iterator（参见附录 C）。这个操作的默认实现返回一个 NullIterator，它在空集上迭代。

Equipment 的子类包括表示磁盘驱动器、集成电路和开关的 Leaf 类：

```cpp
class FloppyDisk : public Equipment {
public:
    FloppyDisk(const char*);
    virtual ~FloppyDisk();

    virtual Watt Power();
    virtual Currency NetPrice();
    virtual Currency DiscountPrice();
};
```

CompositeEquipment 是包含其他设备的基类，它也是 Equipment 的子类。

```
class CompositeEquipment : public Equipment {
public:
    virtual ~CompositeEquipment();

    virtual Watt Power();
    virtual Currency NetPrice();
    virtual Currency DiscountPrice();

    virtual void Add(Equipment*);
    virtual void Remove(Equipment*);
    virtual Iterator<Equipment*>* CreateIterator();

protected:
    CompositeEquipment(const char*);
private:
    List<Equipment*> _equipment;
};
```

CompositeEquipment 为访问和管理子设备定义了一些操作。操作 Add 和 Remove 从存储在 _equipment 成员变量的设备列表中插入并删除设备。操作 CreateIterator 返回一个迭代器（ListIterator 的一个实例）遍历这个列表。

NetPrice 的默认实现使用 CreateIterator 来累加子设备的实际价格⊖。

```
Currency CompositeEquipment::NetPrice () {
    Iterator<Equipment*>* i = CreateIterator();
    Currency total = 0;

    for (i->First(); !i->IsDone(); i->Next()) {
        total += i->CurrentItem()->NetPrice();
    }
    delete i;
    return total;
}
```

现在我们将计算机的底盘表示为 CompositeEquipment 的子类 Chassis。Chassis 从 Composite-Equipment 继承了与子类有关的操作。

```
class Chassis : public CompositeEquipment {
public:
    Chassis(const char*);
    virtual ~Chassis();

    virtual Watt Power();
    virtual Currency NetPrice();
    virtual Currency DiscountPrice();
};
```

我们可用相似的方式定义其他设备容器，如 Cabinet 和 Bus。这样我们就得到了组装一台（非常简单的）个人计算机所需的所有设备。

```
Cabinet* cabinet = new Cabinet("PC Cabinet");
Chassis* chassis = new Chassis("PC Chassis");

cabinet->Add(chassis);
```

⊖ 用完 Iterator 时，很容易忘记删除它。Iterator 模式描述了如何处理这类问题。

```
Bus* bus = new Bus("MCA Bus");
bus->Add(new Card("16Mbs Token Ring"));

chassis->Add(bus);
chassis->Add(new FloppyDisk("3.5in Floppy"));

cout << "The net price is " << chassis->NetPrice() << endl;
```

10. 已知应用

几乎在所有面向对象的系统中都有 Composite 模式的应用实例。在 Smalltalk 的 Model/View/Controller[KP88] 结构中，原始 View 类就是一个 Composite，几乎每个用户界面工具箱或框架都遵循这些步骤，其中包括 ET++（用 VObjects[WGM88]）和 InterViews（Style [LCI+92]、Graphics[VL88] 和 Glyphs[CL90]）。很有趣的是 Model /View/Controller 中的原始 View 有一组子视图，换句话说，View 既是 Component 类，又是 Composite 类。4.0 版的 Smalltalk-80 用 VisualComponent 类修改了 Model/View/Controller，VisualComponent 类含有子类 View 和 CompositeView。

RTL Smalltalk 编译器框架 [JML92] 大量地使用了 Composite 模式。RTLExpression 是一个对应于语法分析树的 Component 类。它有一些子类，例如 BinaryExpression，而 BinaryExpression 包含子 RTLExpression 对象。这些类为语法分析树定义了一个组合结构。RegisterTransfer 是一个用于程序的中间 Single Static Assignment（SSA）形式的 Component 类。RegisterTransfer 的 Leaf 子类定义了一些不同的静态赋值形式，例如：

- 基本赋值，在两个寄存器上执行操作并且将结果放入第三个寄存器中。
- 具有源寄存器但无目标寄存器的赋值，这说明是在例程返回后使用该寄存器。
- 具有目标寄存器但无源寄存器的赋值，这说明是在例程开始之前分配目标寄存器。

另一个子类 RegisterTransferSet 是一个 Composite 类，表示一次改变几个寄存器的赋值。

这种模式的另一个例子出现在财经应用领域，在这一领域中，一个资产组合聚合多个单个资产。为了支持复杂的资产聚合，资产组合可以用一个 Composite 类实现，这个 Composite 类与单个资产的接口一致 [BE93]。

Command(5.2) 模式描述了如何用一个 MacroCommand Composite 类组成一些 Command 对象，并对它们进行排序。

11. 相关模式

通常，部件 – 父部件连接用于 Chain of Responsibility(5.1) 模式。

Decorator(4.4) 模式经常与 Composite 模式一起使用。当装饰和组合一起使用时，它们通常有一个公共的父类。因此装饰必须支持具有 Add、Remove 和 GetChild 操作的 Component 接口。

Flyweight(4.6) 让你共享组件，但不再能引用其父部件。

Iterator(5.4) 可用来遍历 Composite。

Visitor(5.11) 将本来应该分布在 Composite 和 Leaf 类中的操作和行为局部化。

4.4 Decorator（装饰）——对象结构型模式

1. 意图
动态地给一个对象添加一些额外的职责。就增加功能来说，Decorator 模式相比生成子类更为灵活。

2. 别名
包装器（wrapper）。

3. 动机
有时我们希望给某个对象而不是整个类添加一些功能。例如，一个图形用户界面工具箱允许你对任意一个用户界面组件添加一些特性（例如边框），或是一些行为（例如窗口滚动）。

使用继承机制是添加功能的一种有效途径，从其他类继承过来的边框特性可以被多个子类的实例所使用。但这种方法不够灵活，因为边框的选择是静态的，用户不能控制对组件加边框的方式和时机。

一种较为灵活的方式是将组件嵌入另一个对象中，由这个对象添加边框。我们称这个嵌入的对象为装饰。这个装饰与它所装饰的组件接口一致，因此它对使用该组件的客户透明。它将客户请求转发给该组件，并且可能在转发前后执行一些额外的动作（例如画一个边框）。透明性使得你可以递归地嵌套多个装饰，从而可以添加任意多的功能，如下图所示。

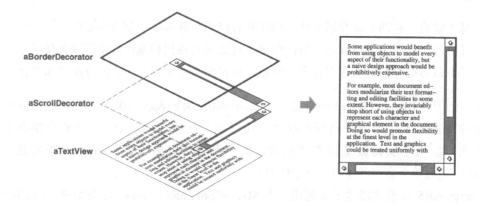

例如，假定有一个对象 TextView，它可以在窗口中显示文本。默认的 TextView 没有滚动条，因为我们可能有时并不需要滚动条。当需要滚动条时，可以用 ScrollDecorator 添加滚动条。如果我们还想在 TextView 周围添加一个粗黑边框，可以使用 BorderDecorator 添加。因此只要简单地将这些装饰和 TextView 进行组合，就可以达到预期的效果。

下面的对象图展示了如何将一个 TextView 对象与 BorderDecorator 以及 ScrollDecorator 对象组装起来产生一个具有边框和滚动条的文本显示窗口。

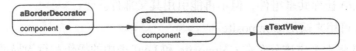

ScrollDecorator 和 BorderDecorator 类是 Decorator 类的子类。Decorator 类是一个可视组件的抽象类，用于装饰其他可视组件，如下图所示。

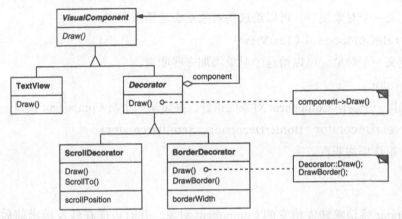

VisualComponent 是一个描述可视对象的抽象类，它定义了绘制和事件处理的接口。注意 Decorator 类怎样将绘制请求简单地发送给它的组件，以及 Decorator 的子类如何扩展这个操作。

Decorator 的子类为特定功能可以自由地添加一些操作。例如，如果其他对象知道界面中恰好有一个 ScrollDecorator 对象，这些对象就可以用 ScrollDecorator 对象的 ScrollTo 操作滚动这个界面。这个模式中有一点很重要，它使得在 VisualComponent 可以出现的任何地方都可以有装饰。因此，客户通常不会感觉到装饰过的组件与未装饰组件之间的差异，也不会与装饰产生任何依赖关系。

4. 适用性

以下情况下使用 Decorator 模式：

- 在不影响其他对象的情况下，以动态、透明的方式给单个对象添加职责。
- 处理那些可以撤销的职责。
- 当不能采用生成子类的方法进行扩充时。一种情况是，可能有大量独立的扩展，为支持每一种组合将产生大量的子类，使得子类数目呈爆炸性增长。另一种情况可能是，类定义被隐藏，或类定义不能用于生成子类。

5. 结构

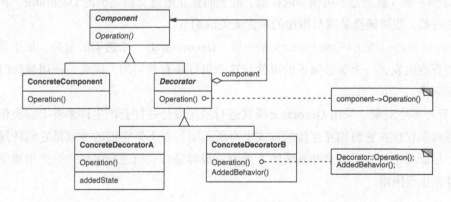

6. 参与者

- Component（VisualComponent）
  —— 定义一个对象接口，可以给这些对象动态地添加职责。
- ConcreteComponent（TextView）
  —— 定义一个对象，可以给这个对象添加一些职责。
- Decorator
  —— 维持一个指向 Component 对象的指针，并定义一个与 Component 接口一致的接口。
- ConcreteDecorator（BorderDecorator、ScrollDecorator）
  —— 向组件添加职责。

7. 协作

- Decorator 将请求转发给它的 Component 对象，并有可能在转发请求前后执行一些附加的动作。

8. 效果

Decorator 模式至少有两个主要优点和两个缺点：

1）比静态继承更灵活　与对象的静态继承（多重继承）相比，Decorator 模式提供了更加灵活地向对象添加职责的方式。可以用添加和分离的方法，用装饰在运行时增加和删除职责。相比之下，继承机制要求为每个添加的职责创建一个新的子类（例如，Bordered-ScrollableTextView、BorderedTextView）。这会产生许多新的类，并且会增加系统的复杂度。此外，为一个特定的 Component 类提供多个不同的 Decorator 类，这就使得你可以对一些职责进行混合和匹配。

使用 Decorator 模式可以很容易地重复添加一个特性，例如在 TextView 上添加双边框时，仅须添加两个 BorderDecorator。而两次继承 Border 类则极容易出错。

2）避免在层次结构高层的类有太多的特征　Decorator 模式提供了一种"即用即付"的方法来添加职责。它并不试图在一个复杂的可定制的类中支持所有可预见的特征，相反，你可以定义一个简单的类，并且用 Decorator 类给它逐渐地添加功能。可以从简单的部件组合出复杂的功能。这样，应用程序不必为不需要的特征付出代价。同时也更易于不依赖于 Decorator 所扩展（甚至是不可预知的扩展）的类而独立地定义新类型的 Decorator。扩展一个复杂类的时候，很可能会暴露与添加的职责无关的细节。

3）Decorator 与它的 Component 不一样　Decorator 是一个透明的包装。如果我们从对象标识的观点出发，一个被装饰了的组件与这个组件是有差别的，因此，使用装饰时不应该依赖对象标识。

4）有许多小对象　采用 Decorator 模式进行系统设计往往会产生许多看上去类似的小对象，这些对象仅仅在它们相互连接的方式上有所不同，而不是它们的类或是它们的属性值有所不同。尽管对于那些了解这些系统的人来说，很容易对它们进行定制，但是很难学习这些系统，排错也很困难。

9. 实现

使用 Decorator 模式时应注意以下几点：

1）接口的一致性　装饰对象的接口必须与它所装饰的 Component 的接口是一致的，因此，所有的 ConcreteDecorator 类必须有一个公共的父类（至少在 C++ 中如此）。

2）省略抽象的 Decorator 类　当你仅须添加一个职责时，没有必要定义抽象 Decorator 类。你常常需要处理现存的类层次结构而不是设计一个新系统，这时你可以把 Decorator 向 Component 转发请求的职责合并到 ConcreteDecorator 中。

3）保持 Component 类的简单性　为了保证接口的一致性，组件和装饰必须有一个公共的 Component 父类。因此保持这个类的简单性是很重要的，即它应集中于定义接口而不是存储数据。对数据表示的定义应延迟到子类中，否则 Component 类会变得过于复杂和庞大，因而难以大量使用。赋予 Component 太多的功能也使得具体的子类有一些它们并不需要的功能的可能性大大增加。

4）改变对象外壳与改变对象内核　我们可以将 Decorator 看作一个对象的外壳，它可以改变这个对象的行为。另外一种方法是改变对象的内核。例如，Strategy(5.9) 模式就是一个用于改变内核的很好的模式。

当 Component 类原本就很庞大时，使用 Decorator 模式代价太高，Strategy 模式相对好一些。在 Strategy 模式中，组件将它的一些行为转发给一个独立的策略对象，我们可以替换策略对象，从而改变或扩充组件的功能。

例如，可以将组件绘制边界的功能延迟到一个独立的 Border 对象中，这样就可以支持不同的边界风格。这个 Border 对象是一个 Strategy 对象，它封装了边界绘制策略。我们可以将策略的数目从一个扩充为任意多个，这样产生的效果与对装饰进行递归嵌套是一样的。

在 MacApp3.0[App89] 和 Bedrock[Sym93a] 中，绘图组件（称之为"视图"）有一个"装饰"（adorner）对象列表，这些对象可用来给一个视图组件添加一些装饰，例如边框。如果给一个视图添加了一些装饰，就可以用这些装饰对这个视图进行一些额外的修饰。由于 View 类过于庞大，MacApp 和 Bedrock 必须使用这种方法。仅为添加一个边框就使用一个完整的 View，代价太高。

由于 Decorator 模式仅从外部改变组件，因此组件无须对它的装饰有任何了解，也就是说，这些装饰对该组件是透明的，如下图所示。

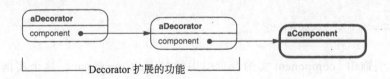

在 Strategy 模式中，组件本身知道可能进行哪些扩展，因此它必须引用并维护相应的策略，如下图所示。

—— Strategy 扩展的功能 ——

基于 Strategy 的方法可能需要修改组件以适应新的扩展。另一方面，一个策略可以有自己特定的接口，而装饰的接口则必须与组件的接口一致。例如，一个绘制边框的策略仅需要定义生成边框的接口（DrawBorder、GetWidth 等），这意味着即使 Component 类很庞大，策略也可以很小。

MacApp 和 Bedrock 中，这种方法不仅仅用于装饰视图，还用于增强对象的事件处理能力。在这两个系统中，每个视图维护一个"行为"对象列表，这些对象可以修改和截获事件。在已注册的行为对象被没有注册的行为有效地重定义之前，这个视图给每个已注册的对象一个处理事件的机会。可以用特殊的键盘处理支持装饰一个视图，例如，可以注册一个行为对象截取并处理键盘事件。

10. 代码示例

以下 C++ 代码说明了如何实现用户接口装饰。我们假定已经存在一个 Component 类 VisualComponent。

```cpp
class VisualComponent {
public:
    VisualComponent();

    virtual void Draw();
    virtual void Resize();
    // ...
};
```

定义 VisualComponent 的一个子类 Decorator，我们将生成 Decorator 的子类以获取不同的装饰。

```cpp
class Decorator : public VisualComponent {
public:
    Decorator(VisualComponent*);

    virtual void Draw();
    virtual void Resize();
    // ...
private:
    VisualComponent* _component;
};
```

Decorator 装饰由 _component 实例变量引用的 VisualComponent，这个实例变量在构造器中被初始化。对于 VisualComponent 接口中定义的每一个操作，Decorator 类都定义了一个默认的实现，这一实现将请求转发给 _component：

```cpp
void Decorator::Draw () {
    _component->Draw();
}
```

```
void Decorator::Resize () {
    _component->Resize();
}
```

Decorator 的子类定义了特殊的装饰功能，例如，BorderDecorator 类为它所包含的组件添加了一个边框。BorderDecorator 是 Decorator 的子类，它重定义 Draw 操作用于绘制边框。同时 BorderDecorator 还定义了一个私有的辅助操作 DrawBorder，由它绘制边框。这些子类继承了 Decorator 类所有其他的操作。

```
class BorderDecorator : public Decorator {
public:
    BorderDecorator(VisualComponent*, int borderWidth);

    virtual void Draw();
private:
    void DrawBorder(int);
private:
    int _width;
};

void BorderDecorator::Draw () {
    Decorator::Draw();
    DrawBorder(_width);
}
```

类似地，可以实现 ScrollDecorator 和 DropShadowDecorator，它们给可视组件添加滚动和阴影功能。

现在我们组合这些类的实例以提供不同的装饰效果，以下代码展示了如何使用 Decorator 创建一个具有边界的可滚动 TextView。

首先要将一个可视组件放入窗口对象中。假设 Window 类为此已经提供了一个 SetContents 操作：

```
void Window::SetContents (VisualComponent* contents) {
    // ...
}
```

现在我们可以创建一个文本视图以及放入这个文本视图的窗口：

```
Window* window = new Window;
TextView* textView = new TextView;
```

TextView 是一个 VisualComponent，它可以放入窗口中：

```
window->SetContents(textView);
```

但我们想要一个有边界和可以滚动的 TextView，因此我们在将它放入窗口之前对其进行装饰：

```
window->SetContents(
    new BorderDecorator(
        new ScrollDecorator(textView), 1
    )
);
```

由于 Window 通过 VisualComponent 接口访问它的内容，因此它并不知道存在该装饰。如果你需要直接与文本视图交互，例如，你想调用一些操作，而这些操作不是 VisualComponent 接口的一部分，此时可以跟踪文本视图。依赖于组件标识的客户也应该直接引用它。

11. 已知应用

许多面向对象的用户界面工具箱使用装饰为窗口组件添加图形装饰，例如 InterViews [LVC89, LCI+92]、ET++[WGM88] 和 ObjectWorks\Smalltalk 类库 [Par90]。一些 Decorator 模式的比较特殊的应用有 InterViews 的 DebuggingGlyph 和 ParcPlace Smalltalk 的 PassivityWrapper。DebuggingGlyph 在向它的组件转发布局请求前后，打印出调试信息。这些跟踪信息可用于分析和调试一个复杂组合中对象的布局行为。PassivityWrapper 可以允许和禁止用户与组件的交互。

但是 Decorator 模式不仅仅局限于图形用户界面，下面的例子（基于 ET++ 的 streaming 类 [WGM88]）说明了这一点。

Stream 是大多数 I/O 设备的基础抽象结构，它提供了将对象转换成字节或字符流的操作接口，使我们可以将一个对象转换成一个文件或内存中的字符串，可以在以后恢复使用。一个简单直接的方法是定义一个抽象的 Stream 类，它有两个子类 MemoryStream 与 FileStream。但假定我们还希望能够做下面一些事情：

- 用不同的压缩算法（行程编码、Lempel-Ziv 等）对数据流进行压缩。
- 将流数据简化为 7 位 ASCII 码字符，这样它就可以在 ASCII 信道上传输。

Decorator 模式提供的将这些功能添加到 Stream 中的方法很巧妙。下面的类图给出了一个解决问题的方法。

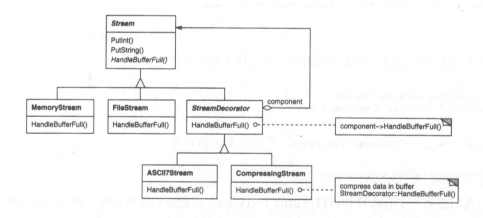

Stream 抽象类维持了一个内部缓冲区并提供一些操作（PutInt、PutString）用于将数据存入流中。一旦这个缓冲区满了，Stream 就会调用抽象操作 HandleBufferFull 进行实际数据传输。在 FileStream 中重定义了这个操作，将缓冲区中的数据传输到文件中去。

这里的关键类是 StreamDecorator，它维持了一个指向组件流的指针并将请求转发给它，StreamDecorator 子类重定义 HandleBufferFull 操作并且在调用 StreamDecorator 的 HandleBufferFull 操作之前执行一些额外的动作。

例如，CompressingStream 子类用于压缩数据，而 ASCII7Stream 将数据转换成 7 位 ASCII 码。现在我们创建 FileStream 类，它首先将数据压缩，然后将压缩了的二进制数据转换成 7 位 ASCII 码，我们用 CompressingStream 和 ASCII7Stream 装饰 FileStream：

```
Stream* aStream = new CompressingStream(
    new ASCII7Stream(
        new FileStream("aFileName")
    )
);
aStream->PutInt(12);
aStream->PutString("aString");
```

12. 相关模式

Adapter(4.1)：Decorator 模式不同于 Adapter 模式，因为装饰仅改变对象的职责而不改变它的接口；而适配器将给对象一个全新的接口。

Composite(4.3)：可以将装饰视为一个退化的、仅有一个组件的组合。然而，装饰仅给对象添加一些额外的职责——它的目的不在于对象聚集。

Strategy(5.9)：用一个装饰可以改变对象的外表；而 Strategy 模式使得你可以改变对象的内核。这是改变对象的两种途径。

4.5 Facade（外观）——对象结构型模式

1. 意图

为子系统中的一组接口提供一个一致的界面，Facade 模式定义了一个高层接口，这个接口使得这一子系统更加容易使用。

2. 动机

将一个系统划分成若干个子系统有利于降低系统的复杂性。一个常见的设计目标是使子系统间的通信和相互依赖关系达到最小。达到该目标的途径之一就是引入一个外观（facade）对象，它为子系统中较一般的设施提供了一个单一而简单的界面。

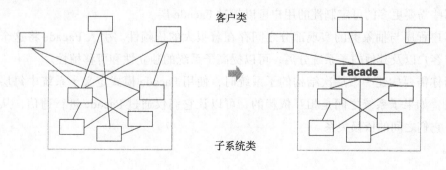

例如有一个编程环境，它允许应用程序访问它的编译子系统。这个编译子系统包含了若干个类来实现这一编译器，如 Scanner、Parser、ProgramNode、BytecodeStream 和 Program-NodeBuilder。有些特殊应用程序需要直接访问这些类，但是大多数编译器的用户并不关心语法分析和代码生成这样的细节，他们只是希望编译一些代码。对这些用户，编译子系统中那些功能强大但层次较低的接口只会使他们的任务复杂化。

为了提供一个高层的接口并且对客户屏蔽这些类，编译子系统还包括一个 Complier 类。这个类定义了一个编译器功能的统一接口。Compiler 类是一个外观，它给用户提供了一个单一而简单的编译子系统接口。它无须完全隐藏实现编译功能的那些类，即可将它们结合在一起。编译器的外观可方便大多数程序员使用，同时对少数懂得如何使用底层功能的人，它并不隐藏这些功能，如下图所示。

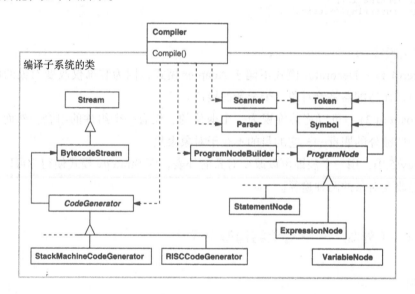

3. 适用性

以下情况下使用 Facade 模式：

- 当你要为一个复杂子系统提供一个简单接口时。子系统往往因为不断演化而变得越来越复杂，大多数模式使用时都会产生更多更小的类。这使得子系统更具可复用性，也更容易对子系统进行定制，但也给那些不需要定制子系统的用户带来一些使用上的困难。Facade 可以提供一个简单的默认视图，这一视图对大多数用户来说已经足够，而那些需要更多的可定制性的用户可以越过 Facade 层。

- 客户程序与抽象类的实现部分之间存在着很大的依赖性。引入 Facade 将这个子系统与客户以及其他的子系统分离，可以提高子系统的独立性和可移植性。

- 当你需要构建一个层次结构的子系统时，使用 Facade 模式定义子系统中每层的入口点。如果子系统之间是相互依赖的，可以让它们仅通过 Facade 进行通信，从而简化了它们之间的依赖关系。

4. 结构

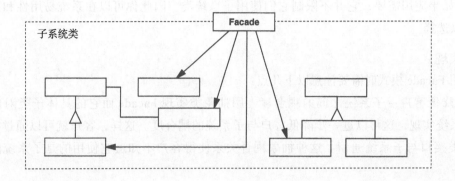

5. 参与者

- Facade（Compiler）
  — 知道哪些子系统类负责处理请求。
  — 将客户的请求代理给适当的子系统对象。
- Subsystem classes（Scanner、Parser、ProgramNode 等）
  — 实现子系统的功能。
  — 处理由 Facade 对象指派的任务。
  — 没有 Facade 的任何相关信息，即没有指向 Facade 的指针。

6. 协作

- 客户程序通过发送请求给 Facade 的方式与子系统通信，Facade 将这些消息转发给适当的子系统对象。尽管是子系统中的有关对象在做实际工作，但 Facade 模式本身也必须将它的接口转换成子系统的接口。
- 使用 Facade 的客户程序不需要直接访问子系统对象。

7. 效果

Facade 模式有下面一些优点：

1）它对客户屏蔽子系统组件，因而减少了客户处理的对象的数目并使得子系统使用起来更加方便。

2）它实现了子系统与客户之间的松耦合关系，而子系统内部的功能组件往往是紧耦合的。松耦合关系使得子系统的组件变化不会影响到它的客户。Facade 模式有助于建立层次结构系统，也有助于对对象之间的依赖关系分层。Facade 模式可以消除复杂的循环依赖关系。这一点在客户程序与子系统分别实现的时候尤为重要。

在大型软件系统中降低编译依赖性至关重要。在子系统类改变时，希望尽量减少重编译工作以节省时间。用 Facade 可以降低编译依赖性，限制重要系统中较小的变化所需的重编译工作。Facade 模式同样也有利于简化系统在不同平台之间的移植过程，因为编译一个子系统一般不需要编译所有其他的子系统。

3）如果应用需要，它并不限制它们使用子系统类。因此你可以在系统易用性和通用性之间加以选择。

8. 实现

使用 Facade 模式时需要注意以下几点：

1）**降低客户－子系统之间的耦合度**　用抽象类实现 Facade 而它的具体子类对应于不同的子系统实现，这可以进一步降低客户与子系统的耦合度。这样，客户就可以通过抽象的 Facade 类接口与子系统通信。这种抽象耦合关系使得客户不知道它使用的是子系统的哪个实现。

除生成子类的方法以外，另一种方法是用不同的子系统对象配置 Facade 对象。为定制 Facade，仅须对它的子系统对象（一个或多个）进行替换。

2）**公共子系统类与私有子系统类**　一个子系统与一个类的相似之处是，它们都有接口并且它们都封装了一些东西——类封装了状态和操作，而子系统封装了一些类。考虑一个类的公共和私有接口是有益的，我们也可以考虑子系统的公共和私有接口。

子系统的公共接口包含所有的客户程序可以访问的类，私有接口仅用于对子系统进行扩充。当然，Facade 类是公共接口的一部分，但它不是唯一的部分，子系统的其他部分通常也是公共的。例如，编译子系统中的 Parser 类和 Scanner 类就是公共接口的一部分。

私有化子系统类确实有用，但是很少有面向对象的编程语言支持这一点。C++ 和 Smalltalk 语言仅在传统意义下为类提供了一个全局名字空间。然而，最近 C++ 标准化委员会在 C++ 语言中增加了一些名字空间 [Str94]，这些名字空间使得你可以仅暴露公共子系统类。

9. 代码示例

让我们仔细观察一下如何在一个编译子系统中使用 Facade。

编译子系统定义了一个 BytecodeStream 类，它实现了一个 Bytecode 对象流（stream）。Bytecode 对象封装一个字节码，这个字节码可用于指定机器指令。该子系统中还定义了一个 Token 类，它封装了编程语言中的标识符。

Scanner 类接收字符流并产生一个标识符流，一次产生一个标识符（token）。

```
class Scanner {
public:
    Scanner(istream&);
    virtual ~Scanner();

    virtual Token& Scan();
private:
    istream& _inputStream;
};
```

用 ProgramNodeBuilder，Parser 类由 Scanner 生成的标识符构建一棵语法分析树。

```
class Parser {
public:
    Parser();
    virtual ~Parser();

    virtual void Parse(Scanner&, ProgramNodeBuilder&);
};
```

Parser 回调 ProgramNodeBuilder 逐步建立语法分析树，这些类遵循 Builder(3.2) 模式进行交互操作。

```
class ProgramNodeBuilder {
public:
    ProgramNodeBuilder();

    virtual ProgramNode* NewVariable(
        const char* variableName
    ) const;

    virtual ProgramNode* NewAssignment(
        ProgramNode* variable, ProgramNode* expression
    ) const;

    virtual ProgramNode* NewReturnStatement(
        ProgramNode* value
    ) const;

    virtual ProgramNode* NewCondition(
        ProgramNode* condition,
        ProgramNode* truePart, ProgramNode* falsePart
    ) const;
    // ...
    ProgramNode* GetRootNode();
private:
    ProgramNode* _node;
};
```

语法分析树由 ProgramNode 子类（例如 StatementNode 和 ExpressionNode 等）的实例构成。ProgramNode 层次结构是 Composite 模式的一个应用实例。ProgramNode 定义了一个接口用于操作程序结点和它的子结点（如果有的话）。

```
class ProgramNode {
public:
    // program node manipulation
    virtual void GetSourcePosition(int& line, int& index);
    // ...

    // child manipulation
    virtual void Add(ProgramNode*);
    virtual void Remove(ProgramNode*);
    // ...

    virtual void Traverse(CodeGenerator&);
protected:
    ProgramNode();
};
```

Traverse 操作以一个 CodeGenerator 对象为参数，ProgramNode 子类使用这个对象产生机器代码，机器代码格式为 BytecodeStream 中的 ByteCode 对象。其中的 CodeGenerator 类

是一个访问者（参见 Visitor(5.11) 模式）。

```cpp
class CodeGenerator {
public:
    virtual void Visit(StatementNode*);
    virtual void Visit(ExpressionNode*);
    // ...
protected:
    CodeGenerator(BytecodeStream&);
protected:
    BytecodeStream& _output;
};
```

例如 CodeGenerator 类有两个子类 StackMachineCodeGenerator 和 RISCCodeGenerator，分别为不同的硬件体系结构生成机器代码。

ProgramNode 的每个子类在实现 Traverse 时，对它的 ProgramNode 子对象调用 Traverse。每个子类依次对它的子结点做同样的动作，这样一直递归下去。例如，Expression-Node 像这样定义 Traverse：

```cpp
void ExpressionNode::Traverse (CodeGenerator& cg) {
    cg.Visit(this);

    ListIterator<ProgramNode*> i(_children);

    for (i.First(); !i.IsDone(); i.Next()) {
        i.CurrentItem()->Traverse(cg);
    }
}
```

我们上述讨论的类构成了编译子系统，现在引入 Compiler 类，Complier 类是一个 Facade，它将所有部件集成在一起。Compiler 提供了一个简单的接口用于为特定的机器编译源代码并生成可执行代码。

```cpp
class Compiler {
public:
    Compiler();

    virtual void Compile(istream&, BytecodeStream&);
};

void Compiler::Compile (
    istream& input, BytecodeStream& output
) {
    Scanner scanner(input);
    ProgramNodeBuilder builder;
    Parser parser;

    parser.Parse(scanner, builder);

    RISCCodeGenerator generator(output);
    ProgramNode* parseTree = builder.GetRootNode();
    parseTree->Traverse(generator);
}
```

上面的实现在代码中固定了要使用的代码生成器的种类，因此程序员不需要指定目标机的结构。在仅有一种目标机的情况下，这是合理的。如果有多种目标机，我们可能希望改变

Compiler 构造函数使之能接受 CodeGenerator 为参数，这样程序员可以在实例化 Compiler 时指定要使用的生成器。编译器的 Facade 还可以对 Scanner 和 ProgramNodeBuilder 这样的其他参与者进行参数化以增加系统的灵活性，但是这并非 Facade 模式的主要任务，它的主要任务是为一般情况简化接口。

10. 已知应用

在代码示例一节中的编译器例子受到了 ObjectWorks\Smalltalk 编译系统 [Par90] 的启发。

在 ET++ 应用框架 [WGM88] 中，应用程序可以有一个内置的浏览工具，用于在运行时监视它的对象。这些浏览工具在一个独立的子系统中实现，这一子系统包含一个称为 Program-mingEnvironment 的 Facade 类。这个 Facade 定义了一些操作（如 InspectObject 和 InspectClass 等）用于访问这些浏览器。

ET++ 应用程序也可以不理会这些内置的浏览功能，这时 ProgrammingEnvironment 对这些请求用空操作实现，也就是说，它们什么也不做。仅 ETProgrammingEnvironment 子类用一些显示相应浏览器的操作实现这些请求。因此应用程序并不知道是否有内置浏览器存在，应用程序与浏览子系统之间仅存在抽象的耦合关系。

Choices 操作系统 [CIRM93] 使用 Facade 模式将多个框架组合到一起。Choices 中的关键抽象是进程（process）、存储（storage）和地址空间（address space）。每个抽象有一个相应的子系统，用框架实现，支持 Choices 系统在不同的硬件平台之间移植。其中的两个子系统有"代表"（也就是 Facade），这两个代表分别是存储（FileSystemInterface）和地址空间（Domain）。

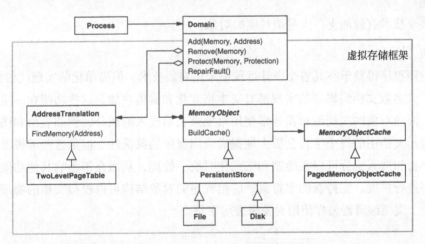

例如，虚拟存储框架将 Domain 作为其 Facade。一个 Domain 代表一个地址空间。它提供了虚拟地址与到内存对象、文件系统或后备存储设备（backing store）的偏移量之间的一个映射。Domain 支持在一个特定地址增加内存对象、删除内存对象以及处理页面错误。

正如上图所示，虚拟存储子系统内部有以下组件：

- MemoryObject 表示数据存储。
- MemoryObjectCache 将 MemoryObject 数据缓存在物理存储器中。MemoryObjectCache 实际上是 Strategy(5.9) 模式，由它定位缓存策略。

- AddressTranslation 封装了地址翻译硬件。

当发生缺页中断时，调用 RepairFault 操作，Domain 在引起缺页中断的地址处找到内存对象并将 RepairFault 操作代理给与这个内存对象相关的缓存。可以改变 Domain 的组件对 Domain 进行定制。

11. 相关模式

Abstract Factory(3.1) 模式可以与 Facade 模式一起使用以提供一个接口，这一接口可用来以一种子系统独立的方式创建子系统对象。Abstract Factory 也可以代替 Facade 模式隐藏那些与平台相关的类。

Mediator(5.5) 模式与 Facade 模式的相似之处是，它抽象了一些已有的类的功能。然而，Mediator 的目的是对同事之间的任意通信进行抽象，通常集中不属于任何单个对象的功能。Mediator 的同事对象知道中介者并与它通信，而不是直接与其他同类对象通信。相对而言，Facade 模式仅对子系统对象的接口进行抽象，从而使它们更容易使用；它并不定义新功能，子系统也不知道 Facade 的存在。

通常来讲，仅需要一个 Facade 对象，因此 Facade 对象通常属于 Singleton(3.5) 模式。

4.6　Flyweight（享元）——对象结构型模式

1. 意图

运用共享技术有效地支持大量细粒度的对象。

2. 动机

有些应用程序得益于在其整个设计过程中采用对象技术，但简单化的实现代价极大。

例如，大多数文档编辑器的实现都有文本格式化和编辑功能，这些功能在一定程度上是模块化的。面向对象的文档编辑器通常使用对象来表示嵌入的成分，例如表格和图形。尽管用对象来表示文档中的每个字符会极大地提高应用程序的灵活性，但是这些编辑器通常并不这样做。字符和嵌入成分可以在绘制和格式化时统一处理，从而在不影响其他功能的情况下对应用程序进行扩展，支持新的字符集。应用程序的对象结构可以模拟文档的物理结构。下图显示了一个文档编辑器怎样使用对象来表示字符。

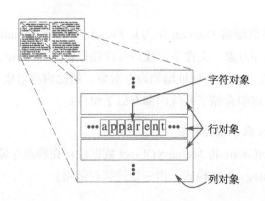

但这种设计的缺点在于代价太大。即使是一个中等大小的文档也可能要求成百上千的字符对象，这会耗费大量内存，产生难以接受的运行开销。所以通常并不是对每个字符都用一个对象来表示的。Flyweight 模式描述了如何共享对象，使得可以细粒度地使用它们而不需要高昂的代价。

flyweight 是一个共享对象，它可以同时在多个场景（context）中使用，并且在每个场景中 flyweight 都可以作为一个独立的对象——这一点与非共享对象的实例没有区别。flyweight 不能对它所运行的场景做出任何假设，这里的关键概念是内部状态和外部状态之间的区别。内部状态存储于 flyweight 中，它包含了独立于 flyweight 场景的信息，这些信息使得 flyweight 可以被共享。而外部状态取决于 flyweight 场景，并根据场景而变化，因此不可共享。用户对象负责在必要的时候将外部状态传递给 flyweight。

Flyweight 模式对那些通常由于数量太大而难以用对象来表示的概念或实体进行建模。例如，文档编辑器可以为字母表中的每一个字母创建一个 flyweight。每个 flyweight 存储一个字符代码，但它在文档中的位置和排版风格可以在字符出现时由文本排版算法和使用的格式化命令决定。字符代码是内部状态，而其他的信息则是外部状态。

逻辑上，文档中的给定字符每次出现时都有一个对象与其对应，如下图所示。

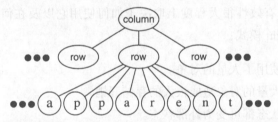

然而，物理上每个字符共享一个 flyweight 对象，而这个对象出现在文档结构中的不同地方。一个特定字符对象的每次出现都指向同一个实例，这个实例位于 flyweight 对象的共享池中。

这些对象的类结构如下图所示。Glyph 是图形对象的抽象类，其中有些对象可能是 flyweight。基于外部状态的那些操作将外部状态作为参量传递给它们。例如，Draw 和 Intersects 在执行之前必须知道 glyph 所在的场景，如下图所示。

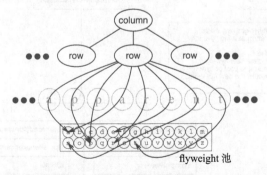

flyweight 池

表示字母"a"的 flyweight 只存储相应的字符代码，它不需要存储字符的位置或字体。用户提供与场景相关的信息，根据此信息 flyweight 绘出它自己。例如，Row glyph 知道它的子女应该在哪里绘制自己才能保证它们是横向排列的。因此 Row glyph 可以在绘制请求中向每一个子女传递它的位置。

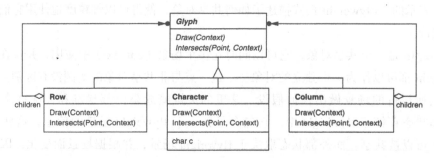

由于不同的字符对象数远小于文档中的字符数，因此，对象的总数远小于一个初次执行的程序所使用的对象数目。对于一个所有字符都使用同样的字体和颜色的文档而言，不管这个文档有多长，需要分配 100 个左右的字符对象（大约是 ASCII 字符集的数目）。由于大多数文档使用的字体颜色组合不超过 10 种，实际应用中这一数目不会明显增加。因此，对单个字符进行对象抽象是具有实际意义的。

3. 适用性

Flyweight 模式的有效性很大程度上取决于如何使用它以及在何处使用它。当以下情况都成立时使用 Flyweight 模式：

- 一个应用程序使用了大量的对象。
- 完全由于使用大量的对象造成很大的存储开销。
- 对象的大多数状态都可变为外部状态。
- 如果删除对象的外部状态，那么可以用相对较少的共享对象取代很多组对象。
- 应用程序不依赖于对象标识。由于 Flyweight 对象可以被共享，因此对于概念上明显有别的对象，标识测试将返回真值。

4. 结构

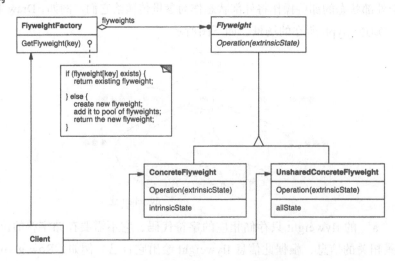

下面的对象图说明了如何共享 flyweight。

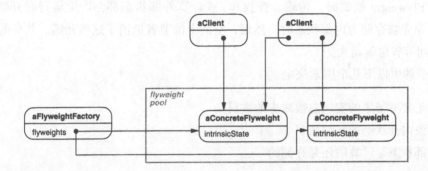

5. 参与者

- Flyweight（Glyph）

  —描述一个接口，通过这个接口 flyweight 可以接受并作用于外部状态。

- ConcreteFlyweight（Character）

  —实现 Flyweight 接口，并为内部状态（如果有的话）增加存储空间。Concrete-Flyweight 对象必须是可共享的。它所存储的状态必须是内部的，即它必须独立于 ConcreteFlyweight 对象的场景。

- UnsharedConcreteFlyweight（Row、Column）

  —并非所有的 Flyweight 子类都需要被共享。Flyweight 接口使共享成为可能，但它并不强制共享。在 flyweight 对象结构的某些层次，UnsharedConcreteFlyweight 对象通常将 ConcreteFlyweight 对象作为子结点（Row 和 Column 就是这样）。

- FlyweightFactory

  —创建并管理 flyweight 对象。

  —确保合理地共享 flyweight。当用户请求一个 flyweight 时，FlyweightFactory 对象提供一个已创建的实例或者创建一个（如果不存在的话）。

- Client

  —维持一个对 flyweight 的引用。

  —计算或存储一个（多个）flyweight 的外部状态。

6. 协作

- flyweight 执行时所需的状态必定是内部的或外部的。内部状态存储于 Concrete-Flyweight 对象之中，而外部对象则由 Client 对象存储或计算。当用户调用 flyweight 对象的操作时，将该状态传递给它。

- 用户不应直接对 ConcreteFlyweight 类进行实例化，而只能从 FlyweightFactory 对象得到 ConcreteFlyweight 对象，这可以保证对它们适当地进行共享。

7. 效果

使用 Flyweight 模式时，传输、查找和 / 或计算外部状态都会产生运行时开销，尤其当 flyweight 原先被存储为内部状态时。然而，空间上的节省抵消了这些开销。共享的 flyweight 越多，空间节省也就越大。

存储节约由以下几个因素决定：

- 由于共享带来的实例总数减少的数目
- 对象内部状态的平均数目
- 外部状态是计算的还是存储的

共享的 flyweight 越多，存储节约也就越多。节约量随着共享状态的增多而增大。当对象使用大量的内部及外部状态，并且外部状态是计算出来的而非存储的时候，节约量将达到最大。所以，可以用两种方法来节约存储：用共享减少内部状态的消耗，用计算时间换取对外部状态的存储。

Flyweight 模式经常和 Composite(4.3) 模式结合起来表示一个层次式结构，这一层次式结构是一个共享叶结点的图。共享的结果是，flyweight 的叶结点不能存储指向父结点的指针。而父结点的指针将传给 flyweight 作为它的外部状态的一部分。这将对该层次结构中对象之间相互通信的方式产生很大的影响。

8. 实现

在实现 Flyweight 模式时，注意以下几点：

1）删除外部状态　该模式的可用性在很大程度上取决于是否容易识别外部状态并将它从共享对象中删除。如果不同种类的外部状态和共享前对象的数目相同的话，删除外部状态不会降低存储消耗。理想的状况是，外部状态可以由一个单独的对象结构计算得到，且该结构的存储要求非常小。

例如，在我们的文档编辑器中，可以用一个单独的结构存储排版布局信息，而不是存储每一个字符对象的字体和类型信息，布局图保持了带有相同排版信息的字符的运行轨迹。当某字符绘制自己的时候，作为绘图遍历的副作用它接收排版信息。因为通常文档使用的字体和类型数量有限，所以将该信息作为外部信息来存储要比内部存储高效得多。

2）管理共享对象　因为对象是共享的，用户不能直接对它进行实例化，所以 Flyweight-Factory 可以帮助用户查找某个特定的 flyweight 对象。FlyweightFactory 对象经常使用关联存储帮助用户查找感兴趣的 flyweight 对象。例如，这个文档编辑器例子中的 flyweight 工厂就有一个以字符代码为索引的 flyweight 表。管理程序根据所给的代码返回相应的 flyweight，若不存在，则创建一个 flyweight。

共享还意味着某种形式的引用计数和垃圾回收，这样当一个 flyweight 不再使用时，可以回收它的存储空间。然而，当 flyweight 的数目固定而且很小的时候（例如，用于 ACSII 码的 flyweight），这两种操作都不必要。在这种情况下，flyweight 完全可以永久保存。

9. 代码示例

回到文档编辑器的例子，我们可以为 flyweight 的图形对象定义一个 Glyph 基类。逻辑上，Glyph 是一些 Composite 类（见 Composite(4.3)），有图形化属性，并可以绘制自己。这里，我们重点讨论字体属性，但这种方法也同样适用于 Glyph 的其他图形属性。

```cpp
class Glyph {
public:
    virtual ~Glyph();

    virtual void Draw(Window*, GlyphContext&);

    virtual void SetFont(Font*, GlyphContext&);
    virtual Font* GetFont(GlyphContext&);

    virtual void First(GlyphContext&);
    virtual void Next(GlyphContext&);
    virtual bool IsDone(GlyphContext&);
    virtual Glyph* Current(GlyphContext&);

    virtual void Insert(Glyph*, GlyphContext&);
    virtual void Remove(GlyphContext&);
protected:
    Glyph();
};
```

Character 的子类存储一个字符代码：

```cpp
class Character : public Glyph {
public:
    Character(char);

    virtual void Draw(Window*, GlyphContext&);
private:
    char _charcode;
};
```

为了避免给每一个 Glyph 的字体属性都分配存储空间，我们可以将该属性外部存储于 GlyphContext 对象中。GlyphContext 是一个外部状态的存储库，它维持 Glyph 与字体（以及其他一些可能的图形属性）之间的一种简单映射关系。对于任何操作，如果它需要知道在给定场景下的 Glyph 字体，都会有一个 GlyphContext 实例作为参数传递给它。然后，该操作就可以查询 GlyphContext 以获取该场景中的字体信息了。这个场景取决于 Glyph 结构中 Glyph 的位置。因此，当使用 Glyph 时，Glyph 子类的迭代和管理操作必须更新 GlyphContext。

```cpp
class GlyphContext {
public:
    GlyphContext();
    virtual ~GlyphContext();

    virtual void Next(int step = 1);
    virtual void Insert(int quantity = 1);

    virtual Font* GetFont();
    virtual void SetFont(Font*, int span = 1);
private:
```

```
        int _index;
        BTree* _fonts;
    };
```

在遍历过程中，GlyphContext 必须了解它在 Glyph 结构中的当前位置。随着遍历的进行，GlyphContext::Next 增加 _index 的值。Glyph 的子类（如 Row 和 Column）对 Next 操作的实现必须使得它在遍历的每一点都调用 GlyphContext::Next。

GlyphContext::GetFocus 将索引作为 BTree 结构的关键字，BTree 结构存储 Glyph 到字体的映射。树中的每个结点都标有字符串的长度，而它给这个字符串字体信息。树中的叶结点指向一种字体，而内部的字符串分成了很多子字符串，每一个对应一个子结点。

下图是从一个 Glyph 组合中截取出来的。

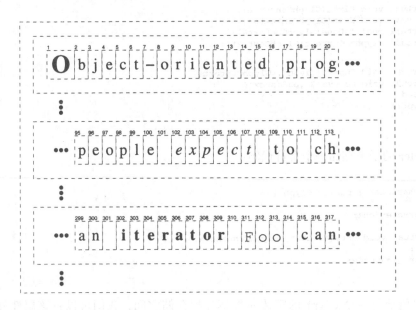

字体信息的 BTree 结构可能如下：

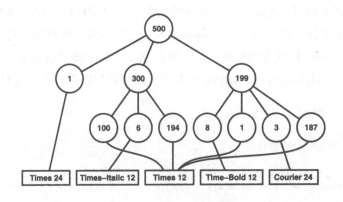

内部结点定义 Glyph 索引的范围。当字体改变或者在 Glyph 结构中添加或删除 Glyph 时，BTree 将相应地被更新。例如，假定我们遍历到索引 102，以下代码将单词"except"

的每个字符的字体设置为它周围的文本的字体（即 times12——一个 Font 为 12-point Times Roman 的实例）：

```
GlyphContext gc;
Font* times12 = new Font("Times-Roman-12");
Font* timesItalic12 = new Font("Times-Italic-12");
// ...

gc.SetFont(times12, 6);
```

新的 BTree 结构如下图（加粗体显示变化）：

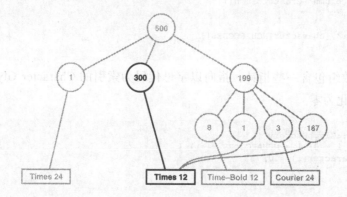

假设我们要在单词"expect"前用 12-point Times Italic 字体添加一个单词 Don't（包括一个紧跟着的空格）。假定 gc 仍在索引位置 102，以下代码通知 gc 这个事件：

```
gc.Insert(6);
gc.SetFont(timesItalic12, 6);
```

BTree 结构变为如下图所示：

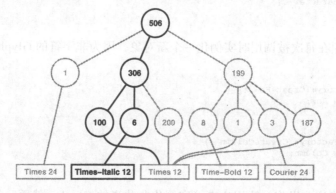

当向 GlyphContext 查询当前 Glyph 的字体时，它将向下搜寻 BTree，同时增加索引，直至找到当前索引的字体为止。由于字体变化频率相对较低，所以这棵树相对于 Glyph 结构较小。这将使得存储消耗较小，同时也不会过多地增加查询时间。⊖

⊖　本机制中的查询时间与字体的变化频率成比例。当每一个字符的字体均不同时，性能最差，但通常这种情况极少。

FlyweightFactory 是我们需要的最后一个对象，它负责创建 Glyph 并确保对它们进行合理共享。GlyphFactory 类将实例化 Character 和其他类型的 Glyph。我们只共享 Character 对象，组合的 Glyph 要少得多，并且它们的重要状态（如它们的子结点）必定是内部的。

```cpp
const int NCHARCODES = 128;

class GlyphFactory {
public:
    GlyphFactory();
    virtual ~GlyphFactory();
    virtual Character* CreateCharacter(char);
    virtual Row* CreateRow();
    virtual Column* CreateColumn();
    // ...
private:
    Character* _character[NCHARCODES];
};
```

_character 数组包含一些指针，指向以字母代码为索引的 Character Glyph。该数组在构造函数中被初始化为零。

```cpp
GlyphFactory::GlyphFactory () {
    for (int i = 0; i < NCHARCODES; ++i) {
        _character[i] = 0;
    }
}
```

CreateCharacter 在字母符号数组中查找一个字符，如果存在的话，返回相应的 Glyph。若不存在，CreateCharacter 就创建一个 Glyph，将其放入数组中，并返回它：

```cpp
Character* GlyphFactory::CreateCharacter (char c) {
    if (!_character[c]) {
        _character[c] = new Character(c);
    }

    return _character[c];
}
```

其他操作仅须在每次被调用时实例化一个新对象，因为非字符的 Glyph 不能被共享：

```cpp
Row* GlyphFactory::CreateRow () {
    return new Row;
}

Column* GlyphFactory::CreateColumn () {
    return new Column;
}
```

我们可以忽略这些操作，让用户直接实例化非共享的 Glyph。然而，如果我们想让这些符号以后可以被共享，必须改变创建它们的客户程序代码。

10. 已知应用

flyweight 的概念最先是在 InterView 3.0[CL90] 中提出并作为一种设计技术被研究。它的开发者构建了一个强大的文档编辑器 Doc，作为 flyweight 概念的论证 [CL92]。Doc 使用符号对象来表示文档中的每一个字符。编辑器为每一个特定类型（定义它的图形属性）的字符创建一个 Glyph 实例，所以，一个字符的内部状态包括字符代码和类型信息（类型表的索引）⊖。这意味着只有位置是外部状态，这就使得 Doc 运行很快。文档由类 Document 表示，它同时也是一个 FlyweightFactory。对 Doc 的测试表明共享 flyweight 字符是高效的。通常，一个包含 180 000 个字符的文档只要求分配大约 480 个字符对象。

ET++ [WGM88] 使用 flyweight 来支持视觉风格独立性。⊖视觉风格标准影响用户界面各部分的布局（如滚动条、按钮、菜单——统称为"窗口组件"）和它们的修饰成分（如阴影、斜角）。widget 将所有布局和绘制行为代理给一个单独的 Layout 对象。改变 Layout 对象会改变视觉风格，即使在运行时也是这样。

每一个 widget 类都有一个 Layout 类与之相对应（如 ScollbarLayout、MenubarLayout 等）。使用这种方法，一个明显的问题是，使用单独的 Layout 对象会使用户界面对象成倍增加，因为对每个用户界面对象，都会有一个附加的 Layout 对象。为了避免这种开销，可用 flyweight 实现 Layout 对象。用 flyweight 的效果很好，因为它主要处理行为定义，而且很容易将一些较小的外部状态传递给它，它需要用这些状态来安排一个对象的位置或者对它进行绘制。

对象 Layout 由 Look 对象创建和管理。Look 类是一个 Abstract Factory(3.1)，它用 GetButtonLayout 和 GetMenuBarLayout 这样的操作检索一个特定的 Layout 对象。对于每一个视觉风格标准，都有一个相应的 Look 子类（如 MotifLook、OpenLook）提供相应的 Layout 对象。

顺便提一下，Layout 对象其实是策略（参见 Strategy(5.9) 模式）。它们是用 flyweight 实现的策略对象的一个例子。

11. 相关模式

Flyweight 模式通常和 Composite(4.3) 模式结合起来，用共享叶结点的有向无环图实现一个逻辑上的层次结构。

通常，最好用 flyweight 实现 State(5.8) 和 Strategy(5.9) 对象。

4.7 Proxy（代理）——对象结构型模式

1. 意图
为其他对象提供一种代理以控制对这个对象的访问。

2. 别名
Surrogate。

3. 动机
对一个对象进行访问控制的一个原因是只有在我们确实需要这个对象时才对它进行创建

⊖ 在前面的代码示例一节中，类型信息是外部的，所以只有字符代码是内部状态。
⊖ 实现视觉风格独立的另一种方法可参见 Abstract Factory(3.1) 模式。

和初始化。我们考虑一个可以在文档中嵌入图形对象的文档编辑器。有些图形对象（如大型光栅图像）的创建开销很大。但是打开文档必须很迅速，因此我们在打开文档时应避免一次性创建所有开销很大的对象。因为并非所有这些对象在文档中都同时可见，所以也没有必要同时创建这些对象。

这一限制条件意味着，对于每一个开销很大的对象，应该根据需要进行创建，当一个图像变为可见时会产生这样的需求。但是在文档中我们用什么来代替这个图像呢？又如何才能隐藏根据需要创建图像这一事实，从而不会使得编辑器的实现复杂化呢？例如，这种优化不应影响绘制和格式化的代码。

问题的解决方案是使用另一个对象（即图像 Proxy）替代那个真正的图像。Proxy 可以代替一个图像对象，并且在需要时负责实例化这个图像对象。

只有当文档编辑器激活图像代理的 Draw 操作以显示这个图像的时候，图像 Proxy 才创建真正的图像。Proxy 直接将随后的请求转发给这个图像对象。因此在创建这个图像以后，它必须有一个指向这个图像的引用。

我们假设图像存储在一个独立的文件中。这样我们可以把文件名作为对实际对象的引用。Proxy 还存储了图像的尺寸（extent），即它的长和宽。有了图像尺寸，Proxy 不需要真正实例化这个图像就可以响应格式化程序对图像尺寸的请求。

下面的类图更详细地阐述了这个例子。

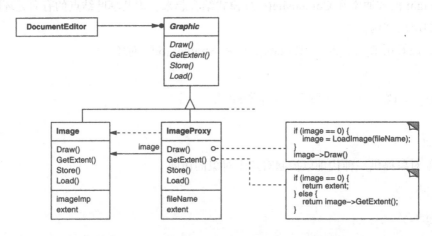

文档编辑器通过抽象的 Graphic 类定义的接口访问嵌入的图像。ImageProxy 是那些根据需要创建的图像的类，ImageProxy 保存了文件名作为指向磁盘上的图像文件的指针。该文件名被作为一个参数传递给 ImageProxy 的构造器。

ImageProxy 还存储了这个图像的边框以及对真正的 Image 实例的指引，直到代理实例化真正的图像时，这个指引才有效。Draw 操作必须保证在向这个图像转发请求之前，它已经被实例化了。GetExtent 操作只有在图像被实例化后才向它传递请求，否则，ImageProxy 返回它存储的图像尺寸。

4. 适用性

在需要用比较通用和复杂的对象指针代替简单的指针的时候，使用 Proxy 模式。下面是一些可以使用 Proxy 模式的常见情况：

1）远程代理（Remote Proxy）为一个对象在不同的地址空间提供局部代表。NEXTSTEP [Add94] 使用 NXProxy 类实现了这一目的。Coplien[Cop92] 称这种代理为"大使"（ambassador）。

2）虚代理（Virtual Proxy）根据需要创建开销很大的对象。在动机一节描述的 ImageProxy 就是这样一种代理的例子。

3）保护代理（Protection Proxy）控制对原始对象的访问。保护代理用于对象应该有不同的访问权限的时候。例如，在 Choices 操作系统 [CIRM93] 中 KemelProxies 为操作系统对象提供了访问保护。

4）智能指引（Smart Reference）取代了简单的指针，它在访问对象时执行一些附加操作。它的典型用途包括：

- 对指向实际对象的引用计数，这样当该对象没有引用时，可以自动释放它（也称为 Smart Pointer[Ede92]）。
- 当第一次引用一个持久对象时，将它装入内存。
- 在访问一个实际对象前，检查是否已经锁定了它，以确保其他对象不能改变它。

5. 结构

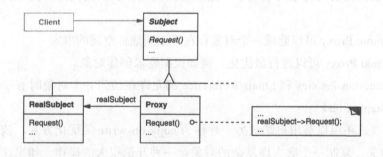

这是运行时一种可能的代理结构的对象图。

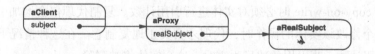

6. 参与者

- Proxy（ImageProxy）
  — 保存一个引用使得代理可以访问实体。若 RealSubject 和 Subject 的接口相同，Proxy 会引用 Subject。
  — 提供一个与 Subject 的接口相同的接口，这样代理就可以用来替代实体。
  — 控制对实体的存取，并可能负责创建和删除它。
  其他功能依赖于代理的类型：
  • Remote Proxy 负责对请求及其参数进行编码，并向不同地址空间中的实体发送已编码的请求。
  • Virtual Proxy 可以缓存实体的附加信息，以便延迟对它的访问。例如，动机一节中提到的 ImageProxy 缓存了图像实体的尺寸。
  • Protection Proxy 检查调用者是否具有实现一个请求所必需的访问权限。
- Subject（Graphic）
  — 定义 RealSubject 和 Proxy 的共用接口，这样就在任何使用 RealSubject 的地方都可以使用 Proxy。
- RealSubject（Image）
  — 定义 Proxy 所代表的实体。

7. 协作

- 代理根据其种类，在适当的时候向 RealSubject 转发请求。

8. 效果

Proxy 模式在访问对象时引入了一定程度的间接性。根据代理的类型，附加的间接性有多种用途：

1）Remote Proxy 可以隐藏一个对象存在于不同地址空间的事实。

2）Virtual Proxy 可以进行最优化，例如根据要求创建对象。

3）Protection Proxies 和 Smart Reference 都允许在访问一个对象时有一些附加的内务处理（housekeeping task）。

Proxy 模式还可以对用户隐藏另一种称为 copy-on-write 的优化方式，该优化与根据需要创建对象有关。复制一个庞大而复杂的对象是一种开销很大的操作，如果这个副本根本没有被修改，那么这些开销就没有必要。用代理延迟这一复制过程，我们可以保证只有当这个对象被修改的时候才对它进行复制。

在实现 copy-on-write 时必须对实体进行引用计数。复制代理仅会增加引用计数。只有当用户请求一个修改该实体的操作时，代理才会真正地复制它。在这种情况下，代理还必须减少实体的引用计数。当引用的数目为零时，这个实体将被删除。

copy-on-write 可以大幅度地降低复制庞大实体时的开销。

9. 实现

Proxy 模式可以利用以下一些语言特性：

1）重载 C++ 中的存取运算符 C++ 支持重载运算符 ->。重载这一运算符使你可以在撤销对一个对象的引用时，执行一些附加的操作。这一点可以用于实现某些种类的代理，代理的作用就像一个指针。

下面的例子说明怎样使用这一技术实现一个称为 ImagePtr 的虚代理。

```cpp
class Image;
extern Image* LoadAnImageFile(const char*);
    // external function

class ImagePtr {
public:
    ImagePtr(const char* imageFile);
    virtual ~ImagePtr();

    virtual Image* operator->();
    virtual Image& operator*();
private:
    Image* LoadImage();
private:
    Image* _image;
    const char* _imageFile;
};

ImagePtr::ImagePtr (const char* theImageFile) {
    _imageFile = theImageFile;
    _image = 0;
}

Image* ImagePtr::LoadImage () {
    if (_image == 0) {
        _image = LoadAnImageFile(_imageFile);
    }
    return _image;
}
```

重载运算符 -> 和 * 使用 LoadImage 将 _image 返回给它的调用者（如果必要的话装入它）。

```cpp
Image* ImagePtr::operator-> () {
    return LoadImage();
}

Image& ImagePtr::operator* () {
    return *LoadImage();
}
```

该方法使你能够通过 ImagePtr 对象调用 Image 操作，而省去了把这些操作作为 ImagePtr 接口的一部分的麻烦。

```cpp
ImagePtr image = ImagePtr("anImageFileName");
image->Draw(Point(50, 100));
    // (image.operator->())->Draw(Point(50, 100))
```

请注意这里的 image 代理起到一个指针的作用，但并没有将它定义为一个指向 Image 的指针。这意味着你不能把它当作一个真正的指向 Image 的指针来使用。因此在使用此方法时用户应区别对待 Image 对象和 Imageptr 对象。

重载成员访问运算符并非对每一种代理来说都是好办法。有些代理需要清楚地知道调用了哪个操作，重载运算符的方法在这种情况下行不通。

考虑在动机一节提到的虚代理的例子，图像应该在一个特定的时刻被装载——在 Draw 操作被调用时——而不是在只要引用这个图像就装载它。重载访问操作符不能做出这种区分。在这种情况下我们只能人工实现每一个代理操作，向实体转发请求。

正如示例代码中所示的那样，这些操作之间非常相似。一般来说，所有的操作在向实体转发请求之前，都要检验这个要求是否合法，原始对象是否存在等。但重复写这些代码很麻烦，因此我们一般用一个预处理程序自动生成它。

2）使用 Smalltalk 中的 doesNotUnderstand　Smalltalk 提供了一个 hook 方法可以用来自动转发请求。当用户向接收者发送一个消息，但是这个接收者没有相关方法的时候，Samlltalk 调用方法 doesNotUnderstand:aMessage。Proxy 类可以重定义 doesNotUnderstand 以便向它的实体转发这个消息。

为了保证一个请求真正被转发给实体，而不是无声无息地被代理所吸收，我们可以定义一个不理解任何信息的 Proxy 类。Smalltalk 定义了一个没有任何超类的 Proxy 类，实现了这个目的。⊖

doesNotUnderstand: 的主要缺点在于：大多数 Smalltalk 系统都有一些由虚拟机直接控制的特殊消息，而这些消息并不引起通常的方法查找。唯一一个通常用 Object 实现（因而可以影响代理）的符号是恒等运算符 ==。

如果你准备使用 doesNotUnderstand: 来实现 Proxy 的话，必须围绕这一问题进行设计。对代理的标识并不意味着对真正实体的标识。doesNotUnderstand: 的另一个缺点是，它主要用作错误处理，而不是创建代理，因此一般来说它的速度不是很快。

3）Proxy 并不总是需要知道实体的类型　若 Proxy 类能够完全通过一个抽象接口处理它的实体，则无须为每一个 RealSubject 类都生成一个 Proxy 类，Proxy 可以统一处理所有的 RealSubject 类。但是如果 Proxy 要实例化 RealSubject（例如在虚代理中），那么它们必须知道具体的类。

另一个实现方面的问题涉及在实例化实体以前怎样引用它。有些代理必须引用它们的实体，无论它是在硬盘上还是在内存中。这意味着它们必须使用某种独立于地址空间的对象标识符。在动机一节中，我们采用一个文件名来实现这种对象标识符。

10. 代码示例

以下代码实现了两种代理：在动机一节描述的虚代理和用"doesNotUnderstand:"实现的 Proxy。⊖

1）虚代理　Graphic 类为图形对象定义一个接口。

⊖ 对 NEXTSTEP[Add94] 中的分布式对象（尤其是类 NXProxy）的实现就使用了该技术。NEXTSTEP 中等价的 hook 方法是 forward，这一实现重定义了 forward 方法。

⊖ Iterator(5.4) 描述了另一种类型的 Proxy。

```
class Graphic {
public:
    virtual ~Graphic();

    virtual void Draw(const Point& at) = 0;
    virtual void HandleMouse(Event& event) = 0;

    virtual const Point& GetExtent() = 0;

    virtual void Load(istream& from) = 0;
    virtual void Save(ostream& to) = 0;
protected:
    Graphic();
};
```

Image 类实现了 Graphic 接口用来显示图像文件。Image 重定义 HandleMouse 操作,使得用户可以交互地调整图像的尺寸。

```
class Image : public Graphic {
public:
    Image(const char* file);  // loads image from a file
    virtual ~Image();

    virtual void Draw(const Point& at);
    virtual void HandleMouse(Event& event);

    virtual const Point& GetExtent();
    virtual void Load(istream& from);
    virtual void Save(ostream& to);
private:
    // ...
};
```

ImageProxy 和 Image 具有相同的接口:

```
class ImageProxy : public Graphic {
public:
    ImageProxy(const char* imageFile);
    virtual ~ImageProxy();

    virtual void Draw(const Point& at);
    virtual void HandleMouse(Event& event);

    virtual const Point& GetExtent();

    virtual void Load(istream& from);
    virtual void Save(ostream& to);
protected:
    Image* GetImage();
private:
    Image* _image;
    Point _extent;
    char* _fileName;
};
```

构造函数保存了存储图像的文件名的本地副本,并初始化 _extent 和 _image:

```
ImageProxy::ImageProxy (const char* fileName) {
    _fileName = strdup(fileName);
    _extent = Point::Zero;  // don't know extent yet
    _image = 0;
}
```

```
Image* ImageProxy::GetImage() {
    if (_image == 0) {
        _image = new Image(_fileName);
    }
    return _image;
}
```

如果可能的话，GetExtent 的实现部分返回缓存的图像尺寸，否则从文件中装载图像。Draw 用来装载图像，HandleMouse 则向实际图像转发这个事件。

```
const Point& ImageProxy::GetExtent () {
    if (_extent == Point::Zero) {
        _extent = GetImage()->GetExtent();
    }
    return _extent;
}
void ImageProxy::Draw (const Point& at) {
    GetImage()->Draw(at);
}

void ImageProxy::HandleMouse (Event& event) {
    GetImage()->HandleMouse(event);
}
```

Save 操作将缓存的图像尺寸和文件名保存在一个流中。Load 得到这个信息并初始化相应的成员函数。

```
void ImageProxy::Save (ostream& to) {
    to << _extent << _fileName;
}

void ImageProxy::Load (istream& from) {
    from >> _extent >> _fileName;
}
```

最后，假设我们有一个类 TextDocument 能够包含 Graphic 对象：

```
class TextDocument {
public:
    TextDocument();

    void Insert(Graphic*);
    // ...
};
```

可以用以下方式把 ImageProxy 插入文本文件中。

```
TextDocument* text = new TextDocument;
// ...
text->Insert(new ImageProxy("anImageFileName"));
```

2）使用 doesNotUnderstand 的 Proxy　在 Smalltalk 中，你可以定义超类为 nil ⊖的类，同时定义 doesNotUnderstand: 方法处理消息，从而构建一些通用的代理。

在以下程序中我们假设代理有一个 realSubject 方法，该方法返回它的实体。在 ImageProxy

⊖ 几乎所有的类最终均以 Object（对象）作为它们的超类，所以说这句话等于说 "定义了一个类，它的超类不是 Object"。

中，该方法将检查是否已创建了 Image，并在必要的时候创建它，最后返回 Image。它使用
perform: withArguments: 来执行被保留在实体中的那些消息。

```
doesNotUnderstand: aMessage
    ^ self realSubject
        perform: aMessage selector
        withArguments: aMessage arguments
```

doesNotUnderstand: 的参数是 Message 的一个实例，它表示代理不能理解的消息。所以，
代理在转发消息给实体之前，首先确定实体的存在性，并由此对所有的消息做出响应。

doesNotUnderstand: 的一个优点是它可以执行任意的处理过程。例如，我们可以用这样
的方式生成一个 protection proxy，即指定一个可以接受的消息的集合 legalMessages，然后给
这个代理定义以下方法。

```
doesNotUnderstand: aMessage
    ^ (legalMessages includes: aMessage selector)
        ifTrue: [self realSubject
            perform: aMessage selector
            withArguments: aMessage arguments]
        ifFalse: [self error: 'Illegal operator']
```

这个方法在向实体转发一个消息之前，检查它的合法性。如果不是合法的，那么发送
error: 给代理，除非代理定义 error:，否则将产生一个错误的无限循环。因此，error: 的定义
应该同所有它用到的方法一起从 Object 类中复制。

11. 已知应用

动机一节中虚代理的例子来自 ET++ 的文本构建块类。

NEXTSTEP[Add94] 使用代理（类 NXProxy 的实例）作为可分布对象的本地代表，当客
户请求远程对象时，服务器为这些对象创建代理。收到消息后，代理对消息和它的参数进行
编码，并将编码后的消息传递给远程实体。类似地，实体对所有的返回结果编码，并将它们
返回给 NXProxy 对象。

McCullough [McC87] 讨论了在 Smalltalk 中用代理访问远程对象的问题。Pascoe [Pas86]
讨论了如何用"封装器"（encapsulator）控制方法调用的副作用以及进行访问控制。

12. 相关模式

Adapter(4.1)：适配器为它所适配的对象提供了一个不同的接口。相反，代理提供了与它
的实体相同的接口。然而，用于访问保护的代理可能会拒绝执行实体会执行的操作，因此，
它的接口实际上可能只是实体接口的一个子集。

Decorator(4.4)：尽管装饰的实现部分与代理相似，但装饰的目的不一样。装饰为对象添
加一个或多个功能，而代理则控制对对象的访问。

代理的实现与装饰的实现类似，但是在相似的程度上有所差别。Protection Proxy 的实现
可能与装饰的实现差不多。另外，Remote Proxy 不包含对实体的直接引用，而只是一个间接
引用，如"主机 ID，主机上的局部地址"。Virtual Proxy 开始的时候使用一个间接引用，例

如一个文件名，但最终将获取并使用一个直接引用。

4.8 结构型模式的讨论

你可能已经注意到了结构型模式之间的相似性，尤其是它们的参与者和协作之间的相似性。这可能是因为结构型模式依赖于同一个很小的语言机制集合构造代码和对象：单继承和多重继承机制用于基于类的模式，而对象组合机制用于对象模式。但是这些相似性掩盖了这些模式的不同意图。在本节中，我们将对比这些结构型模式，使你对它们各自的优点有所了解。

4.8.1 Adapter与Bridge

Adapter(4.1) 模式和 Bridge(4.2) 模式具有一些共同的特征。它们都给另一对象提供了一定程度的间接性，因而有利于系统的灵活性。它们都涉及从自身以外的一个接口向这个对象转发请求。

这两个模式的不同之处主要在于它们各自的用途。Adapter 模式主要是为了解决两个已有接口之间不匹配的问题。它不考虑这些接口是怎样实现的，也不考虑它们各自可能会如何演化。这种方式不需要对两个独立设计的类中的任一个进行重新设计，就能够使它们协同工作。另外，Bridge 模式则对抽象接口与它的（可能是多个）实现部分进行桥接。虽然这一模式允许你修改实现它的类，但是它仍然为用户提供了一个稳定的接口。Bridge 模式也会在系统演化时适应新的实现。

由于这些不同点，Adapter 和 Bridge 模式通常被用于软件生命周期的不同阶段。当你发现两个不兼容的类必须同时工作时，就有必要使用 Adapter 模式，其目的一般是避免代码重复。此处耦合不可预见。相反，Bridge 的使用者必须事先知道：一个抽象将有多个实现部分，并且抽象和实现两者是独立演化的。Adapter 模式在类已经设计好后实施，而 Bridge 模式在设计类之前实施。这并不意味着 Adapter 模式不如 Bridge 模式，只是因为它们针对了不同的问题。

你可能认为 facade（参见 Facade(4.5)）是另外一组对象的适配器。但这种解释忽视了一个事实：facade 定义一个新的接口，而 Adapter 则复用一个原有的接口。记住，适配器使两个已有的接口协同工作，而不是定义一个全新的接口。

4.8.2 Composite、Decorator与Proxy

Composite(4.3) 模式和 Decorator(4.4) 模式具有类似的结构图，这说明它们都基于递归组合来组织可变数目的对象。这一共同点可能会使你认为 decorator 对象是一个退化的 composite，但这一观点没有领会 Decorator 模式的要点。相似点仅止于递归组合，同样，这是因为这两个模式的目的不同。

Decorator 旨在使你不需要生成子类即可给对象添加职责。这就避免了静态实现所有功能组合，从而导致子类急剧增加。Composite 则有不同的目的，它旨在构造类，使多个相关的对象能够以统一的方式处理，而多个对象可以被当作一个对象来处理。它的重点不在于修饰，而在于表示。

尽管它们的目的截然不同，但却具有互补性。因此 Composite 和 Decorator 模式通常协同使用。在使用这两种模式进行设计时，我们无须定义新的类，仅须将一些对象插接在一起即可构建应用。这时系统中将会有一个抽象类，它有一些 composite 子类和 decorator 子类，还有一些实现系统的基本构建模块。此时，composite 和 decorator 将拥有共同的接口。从 Decorator 模式的角度看，composite 是一个 ConcreteComponent。而从 Composite 模式的角度看，decorator 则是一个 Leaf。当然，它们不一定要同时使用，正如我们所见，它们的目的有很大的差别。

另一种与 Decorator 模式结构相似的模式是 Proxy(4.7)。这两种模式都描述了怎样为对象提供一定程度上的间接引用，proxy 和 decorator 对象的实现部分都保留了指向另一个对象的指针，它们向这个对象发送请求。同样，它们具有不同的设计目的。

像 Decorator 模式一样，Proxy 模式构成一个对象并为用户提供一致的接口。但与 Decorator 模式不同的是，Proxy 模式不能动态地添加或分离性质，它也不是为递归组合而设计的。它的目的是，当直接访问一个实体不方便或不符合需求时，为这个实体提供一个替代者，例如，实体在远程设备上使访问受到限制或者实体是持久存储的。

在 Proxy 模式中，实体定义了关键功能，而 Proxy 提供（或拒绝）对它的访问。在 Decorator 模式中，组件仅提供了部分功能，而一个或多个 decorator 负责完成其他功能。Decorator 模式适用于编译时不能（至少不方便）确定对象的全部功能的情况。这种开放性使递归组合成为 Decorator 模式中一个必不可少的部分。而在 Proxy 模式中则不是这样，因为 Proxy 模式强调一种关系（Proxy 与它的实体之间的关系），这种关系可以静态地表达。

模式间的这些差异非常重要，因为它们针对了面向对象设计过程中一些特定的经常发生的问题的解决方法。但这并不意味着这些模式不能结合使用。可以设想有一个 proxy-decorator 用来给 proxy 添加功能，或是一个 decorator-proxy 用来修饰一个远程对象。尽管这种混合可能有用（我们手边还没有现成的例子），但它们可以分割成一些有用的模式。

第 5 章

行为型模式

行为型模式涉及算法和对象间职责的分配。行为型模式不仅描述对象或类的模式，还描述它们之间的通信模式。这些模式刻画了在运行时难以跟踪的复杂的控制流。它们将你的注意力从控制流转移到对象间的联系方式上来。

类行为型模式使用继承机制在类间分派行为。本章包括两个这样的模式。其中 Template Method(5.10) 较为简单和常用。模板方法是一个算法的抽象定义，它逐步地定义该算法，每一步调用一个抽象操作或一个原语操作，子类定义抽象操作以具体实现该算法。另一种类行为型模式是 Interpreter(5.3)。它将一个文法表示为一个类层次，并实现一个解释器作为这些类的实例上的一个操作。

对象行为型模式使用对象组合而不是继承。一些对象行为型模式描述了一组对等的对象怎样相互协作以完成其中任一个对象都无法单独完成的任务。这里一个重要的问题是对等的对象如何互相了解对方。对等对象可以保持显式的对对方的引用，但那会增加它们的耦合度。在极端情况下，每一个对象都要了解所有其他的对象。Mediator(5.5) 在对等对象间引入一个 mediator 对象以避免这种情况的出现。mediator 提供了松耦合所需的间接性。

Chain of Responsibility(5.1) 提供更松的耦合。它让你通过一条候选对象链隐式地向一个对象发送请求。根据运行时情况任一候选者都可以响应相应的请求。候选者的数目是任意的，你可以在运行时决定哪些候选者参与到链中。

Observer(5.7) 模式定义并保持对象间的依赖关系。典型的 Observer 的例子是 Smalltalk 中的模型 / 视图 / 控制器，其中一旦模型的状态发生变化，模型的所有视图都会得到通知。

其他的对象行为型模式常将行为封装在一个对象中并将请求指派给它。Strategy(5.9) 模式将算法封装在对象中，这样可以方便地指定和改变一个对象所使用的算法。Command(5.2) 模式将请求封装在对象中，这样它就可作为参数来传递，也可以被存储在历史列表里，或者以其他方式使用。State(5.8) 模式封装一个对象的状态，使得当这个对象的状态对象变化时，该对象可改变它的行为。Visitor(5.11) 封装分布于多个类之间的行为，而 Iterator(5.4) 则抽象了访问和遍历一个集合中的对象的方式。

5.1 Chain of Responsibility（职责链）——对象行为型模式

1. 意图

使多个对象都有机会处理请求，从而避免请求的发送者和接收者之间的耦合关系。将这些对象连成一条链，并沿着这条链传递该请求，直到有一个对象处理它为止。

2. 动机

考虑一个图形用户界面中的上下文有关的帮助机制。用户在界面的任一部分上点击就可以得到帮助信息，所提供的帮助依赖于点击的是界面的哪一部分及其上下文。例如，对话框中按钮的帮助信息就可能和主窗口中类似的按钮不同。如果对那一部分界面没有特定的帮助信息，那么帮助系统应该显示一个关于当前上下文的较一般的帮助信息——比如说，整个对话框。

因此，很自然地，应根据普遍性（generality）即从最特殊到最普遍的顺序来组织帮助信息。而且，很明显，在这些用户界面对象中会有一个对象来处理帮助请求，至于是哪一个对象则取决于上下文以及可用的帮助具体到何种程度。

这里的问题是提交帮助请求的对象（如按钮）并不明确知道谁是最终提供帮助的对象。我们要有一种办法将提交帮助请求的对象与可能提供帮助信息的对象解耦（decouple）。Chain of Responsibility 模式会告诉我们应该怎么做。

这一模式的想法是，给多个对象处理一个请求的机会，从而解耦发送者和接收者。该请求沿对象链传递直至其中一个对象处理它，如下图所示。

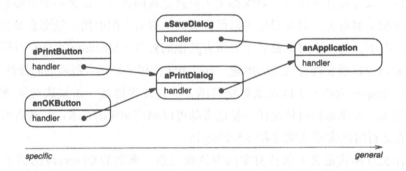

从第一个对象开始，链中收到请求的对象要么亲自处理它，要么转发给链中的下一个候选者。提交请求的对象并不明确地知道哪一个对象将会处理它——我们说该请求有一个隐式的接收者（implicit receiver）。

假设用户在一个标有"Print"的按钮组件上单击帮助，而该按钮包含在一个 PrintDialog 的实例中，该实例知道它所属的应用对象（见前面的对象框图）。下面的交互框图（diagram）说明了帮助请求怎样沿链传递：

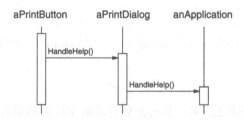

在这个例子中，既不是 aPrintButton 也不是 aPrintDialog 处理该请求；它一直被传递给 anApplication，anApplication 处理它或忽略它。提交请求的客户不直接引用最终响应它的对象。

要沿链转发请求，并保证接收者为隐式的（implicit），每个在链上的对象都有一致的处理请求和访问链上后继者的接口。例如，帮助系统可定义一个带有相应的 HandleHelp 操作的 HelpHandler 类。HelpHandler 可以是所有候选对象类的父类，或者它可被定义为一个混入

（mixin）类。这样想处理帮助请求的类就可将 HelpHandler 作为其父类，如下图所示。

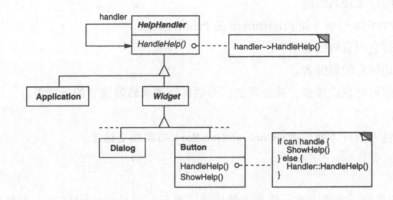

按钮、对话框和应用类都使用 HelpHandler 操作来处理帮助请求。HelpHandler 的 HandleHelp 操作默认是将请求转发给后继。子类可重定义这一操作以在适当的情况下提供帮助，否则它们可使用默认实现转发该请求。

3. 适用性

在以下条件下使用 Chain of Responsibility 模式：

- 有多个对象可以处理一个请求，哪个对象处理该请求运行时自动确定。
- 你想在不明确指定接收者的情况下，向多个对象中的一个提交一个请求。
- 可处理一个请求的对象集合应被动态指定。

4. 结构

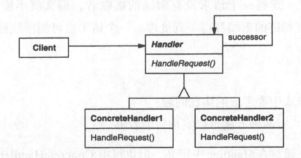

一个典型的对象结构可能如下图所示：

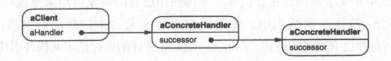

5. 参与者

- Handler（如 HelpHandler）

— 定义一个处理请求的接口。

—（可选）实现后继链。

- ConcreteHandler（如 PrintButton 和 PrintDialog）

— 处理它所负责的请求。

— 可访问它的后继者。

— 如果可处理该请求，就处理之；否则将该请求转发给它的后继者。

- Client

— 向链上的具体处理者（ConcreteHandler）对象提交请求。

6. 协作

- 当客户提交一个请求时，请求沿链传递直至有一个 ConcreteHandler 对象负责处理它。

7. 效果

Chain of Responsibility 模式有下列优点和缺点：

1）降低耦合度　该模式使得一个对象无须知道是其他哪一个对象处理其请求。对象仅须知道该请求会被"正确"处理。接收者和发送者都没有对方的明确信息，且链中的对象不需要知道链的结构。

结果是，职责链可简化对象的相互连接。它们仅须保持一个指向其后继者的引用，而不需要保持它所有的候选接收者的引用。

2）增强了给对象分派职责的灵活性　当在对象中分派职责时，职责链给你更多的灵活性。你可以通过在运行时对该链进行动态的增加或修改来增加或改变处理一个请求的那些职责。你可以将这种机制与静态的特例化处理对象的继承机制结合起来使用。

3）不保证被接受　既然一个请求没有明确的接收者，那么就不能保证它一定会被处理——该请求可能一直到链的末端都得不到处理。一个请求也可能因该链没有被正确配置而得不到处理。

8. 实现

下面是在职责链模式中要考虑的实现问题：

1）实现后继者链　有两种方法可以实现后继者链。

- 定义新的链接（通常在 Handler 中定义，但也可由 ConcreteHandler 来定义）。
- 使用已有的链接。

我们的例子中定义了新的链接，但你常常可使用已有的对象引用来形成后继者链。例如，在一个部分–整体层次结构中，父构件引用可定义一个构件的后继者。窗口组件（widget）结构可能早已有这样的链接。Composite(4.3) 更详细地讨论了父构件引用。

当已有的链接能够支持你所需的链时，完全可以使用它们。这样你就不需要明确定义链接，而且可以节省空间。但如果该结构不能反映应用所需的职责链，那么你必须定义额外的链接。

2）连接后继者　如果没有已有的引用可定义一个链接，那么你必须自己引入它们。这种情况下 Handler 不仅定义该请求的接口，通常也维护后继者。这样 Handler 就提供了 HandleRequest 的默认实现：HandleRequest 向后继者（如果有的话）转发请求。如果 ConcreteHandler 子类对该请求不感兴趣，它不需要重定义转发操作，因为它的默认实现进行无条件的转发。

此处为一个 HelpHandler 基类，它维护一个后继者链：

```
class HelpHandler {
public:
    HelpHandler(HelpHandler* s) : _successor(s) { }
    virtual void HandleHelp();
private:
    HelpHandler* _successor;
};

void HelpHandler::HandleHelp () {
    if (_successor) {
        _successor->HandleHelp();
    }
}
```

3）表示请求　可以有不同的方法表示请求。最简单的形式，比如在 HandleHelp 的例子中，请求是一个硬编码的（hard-coded）操作调用。这种形式方便而且安全，但你只能转发 Handler 类定义的一组固定的请求。

另一个选择是使用一个处理函数，这个函数以一个请求码（如一个整型常数或一个字符串）为参数。这种方法支持请求数目不限。唯一的要求是发送方和接收方在请求如何编码问题上应达成一致。

这种方法更为灵活，但它需要用条件语句来区分请求代码以分派请求。另外，无法用类型安全的方法来传递请求参数，因此它们必须被手工打包和解包。显然，相对于直接调用一个操作来说它不太安全。

为解决参数传递问题，我们可使用独立的请求对象来封装请求参数。Request 类可明确地描述请求，而新类型的请求可用它的子类来定义。这些子类可定义不同的请求参数。处理者必须知道请求的类型（即它们正使用哪一个 Request 子类）以访问这些参数。

为标识请求，Request 可定义一个访问器（accessor）函数以返回该类的标识符。或者，如果实现语言支持的话，接收者可使用运行时的类型信息。

以下为一个分派函数的框架（sketch），它使用请求对象标识请求。定义于基类 Request 中的 GetKind 操作识别请求的类型：

```
void Handler::HandleRequest (Request* theRequest) {
    switch (theRequest->GetKind()) {
    case Help:
        // cast argument to appropriate type
        HandleHelp((HelpRequest*) theRequest);
        break;

    case Print:
        HandlePrint((PrintRequest*) theRequest);
        // ...
        break;
```

```
        default:
            // ...
            break;
        }
    }
```

子类可通过重定义 HandleRequest 扩展该分派函数。子类只处理它感兴趣的请求，其他的请求被转发给父类。这样就有效地扩展（而不是重写）了 HandleRequest 操作。例如，一个 ExtendedHandler 子类扩展了 MyHandler 版本的 HandleRequest：

```
class ExtendedHandler : public Handler {
public:
    virtual void HandleRequest(Request* theRequest);
    // ...
};

void ExtendedHandler::HandleRequest (Request* theRequest) {
    switch (theRequest->GetKind()) {
    case Preview:
        // handle the Preview request
        break;
    default:
        // let Handler handle other requests
        Handler::HandleRequest(theRequest);
    }
}
```

4）在 Smalltalk 中自动转发　可以使用 Smalltalk 中的 doesNotUnderstand 机制转发请求。没有相应方法的消息被 doesNotUnderstand 的实现捕捉（trap in），此实现可被重定义，从而可向一个对象的后继者转发该消息。这样就不需要手工实现转发；类仅处理它感兴趣的请求，而依赖 doesNotUnderstand 转发所有其他的请求。

9. 代码示例

下面的例子说明了在一个像前面描述的在线帮助系统中，职责链是如何处理请求的。帮助请求是一个显式的操作。我们将使用窗口组件层次中的已有父构件引用来在链中的窗口组件间传递请求，并且我们将在 Handler 类中定义一个引用以在链中的非窗口组件间传递帮助请求。

HelpHandler 类定义了处理帮助请求的接口。它维护一个帮助主题（默认值为空），并保持对帮助处理对象链中它的后继者的引用。关键的操作是 HandleHelp，它可被子类重定义。HasHelp 是一个辅助操作，用于检查是否有一个相关的帮助主题。

```
typedef int Topic;
const Topic NO_HELP_TOPIC = -1;

class HelpHandler {
public:
    HelpHandler(HelpHandler* = 0, Topic = NO_HELP_TOPIC);
    virtual bool HasHelp();
    virtual void SetHandler(HelpHandler*, Topic);
    virtual void HandleHelp();
private:
    HelpHandler* _successor;
    Topic _topic;
```

```
};

HelpHandler::HelpHandler (
    HelpHandler* h, Topic t
) : _successor(h), _topic(t) { }

bool HelpHandler::HasHelp () {
    return _topic != NO_HELP_TOPIC;
}
void HelpHandler::HandleHelp () {
    if (_successor != 0) {
        _successor->HandleHelp();
    }
}
```

所有的窗口组件都是 Widget 抽象类的子类。Widget 是 HelpHandler 的子类，因为所有的用户界面元素都可有相关的帮助。（也可以使用另一种基于混入类的实现方式。）

```
class Widget : public HelpHandler {
protected:
    Widget(Widget* parent, Topic t = NO_HELP_TOPIC);
private:
    Widget* _parent;
};

Widget::Widget (Widget* w, Topic t) : HelpHandler(w, t) {
    _parent = w;
}
```

在我们的例子中，按钮是链上的第一个处理者。Button 类是 Widget 类的子类。Button 构造函数有两个参数：对包含它的窗口组件的引用和其自身的帮助主题。

```
class Button : public Widget {
public:
    Button(Widget* d, Topic t = NO_HELP_TOPIC);

    virtual void HandleHelp();
    // Widget operations that Button overrides...
};
```

Button 版本的 HandleHelp 首先测试检查其自身是否有帮助主题。如果开发者没有定义一个帮助主题，就用 HelpHandler 中的 HandleHelp 操作将该请求转发给它的后继者。如果有帮助主题，那么就显示它，并且搜索结束。

```
Button::Button (Widget* h, Topic t) : Widget(h, t) { }

void Button::HandleHelp () {
    if (HasHelp()) {
        // offer help on the button
    } else {
        HelpHandler::HandleHelp();
    }
}
```

Dialog 实现了一个类似的策略，只不过它的后继者不是一个窗口组件而是任意的帮助请求处理对象。在我们的应用中这个后继者将是 Application 的一个实例。

```
class Dialog : public Widget {
public:
    Dialog(HelpHandler* h, Topic t = NO_HELP_TOPIC);
    virtual void HandleHelp();

    // Widget operations that Dialog overrides...
    // ...
};

Dialog::Dialog (HelpHandler* h,  Topic t) : Widget(0) {
    SetHandler(h, t);
}

void Dialog::HandleHelp () {
    if (HasHelp()) {
        // offer help on the dialog
    } else {
        HelpHandler::HandleHelp();
    }
}
```

在链的末端是 Application 的一个实例。该应用不是一个窗口组件，因此 Application 不是 HelpHandler 的直接子类。当一个帮助请求传递到这一层时，该应用可提供关于该应用的一般性信息，或者它可以提供一系列不同的帮助主题。

```
class Application : public HelpHandler {
public:
    Application(Topic t) : HelpHandler(0, t) { }

    virtual void HandleHelp();
    // application-specific operations...
};

void Application::HandleHelp () {
    // show a list of help topics
}
```

下面的代码创建并连接这些对象。此处的对话框涉及打印，因此这些对象被赋给与打印相关的主题。

```
const Topic PRINT_TOPIC = 1;
const Topic PAPER_ORIENTATION_TOPIC = 2;
const Topic APPLICATION_TOPIC = 3;

Application* application = new Application(APPLICATION_TOPIC);
Dialog* dialog = new Dialog(application, PRINT_TOPIC);
Button* button = new Button(dialog, PAPER_ORIENTATION_TOPIC);
```

我们可对链上的任意对象调用 HandleHelp 以触发相应的帮助请求。要从按钮对象开始搜索，只需要对它调用 HandleHelp：

```
button->HandleHelp();
```

在这种情况下，按钮会立即处理该请求。注意任何 HelpHandler 类都可作为 Dialog 的后继者。此外，它的后继者可以被动态地改变。因此不管对话框被用在何处，你都可以得到正确的与上下文相关的帮助信息。

10. 已知应用

许多类库使用职责链模式处理用户事件。对 Handler 类它们使用不同的名字，但思想是一样的：当用户点击鼠标或按键时，一个事件产生并沿链传播。MacApp[App89] 和 ET++[WGM88] 称之为"事件处理者"，Symantec 的 TCL 库 [Sym93b] 称之为"Bureaucrat"，而 NeXT 的 AppKit 将其命名为"Responder"。

图形编辑器框架 Unidraw 定义了"命令"Command 对象，它封装了发给 Component 和 ComponentView 对象 [VL90] 的请求。一个构件或构件视图可解释一个命令以进行一个操作，这里"命令"就是请求。这对应于在实现一节中描述的"对象作为请求"的方法。构件和构件视图可以组织为层次式的结构。一个构件或构件视图可将命令解释转发给它的父构件，而父构件依次将它转发给它的父构件，如此类推，就形成了一个职责链。

ET++ 使用职责链来处理图形的更新。当一个图形对象必须更新它的外观的一部分时，调用 InvalidateRect 操作。一个图形对象自己不能处理 InvalidateRect，因为它对它的上下文了解不够。例如，一个图形对象可被包装在一些类似滚动条（scroller）或放大器（zoomer）的对象中，这些对象变换它的坐标系统。也就是说，对象可被滚动或放大以至于它有一部分在视区外。因此默认的 InvalidateRect 的实现转发请求给包装的容器对象。转发链中的最后一个对象是一个窗口（window）实例。当窗口收到请求时，保证失效矩形被正确变换。窗口通知窗口系统接口并请求更新，从而处理 InvalidateRect。

11. 相关模式

职责链常与 Composite(4.3) 一起使用。这种情况下，一个构件的父构件可作为它的后继。

5.2　Command（命令）——对象行为型模式

1. 意图

将一个请求封装为一个对象，从而使你可用不同的请求对客户进行参数化，对请求排队或记录请求日志，以及支持可撤销的操作。

2. 别名

动作（action），事务（transaction）。

3. 动机

有时必须向某对象提交请求，但并不知道关于被请求的操作或请求的接收者的任何信息。例如，用户界面工具箱包括按钮和菜单这样的对象，它们执行请求响应用户输入。但工具箱不能显式地在按钮或菜单中实现该请求，因为只有使用工具箱的应用知道该由哪个对象做哪个操作。而工具箱的设计者无法知道请求的接收者或执行的操作。

命令模式通过将请求本身变成一个对象来使工具箱对象可向未指定的应用对象提出请求。这个对象可被存储并像其他对象一样被传递。这一模式的关键是一个抽象的 Command

类，它定义了一个执行操作的接口。其最简单的形式是一个抽象的 Execute 操作。具体的 Command 子类将接收者作为它的一个实例变量，并实现 Execute 操作，指定接收者采取的动作。而接收者有执行该请求所需的具体信息。

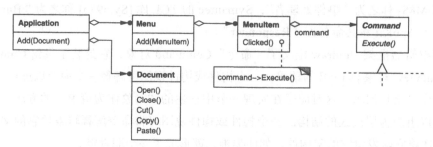

用 Command 对象可很容易地实现菜单（Menu），每一菜单中的选项都是一个菜单项（MenuItem）类的实例。一个 Application 类创建这些菜单和它们的菜单项以及其余的用户界面。该 Application 类还跟踪用户已打开的 Document 对象。

该应用为每一个菜单项配置一个具体的 Command 子类的实例。当用户选择了一个菜单项时，该 MenuItem 对象调用它的 Command 对象的 Execute 方法，而 Execute 执行相应操作。MenuItem 对象并不知道它们使用的是 Command 的哪一个子类。Command 子类里存放着请求的接收者，而 Excute 操作将调用该接收者的一个或多个操作。

例如，PasteCommand 支持从剪贴板向一个文档（document）粘贴正文。PasteCommand 的接收者是一个文档对象，该对象是实例化时提供的。Execute 操作将调用该 Document 的 Paste 操作。

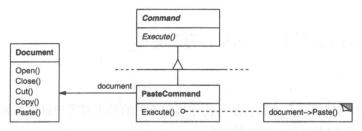

而 OpenCommand 的 Execute 操作却有所不同：它提示用户输入一个文档名，创建一个相应的文档对象，将其放入作为接收者的应用对象中，并打开该文档。

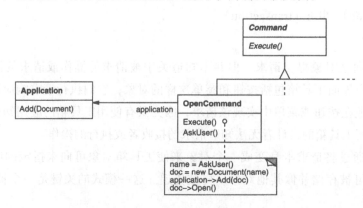

有时一个 MenuItem 需要执行一系列命令。例如，使一个页面按正常大小居中的 MenuItem 可由一个 CenterDocumentCommand 对象和一个 NormalSizeCommand 对象构建。因为这种需要将多条命令串接起来的情况很常见，所以我们定义一个 MacroCommand 类来让一个 MenuItem 执行任意数目的命令。MacroCommand 是一个具体的 Command 子类，它执行一个命令序列。MacroCommand 没有明确的接收者，而序列中的命令各自定义其接收者。

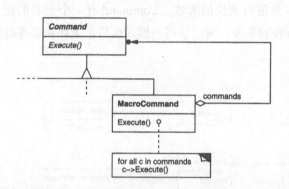

请注意这些例子中 Command 模式是怎样解耦调用操作的对象和具有执行该操作所需信息的那个对象的。这使我们在设计用户界面时拥有很大的灵活性。一个应用如果想让一个菜单与一个按钮代表同一项功能，只需让它们共享相应具体 Command 子类的同一个实例即可。我们还可以动态地替换 Command 对象，这可用于实现上下文有关的菜单。我们也可通过将几个命令组成更大的命令的形式来支持命令脚本（command scripting）。所有这些之所以成为可能，是因为提交一个请求的对象仅须知道如何提交它，而无须知道该请求将会被如何执行。

4. 适用性

当你有如下需求时，可使用 Command 模式：

- 像上面讨论的 MenuItem 对象那样，抽象出待执行的动作以参数化某对象。你可用过程语言中的回调（callback）函数表达这种参数化机制。所谓回调函数是指函数先在某处注册，而它将在稍后某个需要的时候被调用。Command 模式是回调机制的一个面向对象的替代品。
- 在不同的时刻指定、排列和执行请求。一个 Command 对象可以有一个与初始请求无关的生存期。如果一个请求的接收者可用一种与地址空间无关的方式表达，那么就可将负责该请求的命令对象传送给另一个不同的进程并在那里实现该请求。
- 支持取消操作。Command 的 Excute 操作可在实施操作前将状态存储起来，在取消操作时这个状态用来消除该操作的影响。Command 接口必须添加一个 Unexecute 操作，该操作取消上一次 Execute 调用的效果。执行的命令被存储在一个历史列表中。可通过向后和向前遍历这一列表并分别调用 Unexecute 和 Execute 来实现重数不限的"撤销"和"重做"。

- 支持修改日志，这样当系统崩溃时，这些修改可以被重做一遍。在 Command 接口中添加装载操作和存储操作，可以用来保持一个一致的修改日志。从崩溃中恢复的过程包括从磁盘中重新读入记录下来的命令并用 Execute 操作重新执行它们。
- 用构建在原语操作上的高层操作构造一个系统。这样一种结构在支持事务（transaction）的信息系统中很常见。一个事务封装了对数据的一组变动。Command 模式提供了对事务进行建模的方法。Command 有一个公共的接口，使得你可以用同一种方式调用所有的事务。同时使用该模式也易于添加新事务以扩展系统。

5. 结构

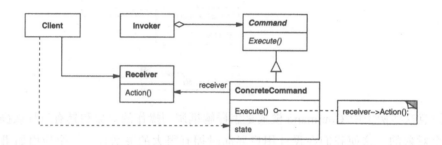

6. 参与者

- Command
  — 声明执行操作的接口。
- ConcreteCommand（PasteCommand、OpenCommand）
  — 将一个接收者对象绑定于一个动作。
  — 调用接收者相应的操作，以实现 Execute。
- Client（Application）
  — 创建一个具体命令对象并设定它的接收者。
- Invoker（MenuItem）
  — 要求该命令执行这个请求。
- Receiver（Document、Application）
  — 知道如何实施与执行一个请求相关的操作。任何类都可能作为一个接收者。

7. 协作

- Client 创建一个 ConcreteCommand 对象并指定它的 Receiver 对象。
- 某 Invoker 对象存储该 ConcreteCommand 对象。
- 该 Invoker 通过调用 Command 对象的 Execute 操作来提交一个请求。若该命令是可撤销的，ConcreteCommand 就在执行 Excute 操作之前存储当前状态以用于取消该命令。
- ConcreteCommand 对象调用它的 Receiver 的一些操作以执行该请求。

下图展示了这些对象之间的交互。它说明了 Command 是如何将调用者和接收者（以及它执行的请求）解耦的。

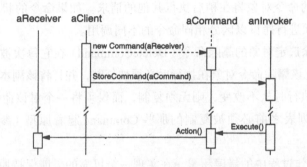

8. 效果

Command 模式有以下效果：

1）Command 模式将调用操作的对象与知道如何实现该操作的对象解耦。

2）Command 是头等的对象。它们可像其他的对象一样被操纵和扩展。

3）你可将多个命令装配成一个组合命令。例如前面描述的 MacroCommand 类。一般说来，组合命令是 Composite 模式的一个实例。

4）增加新的 Command 很容易，因为这无须改变已有的类。

9. 实现

实现 Command 模式时需要考虑以下问题：

1）**一个命令对象应达到何种智能程度**　命令对象的能力可大可小。一个极端是它仅确定一个接收者和执行该请求的动作。另一个极端是它自己实现所有功能，根本不需要额外的接收者对象。当需要定义与已有的类无关的命令，或没有合适的接收者，或一个命令隐式地知道它的接收者时，可以使用后一个极端方式。例如，创建另一个应用窗口的命令对象本身可能和任何其他的对象一样有能力创建该窗口。在这两个极端间的情况是命令对象有足够的信息可以动态地找到它们的接收者。

2）**支持撤销（undo）和重做（redo）**　如果 Command 提供方法逆转（reverse）它们操作的执行（例如 Unexecute 或 Undo 操作），就可支持撤销和重做功能。为达到这个目的，ConcreteCommand 类可能需要存储额外的状态信息。这个状态包括：

- 接收者对象，它真正执行处理该请求的各操作。
- 接收者执行的操作的参数。
- 如果处理请求的操作会改变接收者对象中的某些值，那么这些值也必须先存储起来。接收者还必须提供一些操作，以使该命令可将接收者恢复到它先前的状态。

若应用只支持一次撤销操作，那么只需存储最近一次被执行的命令。而若要支持多级的撤销和重做，就需要有一个已被执行命令的**历史列表**（history list），该列表的最大长度决定了撤销和重做的级数。历史列表存储了已被执行的命令序列。向后遍历该列表并逆向执行（reverse-executing）命令是撤销它们的结果，向前遍历并执行命令是重执行它们。

有时可能不得不将一个可撤销的命令在它可以被放入历史列表之前先复制下来。这是因为执行原来的请求的命令对象将在稍后执行其他的请求。如果命令的状态在各次调用之间会发生变化，那就必须进行拷贝以区分相同命令的不同调用。

例如，一个删除选定对象的删除命令（DeleteCommand）在它每次被执行时，必须存储不同的对象集合。因此该删除命令对象在执行后必须被复制，并且将该副本放入历史列表中。如果该命令的状态在执行时从不改变，则无须复制，而仅须将一个对该命令的引用放入历史列表中。在放入历史列表之前必须被复制的那些 Command 起着原型（参见 Prototype(3.4)）的作用。

3）避免撤销操作过程中的错误积累　在实现一个可靠的、能保持原先语义的撤销 / 重做机制时，可能会遇到滞后影响问题。由于命令的重复执行、取消执行和重执行的过程中可能会积累错误，以致一个应用的状态最终偏离初始值。这就有必要在 Command 中存入更多的信息，以保证这些对象可被精确地复原成它们的初始状态。这里可使用 Memento(5.6) 来让该 Command 访问这些信息而不暴露其他对象的内部信息。

4）使用 C++ 模板　对不能被撤销和不需要参数的命令，可使用 C++ 模板来实现，这样可以避免为每一种动作和接收者都创建一个 Command 子类。我们将在代码示例一节说明这种做法。

10. 代码示例

下面的 C++ 代码给出了动机一节中 Command 类的实现的大致框架。我们将定义 OpenCommand、PasteCommand 和 MacroCommand。首先是抽象的 Command 类：

```
class Command {
public:
    virtual ~Command();

    virtual void Execute() = 0;
protected:
    Command();
};
```

OpenCommand 打开一个名字由用户指定的文档。注意 OpenCommand 的构造器需要一个 Application 对象作为参数。AskUser 是一个提示用户输入要打开的文档名的实现例程。

```
class OpenCommand : public Command {
public:
    OpenCommand(Application*);

    virtual void Execute();
protected:
    virtual const char* AskUser();
private:
    Application* _application;
    char* _response;
};

OpenCommand::OpenCommand (Application* a) {
    _application = a;
}
```

```
void OpenCommand::Execute () {
    const char* name = AskUser();

    if (name != 0) {
        Document* document = new Document(name);
        _application->Add(document);
        document->Open();
    }
}
```

PasteCommand 需要一个 Document 对象作为其接收者。该接收者将作为一个参数传递给 PasteCommand 的构造器。

```
class PasteCommand : public Command {
public:
    PasteCommand(Document*);

    virtual void Execute();
private:
    Document* _document;
};

PasteCommand::PasteCommand (Document* doc) {
    _document = doc;
}

void PasteCommand::Execute () {
    _document->Paste();
}
```

对于不能撤销和不需要参数的简单命令，可以用一个类模板来参数化该命令的接收者。我们将为这些命令定义一个模板子类 SimpleCommand。用 Receiver 类型参数化 SimpleCommand，并维护一个接收者对象和一个动作之间的绑定，而这一动作是用指向一个成员函数的指针存储的。

```
template <class Receiver>
class SimpleCommand : public Command {
public:
    typedef void (Receiver::* Action)();

    SimpleCommand(Receiver* r, Action a) :
        _receiver(r), _action(a) { }

    virtual void Execute();
private:
    Action _action;
    Receiver* _receiver;
};
```

构造器存储接收者和对应实例变量中的动作。Execute 操作实施接收者的这个动作。

```
template <class Receiver>
void SimpleCommand<Receiver>::Execute () {
    (_receiver->*_action)();
}
```

为创建一个调用 MyClass 类的一个实例上的 Action 的 Command 对象，仅需如下代码：

```
MyClass* receiver = new MyClass;
// ...
Command* aCommand =
    new SimpleCommand<MyClass>(receiver, &MyClass::Action);
// ...
aCommand->Execute();
```

记住，这一方案仅适用于简单命令。更复杂的命令不仅要维护它们的接收者，而且还要登记参数，有时还要保存用于取消操作的状态。此时就需要定义一个 Command 的子类。

MacroCommand 管理一个子命令序列，它提供了增加和删除子命令的操作。这里不需要显式的接收者，因为这些子命令已经定义了它们各自的接收者。

```
class MacroCommand : public Command {
public:
    MacroCommand();
    virtual ~MacroCommand();

    virtual void Add(Command*);
    virtual void Remove(Command*);

    virtual void Execute();
private:
    List<Command*>* _cmds;
};
```

MacroCommand 的关键是它的 Execute 成员函数。它遍历所有的子命令并调用其各自的 Execute 操作。

```
void MacroCommand::Execute () {
    ListIterator<Command*> i(_cmds);

    for (i.First(); !i.IsDone(); i.Next()) {
        Command* c = i.CurrentItem();
        c->Execute();
    }
}
```

注意，如果 MacroCommand 实现取消操作，那么它的子命令必须以相对于 Execute 的实现相反的顺序执行各子命令的取消操作。

最后，MacroCommand 必须提供管理它的子命令的操作。MacroCommand 也负责删除它的子命令。

```
void MacroCommand::Add (Command* c) {
    _cmds->Append(c);
}

void MacroCommand::Remove (Command* c) {
    _cmds->Remove(c);
}
```

11. 已知应用

可能最早的命令模式的例子出现在 Lieberman[Lie85] 的一篇论文中。MacApp[App89] 使实现可撤销操作的命令这一说法被普遍接受。而 ET++[WGM88]、InterViews[LCI+92] 和

Unidraw[VL90] 也都定义了符合 Command 模式的类。InterViews 定义了一个 Action 抽象类，它提供命令功能。它还定义了一个 ActionCallback 模板，这个模板以 Action 方法为参数，可自动生成 Command 子类。

THINK 类库 [Sym93b] 也使用 Command 模式支持可撤销的操作。THINK 中的命令被称为"任务"（task）。任务对象沿着一个 Chain of Responsiblity(5.1) 传递以供消费（consumption）。

Unidraw 的命令对象很特别，它的行为就像是一个消息。一个 Unidraw 命令可被送给另一个对象去解释，而解释的结果因接收的对象而异。此外，接收者可以委托另一个对象来进行解释，典型的情况是委托给一个较大的结构中（比如在一个职责链中）接收者的父构件。这样，Unidraw 命令的接收者是计算出来的而不是预先存储的。Unidraw 的解释机制依赖于运行时的类型信息。

Coplien 在 C++[Cop92] 中描述了怎样实现 Functors。Functors 实际上是一种函数的对象。它通过重载函数调用操作符（operator( )）达到了一定程度的使用透明性。命令模式不同，它着重于维护接收者和函数（即动作）之间的绑定，而不仅仅是维护一个函数。

12. 相关模式

Composite(4.3) 可用来实现宏命令。

Memento(5.6) 可用来保持某个状态，命令用这一状态来取消它的效果。

在被放入历史列表前必须被复制的命令起到一种原型（参见 Prototype(3.4)）的作用。

5.3　Interpreter（解释器）——类行为型模式

1. 意图

给定一个语言，定义它的文法的一种表示，并定义一个解释器，这个解释器使用该表示来解释语言中的句子。

2. 动机

如果一种特定类型的问题发生的频率足够高，那么可能就值得将该问题的各个实例表述为一个简单语言中的句子。这样就可以构建一个解释器，该解释器通过解释这些句子来解决该问题。

例如，搜索匹配一个模式的字符串是一个常见问题。正则表达式是描述字符串模式的一种标准语言。与其为每一个模式都构造一个特定的算法，不如使用一种通用的搜索算法来解释执行一个正则表达式，该正则表达式定义了待匹配字符串的集合。

解释器模式描述了如何为简单的语言定义一个文法，如何在该语言中表示一个句子，以及如何解释这些句子。在上面的例子中，本设计模式描述了如何为正则表达式定义一个文法，如何表示一个特定的正则表达式，以及如何解释这个正则表达式。

考虑以下文法定义正则表达式：

```
expression ::= literal | alternation | sequence | repetition |
               '(' expression ')'
alternation ::= expression '|' expression
sequence ::= expression '&' expression
repetition ::= expression '*'
literal ::= 'a' | 'b' | 'c' | ... { 'a' | 'b' | 'c' | ... }*
```

符号 expression 是开始符号，literal 是定义简单字的终结符。

解释器模式使用类来表示每一条文法规则。规则右边的符号是这些类的实例变量。上面的文法用五个类表示：一个抽象类 RegularExpression 以及它的四个子类 LiteralExpression、AlternationExpression、SequenceExpression 和 RepetitionExpression，后三个类定义的变量代表子表达式。

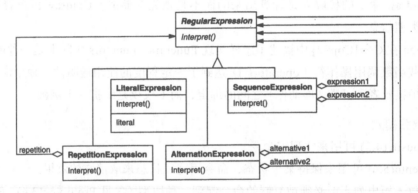

每个用这个文法定义的正则表达式都被表示为一个由这些类的实例构成的抽象语法树。例如，下面的抽象语法树

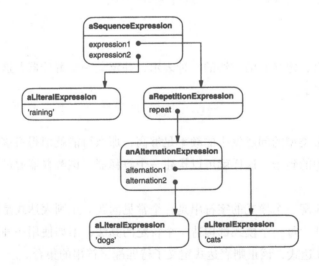

表示正则表达式

```
raining & (dogs | cats) *
```

如果我们为 RegularExpression 的每一子类都定义解释（Interpret）操作，那么就得到

了这些正则表达式的一个解释器。解释器将该表达式的上下文作为一个参数。上下文包含输入字符串和关于目前它已有多少被匹配等信息。为匹配输入字符串的下一部分,每一RegularExpression 的子类都在当前上下文的基础上实现解释(Interpret)操作。例如,

- LiteralExpression 将检查输入是否匹配它定义的字(literal)。
- AlternationExpression 将检查输入是否匹配它的任意一个选择项。
- RepetitionExpression 将检查输入是否含有多个它所重复的表达式。

等等。

3. 适用性

当有一个语言需要解释执行,并且你可将该语言中的句子表示为一个抽象语法树时,可使用解释器模式。而当存在以下情况时该模式效果最好:

- 文法简单。对于复杂的文法,文法的类层次变得庞大而无法管理。此时语法分析程序生成器这样的工具是更好的选择。它们无须构建抽象语法树即可解释表达式,这样可以节省空间而且还可能节省时间。
- 效率不是关键问题。最高效的解释器通常不是通过直接解释语法分析树实现的,而是首先将它们转换成另一种形式。例如,正则表达式通常被转换成状态机。但即使在这种情况下,转换器也可用解释器模式实现,该模式仍是有用的。

4. 结构

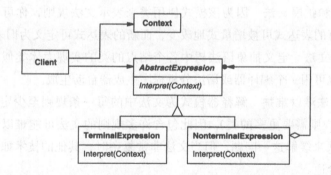

5. 参与者

- AbstractExpression(抽象表达式,如 RegularExpression)
  — 声明一个抽象的解释操作,这个接口为抽象语法树中所有的结点所共享。
- TerminalExpression(终结符表达式,如 LiteralExpression)
  — 实现与文法中的终结符相关联的解释操作。
  — 一个句子中的每个终结符需要该类的一个实例。
- NonterminalExpression(非终结符表达式,如 AlternationExpression、Repetition-Expression、SequenceExpressions)

— 对文法中的每一条规则 R ::= $R_1R_2\cdots R_n$ 都需要一个 NonterminalExpression 类。

— 为从 R_1 到 R_n 的每个符号都维护一个 AbstractExpression 类型的实例变量。

— 为文法中的非终结符实现解释（Interpret）操作。解释（Interpret）一般要递归地调用表示 R_1 到 R_n 的那些对象的解释操作。

- Context（上下文）

— 包含解释器之外的一些全局信息。

- Client（客户）

— 构建（或被给定）表示该文法定义的语言中一个特定的句子的抽象语法树。该抽象语法树由 NonterminalExpression 和 TerminalExpression 的实例装配而成。

— 调用解释操作。

6. 协作

- Client 构建（或被给定）一个句子，它是 NonterminalExpression 和 TerminalExpression 的实例的一个抽象语法树。然后初始化上下文并调用解释操作。

- 每一非终结符表达式结点定义相应子表达式的解释操作。而各终结符表达式的解释操作构成了递归的基础。

- 每一结点的解释操作用上下文来存储和访问解释器的状态。

7. 效果

Interpreter 模式有下列优点和不足：

1）**易于改变和扩展文法** 因为该模式使用类来表示文法规则，你可使用继承来改变或扩展该文法。已有的表达式可被增量式地改变，而新的表达式可定义为旧表达式的变体。

2）**易于实现文法** 定义抽象语法树中各个结点的类的实现大体类似。这些类易于直接编写，通常它们也可用一个编译器或语法分析程序生成器自动生成。

3）**复杂的文法难以维护** 解释器模式为文法中的每一条规则至少定义了一个类（使用 BNF 定义的文法规则需要更多的类），因此包含许多规则的文法可能难以管理和维护。可应用其他的设计模式来缓解这一问题。但当文法非常复杂时，其他的技术如语法分析程序或编译器生成器更为合适。

4）**增加了新的解释表达式的方式** 解释器模式使得实现新表达式"计算"变得容易。例如，你可以在表达式类上定义一个新的操作以支持优美打印或表达式的类型检查。如果你经常创建新的解释表达式的方式，那么可以考虑使用 Visitor(5.11) 模式以避免修改这些代表文法的类。

8. 实现

Interpreter 和 Composite(4.3) 模式在实现上有许多相通的地方。下面是 Interpreter 所要考虑的一些特殊问题：

1）**创建抽象语法树** 解释器模式并未解释如何创建一个抽象的语法树。换言之，它不涉及语法分析。抽象语法树可用一个表驱动的语法分析程序来生成，也可用手写的（通常为递归下降法）语法分析程序创建，或直接由 Client 提供。

2）定义解释操作　并不一定要在表达式类中定义解释操作。如果经常要创建一种新的解释器，那么使用 Visitor(5.11) 模式将解释放入一个独立的"访问者"对象更好一些。例如，一个程序设计语言会有许多在抽象语法树上的操作，比如类型检查、优化、代码生成，等等。恰当的做法是使用一个访问者以避免在每一个类上都定义这些操作。

3) 与 Flyweight 模式共享终结符　在一些文法中，一个句子可能多次出现同一个终结符。此时最好共享那个符号的单个副本。计算机程序的文法是很好的例子——每个程序变量在整个代码中将会出现多次。在动机一节的例子中，一个句子中终结符 dog（由 LiteralExpression 类描述）也可出现多次。

终结结点通常不存储关于它们在抽象语法树中位置的信息。在解释过程中，任何它们所需要的上下文信息都由父结点传递给它们。因此共享的（内部的）状态和传入的（外部的）状态区分得很明确，这就用到了 Flyweight(4.6) 模式。

例如，dog LiteralExpression 的每一实例接收一个包含目前已匹配子串信息的上下文，且每一个这样的 LiteralExpression 在它的解释操作中做同样一件事（它检查输入的下一部分是否包含一个 dog），而无论该实例出现在语法树的哪个位置。

9. 代码示例

下面是两个例子。第一个是 Smalltalk 中一个完整的例子，用于检查一个序列是否匹配一个正则表达式。第二个是一个用于求布尔表达式的值的 C++ 程序。

正则表达式匹配器检查一个字符串是否属于一个正则表达式定义的语言。正则表达式用下列文法定义：

```
expression  ::= literal | alternation | sequence | repetition |
                '(' expression ')'
alternation ::= expression '|' expression
sequence    ::= expression '&' expression
repetition  ::= expression 'repeat'
literal     ::= 'a' | 'b' | 'c' | ... { 'a' | 'b' | 'c' | ... }*
```

该文法对动机一节中的例子略做修改。因为符号"*"在 Smalltalk 中不能作为后缀运算符，所以我们用 repeat 取代之。例如，正则表达式

```
( ( 'dog' | 'cat' ) repeat &'weather')
```

匹配输入字符串"dog dog cat weather"。

为实现这个匹配器，我们定义在动机一节中描述的五个类。类 SequenceExpression 包含实例变量 expression1 和 expression2 作为它在抽象语法树中的子结点；AlternationExpression 用实例变量 alternative1 和 alternative2 存储它的选择；而 RepetitionExpression 在它的实例变量 repetition 中保存它所重复的表达式。LiteralExpression 有一个 components 实例变量，它保存了一系列对象（可能为一些字符）。这些表示必须匹配输入序列的字串（literal string）。

match: 操作实现了该正则表达式的一个解释器。定义抽象语法树的每一个类都实现了这一操作。它将 inputState 作为一个参数，表示匹配进程的当前状态，也就是读入的部分输入字符串。

这一状态由一个输入流集刻画，表示该正则表达式目前所能接收的输入集（当前已识别出的输入流，这大致等价于记录等价的有限自动机的所有状态）。

当前状态对 repeat 操作最为重要。例如，如果正则表达式为：

```
'a' repeat
```

那么解释器可匹配"a""aa""aaa"，等等。如果它是

```
'a' repeat & 'bc'
```

那么可以匹配"abc""aabc""aaabc"，等等。但如果正则表达式是

```
'a' repeat & 'abc'
```

那么用子表达式" 'a' repeat"匹配输入" aabc"将产生两个输入流，一个匹配了输入的一个字符，而另一个匹配了两个字符。只有接受一个字符的那个流会匹配剩余的"abc"。

现在我们考虑 match 的定义：对每一个类定义相应的正则表达式。SequenceExpression 匹配其序列中的每一个子表达式。通常它将从 inputState 中删除输入流。

```
match: inputState
    ^ expression2 match: (expression1 match: inputState).
```

一个 AlternationExpression 会返回一个状态，该状态由两个选择项的状态的并组成。AlternationExpression 的 match: 的定义是

```
match: inputState
    | finalState |
    finalState := alternative1 match: inputState.
    finalState addAll: (alternative2 match: inputState).
    ^ finalState
```

RepetitionExpression 的 match: 操作寻找尽可能多的可匹配的状态：

```
match: inputState
    | aState finalState |
    aState := inputState.
    finalState := inputState copy.
    [aState isEmpty]
        whileFalse:
            [aState := repetition match: aState.
            finalState addAll: aState].
        ^ finalState
```

它的输出通常比它的输入包含更多的状态，因为 RepetitionExpression 可匹配输入的重复体的一次、两次或多次出现。而输出状态要表示所有这些可能性以允许随后的正则表达式

的元素决定哪一个状态是正确的。

最后，LiteralExpression 的 match: 对每一个可能的输入流匹配它的组成部分。它仅保留那些获得匹配的输入流：

```
match: inputState
    | finalState tStream |
    finalState := Set new.
    inputState
        do:
            [:stream | tStream := stream copy.
            (tStream nextAvailable:
                    components size
            ) = components
                ifTrue: [finalState add: tStream]
            ].
        ^ finalState
```

其中 nextAvailable: 消息推进输入流（即读入文字）。这是唯一一个推进输入流的 match: 操作。注意返回的状态包含的是输入流的副本，这就保证匹配一个 literal 不会改变输入流。这一点很重要，因为每个 AlternationExpression 的选择项看到的应该是相同的输入流。

现在我们已经定义了组成抽象语法树的各个类，下面说明怎样构建语法树。我们犯不着为正则表达式写一个语法分析程序，而只需在 RegularExpression 类上定义一些操作，就可以"计算"一个 Smalltalk 表达式，得到的结果就是对应于该正则表达式的一棵抽象语法树。这使我们可以把 Smalltalk 内置编译器当作一个正则表达式的语法分析程序来使用。

为构建抽象语法树，我们需要将"|""repeat"和"&"定义为 RegularExpression 上的操作。这些操作在 RegularExpression 类中定义如下：

```
& aNode
    ^ SequenceExpression new
        expression1: self expression2: aNode asRExp


repeat
    ^ RepetitionExpression new repetition: self


| aNode
    ^ AlternationExpression new
        alternative1: self alternative2: aNode asRExp


asRExp
    ^ self
```

asRExp 操作将把 literal 转化为 RegularExpression。这些操作在类 String 中定义：

```
& aNode
    ^ SequenceExpression new
        expression1: self asRExp expression2: aNode asRExp


repeat
    ^ RepetitionExpression new repetition: self


| aNode
    ^ AlternationExpression new
        alternative1: self asRExp alternative2: aNode asRExp
```

```
asRExp
    ^ LiteralExpression new components: self
```

如果我们在类层次的更高层（Smalltalk 中的 SequenceableCollection、Smalltalk/V 中的 IndexedColleciotn）定义这些操作，那么像 Array 和 OrderedCollection 这样的类也有这些操作的定义，这就使得正则表达式可以匹配任何类型的对象序列。

第二个例子是在 C++ 中实现的对布尔表达式进行操作和求值的系统。在这个语言中终结符是布尔变量，即常量 true 和 false。非终结符表示包含运算符 and、or 和 not 的布尔表达式。文法定义如下[⊖]：

```
BooleanExp ::= VariableExp | Constant | OrExp | AndExp | NotExp |
               '(' BooleanExp ')'
AndExp     ::= BooleanExp  'and' BooleanExp
OrExp      ::= BooleanExp  'or' BooleanExp
NotExp     ::= 'not' BooleanExp
Constant   ::= 'true' | 'false'
VariableExp ::= 'A' | 'B' | ... | 'X' | 'Y' | 'Z'
```

这里我们定义布尔表达式上的两个操作。第一个操作是求值（evaluate），即在一个上下文中求一个布尔表达式的值，当然，该上下文必须为每个变量都赋予一个"真"或"假"的布尔值。第二个操作是替换（replace），即用一个表达式来替换一个变量以产生一个新的布尔表达式。替换操作说明了解释器模式不仅可以用于求表达式的值，而且还可用作其他用途。在这个例子中，它就被用来对表达式本身进行操作。

此处我们仅给出 BooleanExp、VariableExp 和 AndExp 类的细节。类 OrExp 和 NotExp 与 AndExp 相似。Constant 类表示布尔常量。

BooleanExp 为所有定义一个布尔表达式的类定义了一个接口：

```
class BooleanExp {
public:
    BooleanExp();
    virtual ~BooleanExp();

    virtual bool Evaluate(Context&) = 0;
    virtual BooleanExp* Replace(const char*, BooleanExp&) = 0;
    virtual BooleanExp* Copy() const = 0;
};
```

类 Context 定义从变量到布尔值的一个映射，这些布尔值我们可用 C++ 中的常量 true 和 false 来表示。Context 有以下接口：

```
class Context {
public:
    bool Lookup(const char*) const;
    void Assign(VariableExp*, bool);
};
```

一个 VariableExp 表示一个有名变量：

⊖ 为简单起见，我们忽略了操作符的优先次序且假定由构造该语法树的对象负责处理这件事。

```
class VariableExp : public BooleanExp {
public:
    VariableExp(const char*);
    virtual ~VariableExp();

    virtual bool Evaluate(Context&);
    virtual BooleanExp* Replace(const char*, BooleanExp&);
    virtual BooleanExp* Copy() const;
private:
    char* _name;
};
```

构造器将变量的名字作为参数：

```
VariableExp::VariableExp (const char* name) {
    _name = strdup(name);
}
```

求一个变量的值，返回它在当前上下文中的值。

```
bool VariableExp::Evaluate (Context& aContext) {
    return aContext.Lookup(_name);
}
```

复制一个变量返回一个新的 VariableExp：

```
BooleanExp* VariableExp::Copy () const {
    return new VariableExp(_name);
}
```

在用一个表达式替换一个变量时，我们检查该待替换变量是否就是本对象代表的变量：

```
BooleanExp* VariableExp::Replace (
    const char* name, BooleanExp& exp
) {
    if (strcmp(name, _name) == 0) {
        return exp.Copy();
    } else {
        return new VariableExp(_name);
    }
}
```

AndExp 表示由两个布尔表达式与操作得到的表达式。

```
class AndExp : public BooleanExp {
public:
    AndExp(BooleanExp*, BooleanExp*);
    virtual ~AndExp();

    virtual bool Evaluate(Context&);
    virtual BooleanExp* Replace(const char*, BooleanExp&);
    virtual BooleanExp* Copy() const;
private:
    BooleanExp* _operand1;
    BooleanExp* _operand2;
};


AndExp::AndExp (BooleanExp* op1, BooleanExp* op2) {
    _operand1 = op1;
    _operand2 = op2;
}
```

一个 AndExp 的值是求它的操作数的值的逻辑"与"。

```
bool AndExp::Evaluate (Context& aContext) {
    return
        _operand1->Evaluate(aContext) &&
        _operand2->Evaluate(aContext);
}
```

AndExp 的 Copy 和 Replace 操作将递归调用它的操作数的 Copy 和 Replace 操作：

```
BooleanExp* AndExp::Copy () const {
    return
        new AndExp(_operand1->Copy(), _operand2->Copy());
}

BooleanExp* AndExp::Replace (const char* name, BooleanExp& exp) {
    return
        new AndExp(
            _operand1->Replace(name, exp),
            _operand2->Replace(name, exp)
        );
}
```

现在我们可以定义布尔表达式

```
(true and x) or (y and (not x))
```

并对给定的以 true 或 false 赋值的 x 和 y 求这个表达式值：

```
BooleanExp* expression;
Context context;

VariableExp* x = new VariableExp("X");
VariableExp* y = new VariableExp("Y");

expression = new OrExp(
    new AndExp(new Constant(true), x),
    new AndExp(y, new NotExp(x))
);

context.Assign(x, false);
context.Assign(y, true);

bool result = expression->Evaluate(context);
```

对 x 和 y 的这一赋值，求得该表达式值为 true。要对其他赋值情况求该表达式的值，仅需改变上下文对象。

最后，我们可用一个新的表达式替换变量 y，并重新求值：

```
VariableExp* z = new VariableExp("Z");
NotExp not_z(z);

BooleanExp* replacement = expression->Replace("Y", not_z);

context.Assign(z, true);

result = replacement->Evaluate(context);
```

这个例子说明了解释器模式一个很重要的特点：可以用多种操作来"解释"一个句子。

在为 BooleanExp 定义的三种操作中，Evaluate 最切合我们关于一个解释器应该做什么的想法——它解释一个程序或表达式并返回一个简单的结果。但是，替换操作也可被视为一个解释器。这个解释器的上下文是被替换变量的名字和替换它的表达式，而它的结果是一个新的表达式。甚至复制也可被视为一个上下文为空的解释器。将替换和复制视为解释器可能有点怪，因为它们仅仅是树上的基本操作。Visitor(5.11) 中的例子说明了这三个操作都可以被重新组织为独立的"解释器"访问者，从而显示了它们之间深刻的相似性。

解释器模式不仅仅是分布在一个使用 Composite(4.3) 模式的类层次上的操作。我们之所以认为 Evaluate 是一个解释器，是因为我们认为 BooleanExp 类层次表示一个语言。对于一个用于表示汽车部件装配的类层次，即使它也使用组合模式，我们还是不太可能将 Weight 和 Copy 这样的操作视为解释器，因为我们不会把汽车部件当作一个语言。这是一个看问题的角度问题，如果我们真有"汽车部件语言"的语法，那么也许可以认为在那些部件上的操作是以某种方式解释该语言。

10. 已知应用

解释器模式在使用面向对象语言实现的编译器中得到了广泛应用，如 Smalltalk 编译器。SPECTalk 使用该模式解释输入文件格式的描述 [Sza92]。QOCA 约束 – 求解工具使用它对约束进行计算 [HHMV92]。

在最宽泛的概念下（即分布在基于 Composite(4.3) 模式的类层次上的一种操作），几乎每个使用组合模式的系统也都使用了解释器模式。但一般只有在用一个类层次来定义某个语言时，才强调使用解释器模式。

11. 相关模式

Composite(4.3)：抽象语法树是一个组合模式的实例。

Flyweight(4.6)：说明了如何在抽象语法树中共享终结符。

Iterator(5.4)：解释器可用一个迭代器遍历该结构。

Visitor(5.11)：可用来在一个类中维护抽象语法树中各结点的行为。

5.4 Iterator（迭代器）——对象行为型模式

1. 意图

提供一种方法顺序访问一个聚合对象中的各个元素，而又不需要暴露该对象的内部表示。

2. 别名

游标（cursor）。

3. 动机

一个聚合对象，如列表（list），应该提供一种方法来让别人可以访问它的元素，而又不需要暴露它的内部结构。此外，针对不同的需求，可能要以不同的方式遍历这个列表。但是即使可以预见到所需的那些遍历操作，你可能也不希望列表的接口中充斥着各种不同遍历的操作。有时还可能需要在同一个列表上同时进行多个遍历。

迭代器模式可帮你解决所有这些问题。这一模式的关键思想是将对列表的访问和遍历从列表对象中分离出来并放入一个迭代器（iterator）对象中。迭代器类定义了一个访问该列表元素的接口。迭代器对象负责跟踪当前的元素，即它知道哪些元素已经遍历过了。

例如，一个列表（List）类可能需要一个列表迭代器（ListIterator），它们之间的关系如下图：

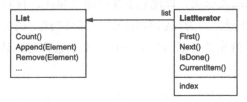

在实例化列表迭代器之前，必须提供待遍历的列表。一旦有了该列表迭代器的实例，就可以顺序地访问该列表的各个元素。CurrentItem 操作返回列表中的当前元素；First 操作初始化迭代器，使当前元素指向列表的第一个元素；Next 操作将当前元素指针向前推进一步，指向下一个元素；而 IsDone 检查是否已越过最后一个元素，也就是完成了这次遍历。

将遍历机制与列表对象分离使我们可以定义不同的迭代器来实现不同的遍历策略，而无须在列表接口中列举它们。例如，过滤列表迭代器（FilteringListIterator）可能只访问那些满足特定过滤约束条件的元素。

注意迭代器和列表是耦合在一起的，而且客户对象必须知道遍历的是一个列表而不是其他聚合结构。最好能有一种办法使得不需要改变客户代码即可改变该聚合类。可以通过将迭代器的概念推广到多态迭代（polymorphic iteration）来达到这个目标。

例如，假定我们还有一个列表的特殊实现，比如说 SkipList[Pug90]。SkipList 是一种具有类似于平衡树性质的随机数据结构。我们希望我们的代码对 List 和 SkipList 对象都适用。

首先，定义一个抽象列表类 AbstractList，它提供操作列表的公共接口。类似地，我们也需要一个抽象的迭代器类 Iterator，它定义公共的迭代接口。然后我们可以为每个不同的列表实现定义具体的 Iterator 子类。这样迭代机制就与具体的聚合类无关了。

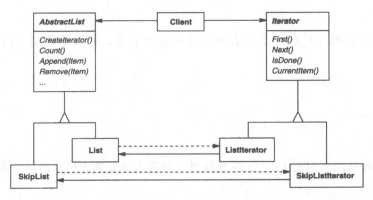

　　余下的问题是如何创建迭代器。既然要使这些代码不依赖于具体的列表子类，就不能仅仅简单地实例化一个特定的类，而让列表对象负责创建相应的迭代器。这需要列表对象提供 CreateIterator 这样的操作，客户请求调用该操作以获得一个迭代器对象。

　　创建迭代器是一个 Factory Method(3.3) 模式的例子。我们在这里用它来使得一个客户可向一个列表对象请求合适的迭代器。Factory Method 模式产生两个类层次，一个是列表的，一个是迭代器的。CreateIterator "联系" 这两个类层次。

4. 适用性

以下情况下可使用迭代器模式：

- 访问一个聚合对象的内容而无须暴露它的内部表示。
- 支持对聚合对象的多种遍历。
- 为遍历不同的聚合结构提供一个统一的接口（即支持多态迭代）。

5. 结构

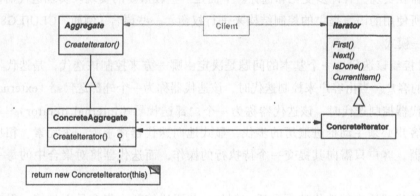

6. 参与者

- Iterator（迭代器）
  - 迭代器定义访问和遍历元素的接口。
- ConcreteIterator（具体迭代器）
  - 具体迭代器实现迭代器接口。
  - 对该聚合遍历时跟踪当前位置。
- Aggregate（聚合）
  - 聚合定义创建相应迭代器对象的接口。
- ConcreteAggregate（具体聚合）
  - 具体聚合实现创建相应迭代器的接口，该操作返回 ConcreteIterator 的一个适当的实例。

7. 协作

● ConcreteIterator 跟踪聚合中的当前对象，并能够计算出待遍历的后继对象。

8. 效果

迭代器模式有三个重要的作用：

1）支持以不同的方式遍历一个聚合　复杂的聚合可用多种方式进行遍历。例如，代码生成和语义检查要遍历语法分析树。代码生成可以按中序或者前序来遍历语法分析树。迭代器模式使得改变遍历算法变得很容易：仅须用一个不同的迭代器的实例代替原先的实例即可。你也可以自己定义迭代器的子类以支持新的遍历。

2）简化了聚合的接口　有了迭代器的遍历接口，聚合本身就不再需要类似的遍历接口了。这样就简化了聚合的接口。

3）在同一个聚合上可以有多个遍历　每个迭代器保持它自己的遍历状态，因此你可以同时进行多个遍历。

9. 实现

迭代器在实现上有许多变化和选择。下面是一些较重要的实现。实现迭代器模式时常常需要根据所使用的语言提供的控制结构来进行权衡。一些语言（例如，CLU[LG86]）甚至直接支持这一模式。

1）谁控制该迭代　一个基本的问题是决定由哪一方来控制该迭代，是迭代器还是使用该迭代器的客户。当由客户来控制迭代时，该迭代器称为一个外部迭代器（external iterator）；而当由迭代器控制迭代时，该迭代器称为一个内部迭代器（internal iterator）⊖。使用外部迭代器的客户必须主动推进遍历的步伐，显式地向迭代器请求下一个元素。相反，若使用内部迭代器，客户只需向其提交一个待执行的操作，而迭代器将对聚合中的每一个元素实施该操作。

外部迭代器比内部迭代器更灵活。例如，若要比较两个集合是否相等，很容易用外部迭代器实现，而几乎无法用内部迭代器实现。在像 C++ 这样不提供匿名函数、闭包或像 Smalltalk 和 CLOS 这样不提供连续（continuation）的语言中，内部迭代器的弱点更为明显。但另一方面，内部迭代器的使用较为容易，因为它已经定义好了迭代逻辑。

2）谁定义遍历算法　迭代器不是唯一可定义遍历算法的地方。聚合本身也可以定义遍历算法，并在遍历过程中用迭代器来存储当前迭代的状态。我们称这种迭代器为游标（cursor），因为它仅用来指示当前位置。客户会以这个游标为参数调用该聚合的 Next 操作，而 Next 操作将改变这个指示器的状态⊜。

如果迭代器负责遍历算法，那么将易于在相同的聚合上使用不同的迭代算法，同时也易于在不同的聚合上复用相同的算法。从另一方面说，遍历算法可能需要访问聚合的私有变量。如果这样，将遍历算法放入迭代器中会破坏聚合的封装性。

⊖ Booch 分别称外部和内部迭代器为主动（active）和被动（passive）迭代器 [Boo94]。"主动"和"被动"两个词描述了客户的作用，而不是指迭代器主动与否。

⊜ 指示器是 Memento 模式的一个简单例子并且有许多和它相同的实现问题。

3）迭代器健壮程度如何 在遍历一个聚合的同时更改这个聚合可能是危险的。如果在遍历聚合的时候增加或删除聚合元素，可能会导致两次访问同一个元素或者遗漏某个元素。一个简单的解决办法是复制该聚合，并对该副本实施遍历，但一般来说这样做代价太高。

一个健壮的迭代器（robust iterator）保证插入和删除操作不会干扰遍历，且无须复制该聚合。有许多方法来实现健壮的迭代器，其中大多数需要向聚合注册迭代器。当插入或删除元素时，该聚合要么调整迭代器的内部状态，要么在内部维护额外的信息以保证正确的遍历。

Kofler 在 ET++[Kof93] 中对如何实现健壮的迭代器做了很充分的讨论。Murray 讨论了如何为 USL StandardComponents 列表类实现健壮的迭代器 [Mur93]。

4）附加的迭代器操作 迭代器的最小接口由 First、Next、IsDone 和 CurrentItem [⊖] 操作组成。其他一些操作可能也很有用。例如，对有序的聚合可用一个 Previous 操作将迭代器定位到前一个元素。SkipTo 操作用于已排序并做了索引的聚合，它将迭代器定位到符合指定条件的元素对象上。

5）在 C++ 中使用多态的迭代器 使用多态迭代器是有代价的。其要求用一个 Factory Method 动态地分配迭代器对象。因此仅当必须多态时才使用它，否则使用在栈中分配内存的具体的迭代器。

多态迭代器有另一个缺点：客户必须负责删除它。这容易导致错误，因为你容易忘记释放一个使用堆分配的迭代器对象，当一个操作有多个出口时尤其如此。而且其间如果有异常被触发的话，迭代器对象将永远不会被释放。

Proxy(4.7) 模式提供了一个补救方法。我们可使用一个栈分配的 Proxy 作为实际迭代器的中间代理。该代理在其析构器中删除迭代器。这样当该代理的生命周期结束时，实际迭代器将同它一起被释放。即使是在发生异常时，该代理机制也能保证正确地清除迭代器对象。这就是著名的 C++ "资源分配即初始化"技术 [ES90] 的一个应用。后面的代码示例给出了一个例子。

6）迭代器可有特权访问 迭代器可被看作创建它的聚合的一个扩展。迭代器和聚合紧密耦合。在 C++ 中我们可让迭代器作为它的聚合的一个友元（friend）来表示这种紧密的关系。这样你就不需要在聚合类中定义一些仅为迭代器所使用的操作。

但是，这样的特权访问可能使定义新的遍历变得很难，因为它将要求改变该聚合的接口增加另一个友元。为避免这一问题，迭代器类可包含一些 protected 操作来访问聚合类的重要的非公共可见的成员。迭代器子类（且只有迭代器子类）可使用这些 protected 操作来得到对该聚合的特权访问。

7）用于组合对象的迭代器 在 Composite(4.3) 模式中的递归聚合结构上，外部迭代器

⊖ 甚至可以将 Next、IsDone 和 CurrentItem 并入一个操作中，该操作前进到下一个对象并返回这个对象，如果遍历结束，那么这个操作返回一个特定的值（例如，0）标志该迭代结束。这样我们就使这个接口变得更小了。

可能难以实现，因为在该结构中不同对象处于嵌套聚合的多个不同层次，因此一个外部迭代器为跟踪当前的对象必须存储一条纵贯该 Composite 的路径。有时使用一个内部迭代器会更容易一些。它仅需要递归地调用自己即可，这样就隐式地将路径存储在调用栈中，而无须显式地维护当前对象位置。

如果组合中的结点有一个接口可以从一个结点移到它的兄弟结点、父结点和子结点，那么基于游标的迭代器是更好的选择。游标只需跟踪当前的结点，它可依赖这种结点接口来遍历组合对象。

组合常常需要用多种方法遍历。前序、后序、中序以及广度优先遍历都是常用的。你可用不同的迭代器类来支持不同的遍历。

8）空迭代器 空迭代器（NullIterator）是一个退化的迭代器，它有助于处理边界条件。根据定义，NullIterator 总是已经完成了遍历，即它的 IsDone 操作总是返回 true。

空迭代器使得更容易遍历树形结构的聚合（如组合对象）。在遍历过程中的每一个结点，都可向当前的元素请求遍历其各个子结点的迭代器。该聚合元素将返回一个具体的迭代器。但叶结点元素返回 NullIterator 的一个实例。这就使我们可以用一种统一的方式实现在整个结构上的遍历。

10. 代码示例

我们将看一个简单 List 类的实现，它是我们的基础库（附录 C）的一部分。我们将给出两个迭代器的实现，一个以从前到后的次序遍历该列表，而另一个以从后到前的次序遍历（基础库只支持第一种）。然后我们说明如何使用这些迭代器，以及如何避免限定于一种特定的实现。在此之后，我们将改变原来的设计以保证迭代器被正确地删除。最后一个例子示例一个内部迭代器，并与其相应的外部迭代器进行比较。

1）列表和迭代器接口 首先我们看看与实现迭代器相关的部分 List 接口。完整的接口请参考附录 C。

```
template <class Item>
class List {
public:
    List(long size = DEFAULT_LIST_CAPACITY);

    long Count() const;
    Item& Get(long index) const;
    // ...
};
```

该 List 类通过它的公共接口提供了一个合理的有效途径来支持迭代。它足以实现这两种遍历，因此没有必要给迭代器对底层数据结构的访问特权，也就是说，迭代器类不是列表的友元。为确保对不同遍历的透明使用，我们定义一个抽象的迭代器类，它定义了迭代器接口。

```
template <class Item>
class Iterator {
public:
```

```
    virtual void First() = 0;
    virtual void Next() = 0;
    virtual bool IsDone() const = 0;
    virtual Item CurrentItem() const = 0;
protected:
    Iterator();
};
```

2）迭代器子类的实现　列表迭代器是迭代器的一个子类。

```
template <class Item>
class ListIterator : public Iterator<Item> {
public:
    ListIterator(const List<Item>* aList);
    virtual void First();
    virtual void Next();
    virtual bool IsDone() const;
    virtual Item CurrentItem() const;

private:
    const List<Item>* _list;
    long _current;
};
```

ListIterator 的实现简单直接。它存储 List 和列表当前位置的索引 _current。

```
template <class Item>
ListIterator<Item>::ListIterator (
    const List<Item>* aList
) : _list(aList), _current(0) {
}
```

First 将迭代器置于第一个元素：

```
template <class Item>
void ListIterator<Item>::First () {
    _current = 0;
}
```

Next 使当前元素向前推进一步：

```
template <class Item>
void ListIterator<Item>::Next () {
    _current++;
}
```

IsDone 检查指向当前元素的索引是否超出了列表：

```
template <class Item>
bool ListIterator<Item>::IsDone () const {
    return _current >= _list->Count();
}
```

最后，CurrentItem 返回当前索引指向的元素。若迭代已经终止，则抛出一个 Iterator-
OutOfBounds 异常：

```
template <class Item>
Item ListIterator<Item>::CurrentItem () const {
    if (IsDone()) {
        throw IteratorOutOfBounds;
```

```
    }
    return _list->Get(_current);
}
```

ReverseListIterator 的实现几乎是一样的，只不过它的 First 操作将 _current 置于列表的末尾，而 Next 操作将 _current 减 1，向表头的方向前进一步。

3）使用迭代器　假定有一个雇员（Employee）对象的 List，而我们想打印出列表包含的所有雇员的信息。Employee 类用一个 Print 操作来打印本身的信息。为打印这个列表，我们定义一个 PrintEmployees 操作，此操作以一个迭代器为参数，并使用该迭代器遍历和打印这个列表：

```
void PrintEmployees (Iterator<Employee*>& i) {
    for (i.First(); !i.IsDone(); i.Next()) {
        i.CurrentItem()->Print();
    }
}
```

前面我们已经实现了从后向前和从前向后两种遍历的迭代器，我们可用这个操作以两种次序打印雇员信息：

```
List<Employee*>* employees;
// ...
ListIterator<Employee*> forward(employees);
ReverseListIterator<Employee*> backward(employees);

PrintEmployees(forward);
PrintEmployees(backward);
```

4）避免限定于一种特定的列表实现　考虑一个 List 的变体 skiplist 会对迭代代码产生什么影响。List 的 SkipList 子类必须提供一个实现 Iterator 接口的相应的迭代器 SkipListIterator。在内部，为了进行高效的迭代，SkipListIterator 必须保持多个索引。既然 SkipListIterator 实现了 Iterator，PrintEmployees 操作也可用于用 SkipList 存储的雇员列表。

```
SkipList<Employee*>* employees;
// ...

SkipListIterator<Employee*> iterator(employees);
PrintEmployees(iterator);
```

尽管这种方法是可行的，但最好能够不需要明确指定具体的 List 实现（此处即为 SkipList）。为此可以引入一个 AbstractList 类，它为不同的列表实现给出一个标准接口。List 和 SkipList 成为 AbstractList 的子类。

为支持多态迭代，AbstractList 定义一个 Factory Method，称为 CreateIterator。各个列表子类重定义这个方法以返回相应的迭代器。

```
template <class Item>
class AbstractList {
public:
    virtual Iterator<Item>* CreateIterator() const = 0;
    // ...
};
```

另一个办法是定义一个一般的 mixin 类 Traversable，它定义一个用于创建迭代器的接口。聚合类通过混入（继承）Traversable 来支持多态迭代。

List 重定义 CreateIterator，返回一个 ListIterator 对象：

```
template <class Item>
Iterator<Item>* List<Item>::CreateIterator () const {
    return new ListIterator<Item>(this);
}
```

现在我们可以写出不依赖于具体表示的打印雇员信息的代码。

```
// we know only that we have an AbstractList
AbstractList<Employee*>* employees;
// ...

Iterator<Employee*>* iterator = employees->CreateIterator();
PrintEmployees(*iterator);
delete iterator;
```

5）保证迭代器被删除　注意 CreateCreateIterator 返回的是一个动态分配的迭代器对象。在使用完毕后必须删除这个迭代器，否则会造成内存泄漏。为方便客户，我们提供一个 IteratorPtr 作为迭代器的代理，这个机制可以保证在 Iterator 对象离开作用域时清除它。

IteratorPtr 总是在栈上分配[⊖]。C++ 自动调用它的析构器，而该析构器将删除真正的迭代器。IteratorPtr 重载了操作符 "->" 和 "*"，使得可将 IteratorPtr 用作一个指向迭代器的指针。IteratorPtr 的成员都实现为内联的，这样它们不会产生任何额外开销。

```
template <class Item>
class IteratorPtr {
public:
    IteratorPtr(Iterator<Item>* i): _i(i) { }
    ~IteratorPtr() { delete _i; }

    Iterator<Item>* operator->() { return _i; }
    Iterator<Item>& operator*() { return *_i; }
private:
    // disallow copy and assignment to avoid
    // multiple deletions of _i:

    IteratorPtr(const IteratorPtr&);
    IteratorPtr& operator=(const IteratorPtr&);
private:
    Iterator<Item>* _i;
};
```

IteratorPtr 简化了打印代码：

```
AbstractList<Employee*>* employees;
// ...

IteratorPtr<Employee*> iterator(employees->CreateIterator());
PrintEmployees(*iterator);
```

6）一个内部的 ListIterator　最后，我们看看一个内部的或被动的 ListIterator 类是怎么实现的。此时由迭代器来控制迭代，并对列表中的每一个元素施行同一个操作。

⊖　你只需要定义私有的 new 和 delete 操作符即可在编译时保证这一点，不需要附加的实现。

问题是如何实现一个抽象的迭代器，以支持作用于列表各个元素的不同操作。有些语言支持所谓的匿名函数或闭包，使用这些机制可以较方便地实现抽象的迭代器。但是 C++ 并不支持这些机制。此时，至少有两种办法可供选择：①给迭代器传递一个函数指针（全局的或静态的）；②依赖于子类生成。在第一种情况下，迭代器在迭代过程中的每一步调用传递给它的操作；在第二种情况下，迭代器调用子类重定义了的操作以实现一个特定的行为。

这两种选择都不是尽善尽美。常常需要在迭代时累积（accumulate）状态，而用函数来实现这个功能并不太适合，因为我们将不得不使用静态变量来记住这个状态。Iterator 子类给我们提供了一个方便的存储累积状态的地方，比如存放在一个实例变量中。但为每一个不同的遍历创建一个子类需要做更多的工作。

下面是第二种实现办法的一个大体框架，它利用了子类生成。这里我们称内部迭代器为一个 ListTraverser。

```
template <class Item>
class ListTraverser {
public:
    ListTraverser(List<Item>* aList);
    bool Traverse();
protected:
    virtual bool ProcessItem(const Item&) = 0;
private:
    ListIterator<Item> _iterator;
};
```

ListTraverser 以一个 List 实例为参数。在内部，它使用一个外部 ListIterator 进行遍历。Traverse 启动遍历并对每一元素项调用 ProcessItem 操作。内部迭代器可在某次 ProcessItem 操作返回 false 时提前终止本次遍历。而 Traverse 返回一个布尔值指示本次遍历是否提前终止。

```
template <class Item>
ListTraverser<Item>::ListTraverser (
    List<Item>* aList
) : _iterator(aList) { }

template <class Item>
bool ListTraverser<Item>::Traverse () {
    bool result = false;

    for (
        _iterator.First();
        !_iterator.IsDone();
        _iterator.Next()
    ) {
        result = ProcessItem(_iterator.CurrentItem());

        if (result == false) {
            break;
        }
    }
    return result;
}
```

让我们使用一个 ListTraverser 来打印雇员列表中的头 10 个雇员。为达到这个目的，必须定义一个 ListTraverser 的子类并重定义其 ProcessItem 操作。我们用一个 _count 实例变量对已打印的雇员进行计数。

```cpp
class PrintNEmployees : public ListTraverser<Employee*> {
public:
    PrintNEmployees(List<Employee*>* aList, int n) :
        ListTraverser<Employee*>(aList),
        _total(n), _count(0) { }

protected:
    bool ProcessItem(Employee* const&);
private:
    int _total;
    int _count;
};

bool PrintNEmployees::ProcessItem (Employee* const& e) {
    _count++;
    e->Print();
    return _count < _total;
}
```

下面是 PrintNEmployees 怎样打印列表中的头 10 个雇员的代码:

```cpp
List<Employee*>* employees;
// ...

PrintNEmployees pa(employees, 10);
pa.Traverse();
```

注意这里客户不需要说明如何进行迭代循环。整个迭代逻辑可以复用,这是内部迭代器的主要优点。但其实现比外部迭代器要复杂一些,因为必须定义一个新的类。与使用外部迭代器比较:

```cpp
ListIterator<Employee*> i(employees);
int count = 0;

for (i.First(); !i.IsDone(); i.Next()) {
    count++;
    i.CurrentItem()->Print();

    if (count >= 10) {
        break;
    }
}
```

内部迭代器可以封装不同类型的迭代。例如,FilteringListTraverser 封装的迭代仅处理能通过测试的列表元素:

```cpp
template <class Item>
class FilteringListTraverser {
public:
    FilteringListTraverser(List<Item>* aList);
    bool Traverse();
protected:
    virtual bool ProcessItem(const Item&) = 0;
    virtual bool TestItem(const Item&) = 0;
private:
    ListIterator<Item> _iterator;
};
```

这个类接口除增加了用于测试的成员函数 TestItem 外与 ListTraverser 相同,它的子类将重定义 TestItem 以指定所需的测试。

Traverse 根据测试的结果决定是否越过当前元素继续遍历：

```
template <class Item>
void FilteringListTraverser<Item>::Traverse () {
    bool result = false;

    for (
        _iterator.First();
        !_iterator.IsDone();
        _iterator.Next()
    ) {
        if (TestItem(_iterator.CurrentItem())) {
            result = ProcessItem(_iterator.CurrentItem());
            if (result == false) {
                break;
            }
        }
    }
    return result;
}
```

这个类的一种变体是让 Traverse 返回值指示是否至少有一个元素通过测试⊖。

11. 已知应用

迭代器在面向对象系统中很普遍。大多数集合类库都以不同的形式提供了迭代器。

这里是一个流行的集合类库——Booch 构件 [Boo94] 中的一个例子，该类库提供了一个队列的两种实现：固定大小的（有界的）实现和动态增长的（无界的）实现。队列的接口由一个抽象的 Queue 类定义。为了支持不同队列实现上的多态迭代，队列迭代器的实现基于抽象的 Queue 类接口。这样做的优点在于，不需要每个队列都实现一个 Factory Method 来提供合适的迭代器。但是，它要求抽象 Queue 类的接口的功能足够强大以有效地实现通用迭代器。

在 Smalltalk 中不需要显式定义迭代器。标准的集合类（包、集合、字典、有序集、字符串，等等）都定义一个内部迭代器方法 do:，它以一个程序块（即闭包）为参数。集合中的每个元素先被绑定于程序块中的局部变量，然后该程序块被执行。Smalltalk 也包括一些 Stream 类，这些 Stream 类支持一个类似于迭代器的接口。ReadStream 实质上是一个迭代器，而且对所有的顺序集合它都可作为一个外部迭代器。对于非顺序的集合类（如集合和字典）没有标准的外部迭代器。

ET++ 容器类 [WGM88] 提供了前面讨论的多态迭代器和负责清除迭代器的 Proxy。Unidraw 图形编辑框架使用基于指示器的迭代器 [VL90]。

ObjectWindow2.0[Bor94] 为容器提供了一个迭代器类层次。你可对不同的容器类型用相同的方法迭代。ObjectWindow 迭代语法靠重载后增量运算符 ++ 推进迭代。

12. 相关模式

Composite(4.3)：迭代器常被应用到像组合这样的递归结构上。

Factory Method(3.3)：多态迭代器靠 Factory Method 来实例化适当的迭代器子类。

⊖ 在这些例子中，Traverse 操作是一个带原语操作 TestItem 和 ProcessItem 的 Template Method(5.10)。

Memento(5.6)：常与迭代器模式一起使用。迭代器可使用 memento 来捕获一个迭代的状态。迭代器在其内部存储 memento。

5.5 Mediator（中介者）——对象行为型模式

1. 意图

用一个中介对象来封装一系列的对象交互。中介者使各对象不需要显式地相互引用，从而使其耦合松散，而且可以独立地改变它们之间的交互。

2. 动机

面向对象设计鼓励将行为分布到各个对象中。这种分布可能会导致对象间有许多连接。在最坏的情况下，每一个对象都知道其他所有对象。

虽然将一个系统分割成许多对象通常可以增强可复用性，但是对象间相互连接的激增又会降低其可复用性。大量的相互连接使得一个对象似乎不太可能在没有其他对象的支持下工作——系统表现为一个不可分割的整体。而且，对系统的行为进行任何较大的改动都十分困难，因为行为被分布在许多对象中。结果是，你可能不得不定义很多子类以定制系统的行为。

例如，考虑一个图形用户界面中对话框的实现。对话框使用一个窗口来展现一系列的窗口组件，如按钮、菜单和输入域等，如下图所示。

通常对话框中的窗口组件间存在依赖关系。例如，当一个特定的输入域为空时，某个按钮不能使用；在称为列表框的一列选项中选择一个表目可能会改变一个输入域的内容；在输入域中输入文本可能会自动地选择一个或多个列表框中相应的表目；一旦文本出现在输入域中，其他一些按钮可能就变得能够使用了，这些按钮允许用户做一些操作，比如改变或删除文本所指的东西。

不同的对话框会有不同的窗口组件间的依赖关系。因此即使对话框显示相同类型的窗口组件，也不能简单地直接复用已有的窗口组件类，而必须定制它们以反映特定对话框的依赖关系。由于涉及多个类，用逐个生成子类的办法来定制它们会很冗长。

可以通过将集体行为封装在一个单独的中介者（mediator）对象中来避免这个问题。中介者负责控制和协调一组对象间的交互。中介者充当一个中介以使组中的对象不再相互显式引用。这些对象仅知道中介者，从而减少了相互连接的数目。

例如，FontDialogDirector可作为一个对话框中的窗口组件间的中介者。FontDialog-Director 对象知道对话框中的各窗口组件，并协调它们之间的交互。它充当窗口组件间通信的中转中心，如下图所示。

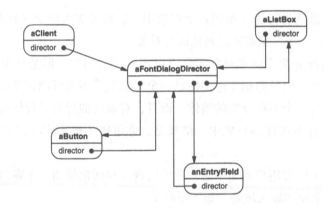

下面的交互图说明了各对象如何协作处理一个列表框中选项的变化。

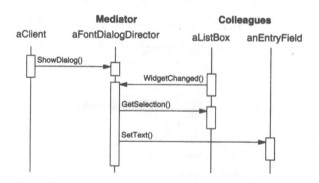

下面一系列事件使一个列表框的选择被传送给一个输入域：

1）列表框告诉它的导控者它被改变了。

2）导控者从列表框中得到选中的选择项。

3）导控者将该选择项传递给入口域。

4）现在入口域已有文本，导控者使得用于发起一个动作（如"黑体""斜体"）的某个（某些）按钮可用。

注意导控者是如何在对话框和入口域间进行中介的。窗口组件间的通信都通过导控者间接地进行，它们不必互相知道，仅须知道导控者。而且，由于所有这些行为都局限于一个类中，只要扩展或替换这个类，就可以改变和替换这些行为。

这里展示的是 FontDialogDirector 抽象怎样被集成到一个类库中，如下图所示。

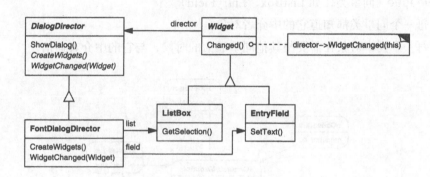

DialogDirector 是一个抽象类，它定义了一个对话框的总体行为。客户调用 ShowDialog 操作将对话框显示在屏幕上。CreateWidgets 是创建一个对话框的窗口组件的抽象操作。WidgetChanged 是另一个抽象操作，窗口组件调用它来通知其导控者它们被改变了。DialogDirector 的子类将重定义 CreateWidgets 以创建正确的窗口组件，并重定义 WidgetChanged 以处理其变化。

3. 适用性

在下列情况下使用中介者模式：

- 一组对象以定义良好但复杂的方式进行通信，产生的相互依赖关系结构混乱且难以理解。
- 一个对象引用其他很多对象并且直接与这些对象通信，导致难以复用该对象。
- 想定制一个分布在多个类中的行为，而又不想生成太多的子类。

4. 结构

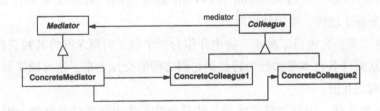

一个典型的对象结构可能如下页图所示。

5. 参与者

- Mediator（中介者，如 DialogDirector）
  — 中介者定义一个接口用于与各同事（Colleague）对象通信。

- ConcreteMediator（具体中介者，如 FontDialogDirector）
  — 具体中介者通过协调各同事对象实现协作行为。
  — 了解并维护它的各个同事。
- Colleague（同事类，如 ListBox、EntryField）
  — 每一个同事类都知道它的中介者对象。
  — 每一个同事对象在需要与其他同事通信的时候，与它的中介者通信。

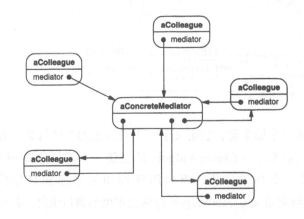

6. 协作

- 同事向一个中介者对象发送和接收请求。中介者在各同事间适当地转发请求以实现协作行为。

7. 效果

中介者模式有以下优点和缺点：

1）减少了子类生成　Mediator 将原本分布于多个对象间的行为集中在一起。改变这些行为只需生成 Meditator 的子类即可，这样各个 Colleague 类可被复用。

2）将各 Colleague 解耦　Mediator 有利于各 Colleague 间的松耦合，你可以独立地改变和复用各 Colleague 类和 Mediator 类。

3）简化了对象协议　用 Mediator 和各 Colleague 间的一对多交互来代替多对多交互。一对多的关系更易于理解、维护和扩展。

4）对对象如何协作进行了抽象　将中介作为一个独立的概念并将其封装在一个对象中，使你将注意力从对象各自本身的行为转移到它们之间的交互上来。这有助于弄清楚一个系统中的对象是如何交互的。

5）使控制集中化　中介者模式将交互的复杂性变为中介者的复杂性。因为中介者封装了协议，它可能变得比任一个 Colleague 都复杂。 这可能使得中介者自身成为一个难于维护的庞然大物。

8. 实现

下面是与中介者模式有关的一些实现问题：

1）忽略抽象的 Mediator 类　当各 Colleague 仅与一个 Mediator 一起工作时，没有必要定义一个抽象的 Mediator 类。Mediator 类提供的抽象耦合已经使各 Colleague 可与不同的 Mediator 子类一起工作，反之亦然。

2）Colleague-Mediator 通信　当一个感兴趣的事件发生时，Colleague 必须与其 Mediator 通信。一种实现方法是使用 Observer(5.7) 模式，将 Mediator 实现为一个 Observer，各 Colleague 作为 Subject，一旦其状态改变就发送通知给 Mediator。Mediator 做出的响应是将状态改变的结果传播给其他的 Colleague。

另一个方法是在 Mediator 中定义一个特殊的通知接口，各 Colleague 在通信时直接调用该接口。Windows 下的 Smalltalk/V 使用某种形式的代理机制：当与 Mediator 通信时，Colleague 将自身作为一个参数传递给 Mediator，使其可以识别发送者。代码示例一节使用这种方法。而 Smalltalk/V 的实现方法将在已知应用一节中讨论。

9. 代码示例

我们将使用一个 DialogDirector 来实现动机一节中所示的字体对话框。抽象类 DialogDirector 为导控者定义了一个接口。

```cpp
class DialogDirector {
public:
    virtual ~DialogDirector();

    virtual void ShowDialog();
    virtual void WidgetChanged(Widget*) = 0;

protected:
    DialogDirector();
    virtual void CreateWidgets() = 0;
};
```

Widget 是窗口组件的抽象基类。一个窗口组件知道它的导控者。

```cpp
class Widget {
public:
    Widget(DialogDirector*);
    virtual void Changed();

    virtual void HandleMouse(MouseEvent& event);
    // ...
private:
    DialogDirector* _director;
};
```

Changed 调用导控者的 WidgetChanged 操作，通知导控者某个重要事件发生了。

```cpp
void Widget::Changed () {
    _director->WidgetChanged(this);
}
```

DialogDirector 的子类重定义 WidgetChanged 以导控相应的窗口组件。窗口组件把对自身的一个引用作为 WidgetChanged 的参数，使得导控者可以识别哪个窗口组件改变了。DialogDirector 子类重定义纯虚函数 CreateWidgets，在对话框中构建窗口组件。

ListBox、EntryField 和 Button 是 Widget 的子类，用作特定的用户界面构成元素。ListBox 提供了一个 GetSelection 操作来得到当前的选择项，而 EntryField 的 SetText 操作则将新的文本放入该域中。

```cpp
class ListBox : public Widget {
public:
    ListBox(DialogDirector*);

    virtual const char* GetSelection();
    virtual void SetList(List<char*>* listItems);
    virtual void HandleMouse(MouseEvent& event);
    // ...
};

class EntryField : public Widget {
public:
    EntryField(DialogDirector*);

    virtual void SetText(const char* text);
    virtual const char* GetText();
    virtual void HandleMouse(MouseEvent& event);
    // ...
};
```

Button 是一个简单的窗口组件，它一旦被按下就调用 Changed。这是在其 HandleMouse 的实现中完成的：

```cpp
class Button : public Widget {
public:
    Button(DialogDirector*);

    virtual void SetText(const char* text);
    virtual void HandleMouse(MouseEvent& event);
    // ...
};
void Button::HandleMouse (MouseEvent& event) {
    // ...
    Changed();
}
```

FontDialogDirector 类在对话框中的窗口组件间进行中介。FontDialogDirector 是 DialogDirector 的子类：

```cpp
class FontDialogDirector : public DialogDirector {
public:
    FontDialogDirector();
    virtual ~FontDialogDirector();
    virtual void WidgetChanged(Widget*);

protected:
    virtual void CreateWidgets();

private:
    Button* _ok;
    Button* _cancel;
    ListBox* _fontList;
    EntryField* _fontName;
};
```

FontDialogDirector 跟踪它显示的窗口组件。它重定义 CreateWidgets 以创建窗口组件并初始化对它们的引用：

```
void FontDialogDirector::CreateWidgets () {
    _ok = new Button(this);
    _cancel = new Button(this);
    _fontList = new ListBox(this);
    _fontName = new EntryField(this);

    // fill the listBox with the available font names

    // assemble the widgets in the dialog
}
```

WidgetChanged 保证窗口组件正确地协同工作：

```
void FontDialogDirector::WidgetChanged (
    Widget* theChangedWidget
) {
    if (theChangedWidget == _fontList) {
        _fontName->SetText(_fontList->GetSelection());

    } else if (theChangedWidget == _ok) {
        // apply font change and dismiss dialog
        // ...
    } else if (theChangedWidget == _cancel) {
        // dismiss dialog
    }
}
```

WidgetChanged 的复杂度随对话框的复杂度的增加而增加。在实践中，大对话框并不受欢迎，其原因是多方面的，其中一个重要原因是中介者的复杂性可能会抵消该模式在其他方面带来的好处。

10. 已知应用

ET++[WGM88] 和 THINK C 类库 [Sym93b] 都在对话框中使用类似导控者的对象作为窗口组件间的中介者。

Windows 下的 Smalltalk/V 的应用结构基于中介者结构 [LaL94]。在这个环境中，一个应用由一个包含一组窗格（pane）的窗口组成。该类库包含若干预定义的 Pane 对象，比如说 TextPane、ListBox、Button，等等。这些窗格无须继承即可直接使用。应用开发者仅须由 ViewManager 衍生子类，ViewManager 类负责窗格间的协调工作。ViewManager 是一个中介者，而每一个窗格只知道它的视图管理器（view manager），它被看作该窗格的"主人"。窗格不直接互相引用。

下页的对象图显示了一个应用运行时的情景。

Smalltalk/V 的 Pane-ViewManager 通信使用一种事件机制。当一个窗格想从中介者得到信息或想通知中介者一些重要的事情发生时，它产生一个事件。事件定义一个符号（如 #select）来标识该事件。为处理该事件，视图管理器为该窗格注册一个候选方法。这个方法是该事件的处理程序，一旦该事件发生它就会被调用。

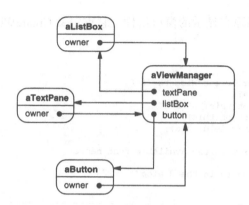

下面的代码片段说明了在 ViewManager 子类中，一个 ListPane 对象如何被创建以及 ViewManager 如何为 #select 事件注册一个事件处理程序：

```
self addSubpane: (ListPane new
    paneName: 'myListPane';
    owner: self;
    when: #select perform: #listSelect:).
```

另一个中介者模式的应用是用于协调复杂的更新。一个例子是在 Observer(5.7) 中提到的 ChangeManager 类。ChangeManager 在 subject 和 observer 间进行协调以避免冗余的更新。当一个对象改变时，它通知 ChangeManager，ChangeManager 随即通知依赖于该对象的那些对象以协调更新。

一个类似的应用出现在 Unidraw 绘图框架 [VL90] 中，它使用一个称为 CSolver 的类来实现"连接器"间的连接约束。图形编辑器中的对象可用不同的方式表现出相互依附。连接器用于自动维护连接的应用中，如框图编辑器和电路设计系统。CSolver 是连接器间的中介者，它解释连接约束并更新连接器的位置以反映这些约束。

11. 相关模式

Facade(4.5) 与中介者的不同之处在于，它是对一个对象子系统进行抽象，从而提供了一个更为方便的接口。它的协议是单向的，即 Facade 对象对这个子系统类提出请求，但反之则不行。相反，Mediator 提供了各 Colleague 对象不支持或不能支持的协作行为，而且协议是多向的。

Colleague 可使用 Observer(5.7) 模式与 Mediator 通信。

5.6 Memento（备忘录）——对象行为型模式

1. 意图

在不破坏封装性的前提下，捕获一个对象的内部状态，并在该对象之外保存这个状态。这样以后就可将该对象恢复到原先保存的状态。

2. 别名

Token。

3. 动机

有时有必要记录一个对象的内部状态。为了允许用户取消不确定的操作或从错误中恢复过来，需要实现检查点和取消机制，而要实现这些机制，你必须事先将状态信息保存在某处，这样才能将对象恢复到它们先前的状态。但是对象通常封装了其部分或所有的状态信息，使得其状态不能被其他对象访问，也就不可能在该对象之外保存其状态。而暴露其内部状态又将违反封装的原则，可能有损应用的可靠性和可扩展性。

例如，考虑一个图形编辑器，它支持图形对象间的连线。用户可用一条直线连接两个矩形，而当用户移动任意一个矩形时，这两个矩形仍能保持连接。在移动过程中，编辑器自动伸展这条直线以保持该连接。

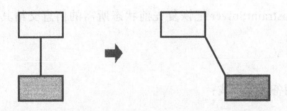

一个众所周知的保持对象间连接关系的方法是使用约束解释系统。我们可将这一功能封装在一个 ConstraintSolver 对象中。ConstraintSolver 在连接生成时，记录这些连接并产生描述它们的数学方程。当用户生成一个连接或修改图形时，ConstraintSolver 就求解这些方程。并根据它的计算结果重新调整图形，使各个对象保持正确的连接。

在这一应用中，支持取消操作并不像看起来那么容易。一个显而易见的方法是，每次移动时保存移动的距离，而在取消这次移动时该对象移回相等的距离。然而，这不能保证所有的对象都会出现在它们原先出现的地方。设想在移动过程中某连接中有一些松弛。在这种情况下，简单地将矩形移回它原来的位置并不一定能得到预想的结果。

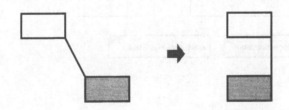

一般来说，ConstraintSolver 的公共接口可能不足以精确地逆转它对其他对象的作用。为重建先前的状态，取消操作机制必须与 ConstraintSolver 更紧密地结合，但我们同时也应避免将 ConstraintSolver 的内部暴露给取消操作机制。

我们可用备忘录（Memento）模式解决这一问题。一个备忘录（memento）是一个对象，它存储另一个对象在某个瞬间的内部状态，而后者称为备忘录的原发器（originator）。当需要设置原发器的检查点时，取消操作机制会向原发器请求一个备忘录。原发器用描述当前状态的信息初始化该备忘录。只有原发器可以向备忘录中存取信息，备忘录对其他的对象"不可见"。

在刚才讨论的图形编辑器的例子中，ConstraintSolver 可作为一个原发器。下面的事件序列描述了取消操作的过程：

1）作为移动操作的一个副作用，编辑器向 ConstraintSolver 请求一个备忘录。

2）ConstraintSolver 创建并返回一个备忘录，在这个例子中该备忘录是 SolverState 类的一个实例。SolverState 备忘录包含一些描述 ConstraintSolver 的内部等式和变量当前状态的数据结构。

3）此后当用户取消移动操作时，编辑器将 SolverState 备忘录送回给 ConstraintSolver。

4）根据 SolverState 备忘录中的信息，ConstraintSolver 改变它的内部结构以精确地将它的等式和变量返回到它们各自先前的状态。

这一方案允许 ConstraintSolver 把恢复先前状态所需的信息交给其他的对象，而又不暴露它的内部结构和表示。

4. 适用性

在以下情况下使用备忘录模式：

- 必须保存一个对象在某个时刻的（部分）状态，这样以后需要时它才能恢复到先前的状态。
- 如果一个接口让其他对象直接得到这些状态，将会暴露对象的实现细节并破坏对象的封装性。

5. 结构

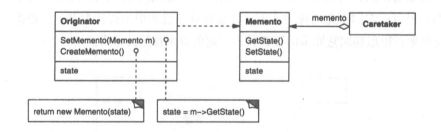

6. 参与者

- Memento（备忘录，如 SolverState）
  — 备忘录存储原发器对象的内部状态。原发器根据需要决定备忘录存储原发器的哪些内部状态。
  — 防止原发器以外的其他对象访问备忘录。备忘录实际上有两个接口，管理者（caretaker）只能看到备忘录的窄接口——它只能将备忘录传递给其他对象。相反，原发器能够看到一个宽接口，允许它访问返回到先前状态所需的所有数据。理想的情况是只允许生成本备忘录的那个原发器访问本备忘录的内部状态。

- Originator（原发器，如 ConstraintSolver）
  — 原发器创建一个备忘录，用以记录当前时刻它的内部状态。
  — 使用备忘录恢复内部状态。
- Caretaker（管理者，如 undo mechanism）
  — 负责保存好备忘录。
  — 不能对备忘录的内容进行操作或检查。

7. 协作

- 管理者向原发器请求一个备忘录，保留一段时间后，将其送回给原发器，如下面的交互图所示。

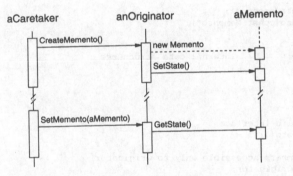

有时管理者不会将备忘录返回给原发器，因为原发器可能根本不需要退到先前的状态。

- 备忘录是被动的。只有创建备忘录的原发器会对它的状态进行赋值和检索。

8. 效果

备忘录模式有以下一些效果：

1）保持封装边界　使用备忘录可以避免暴露一些只应由原发器管理却又必须存储在原发器之外的信息。该模式把可能很复杂的 Originator 内部信息对其他对象屏蔽起来，从而保持了封装边界。

2）简化了原发器　在其他的保持封装性的设计中，Originator 负责保持客户请求过的内部状态版本。这就把所有存储管理的重任交给了 Originator。让客户管理请求的状态将会简化 Originator，并且使得客户工作结束时无须通知原发器。

3）使用备忘录可能代价很高　如果原发器在生成备忘录时必须复制并存储大量的信息，或者客户非常频繁地创建备忘录和恢复原发器状态，可能会导致非常大的开销。除非封装和恢复 Originator 状态的开销不大，否则该模式可能并不合适。参见实现一节中关于增量式改变的讨论。

4）定义窄接口和宽接口　在一些语言中可能难以保证只有原发器可访问备忘录的状态。

5）维护备忘录的潜在代价　管理者负责删除它所维护的备忘录。然而，管理者不知道备忘录中有多少个状态。因此当存储备忘录时，一个本来很小的管理者可能会产生大量的存储开销。

9. 实现

下面是实现备忘录模式时应考虑的两个问题：

1）语言支持　备忘录有两个接口：一个为原发器所使用的宽接口，一个为其他对象所使用的窄接口。理想的实现语言应可支持两级的静态保护。在 C++ 中，可将 Originator 作为 Memento 的一个友元，并使 Memento 宽接口为私有的。只有窄接口应该被声明为公共的。例如：

```cpp
class State;

class Originator {
public:
    Memento* CreateMemento();
    void SetMemento(const Memento*);
    // ...
private:
    State* _state;        // internal data structures
    // ...
};

class Memento {
public:
    // narrow public interface
    virtual ~Memento();
private:
    // private members accessible only to Originator
    friend class Originator;
    Memento();

    void SetState(State*);
    State* GetState();
    // ...
private:
    State* _state;
    // ...
};
```

2）存储增量式改变　如果备忘录的创建及其返回（给它们的原发器）的顺序是可预测的，备忘录可以仅存储原发器内部状态的增量改变。

例如，一个包含可撤销的命令的历史列表可使用备忘录，以保证命令被取消时它们可以恢复到正确的状态（参见 Command(5.2)）。历史列表定义了一个特定的顺序，按照这个顺序命令可以被撤销和重做。这意味着备忘录可以只存储一个命令所产生的增量改变而不是它所影响的每一个对象的完整状态。在前面动机一节给出的例子中，约束解释器可以仅存储那些变化了的内部结构，以保持直线与矩形相连，而不是存储这些对象的绝对位置。

10. 代码示例

此处给出的 C++ 代码展示的是前面讨论过的 ConstraintSolver 的例子。我们使用 MoveCommand 命令对象（参见 Command(5.2)）来执行（取消）一个图形对象从一个位置到另一个位置的移动变换。图形编辑器调用命令对象的 Execute 操作来移动一个图形对象，而用

Unexecute 来取消该移动。命令对象存储它的目标、移动的距离和一个 ConstraintSolverMemento 的实例,它是一个包含约束解释器状态的备忘录。

```
class Graphic;
    // base class for graphical objects in the graphical editor

class MoveCommand {
public:
    MoveCommand(Graphic* target, const Point& delta);
    void Execute();
    void Unexecute();
private:
    ConstraintSolverMemento* _state;
    Point _delta;
    Graphic* _target;
};
```

连接约束由 ConstraintSolver 类创建。它的关键成员函数是 Solve,它解释那些由 AddConstraint 操作注册的约束。为支持取消操作,ConstraintSolver 用 CreateMemento 操作将自身状态存储在外部的一个 ConstraintSolverMemento 实例中。调用 SetMemento 可使约束解释器返回到先前某个状态。ConstraintSolver 是一个 Singleton(3.5)。

```
class ConstraintSolver {
public:
    static ConstraintSolver* Instance();

    void Solve();
    void AddConstraint(
        Graphic* startConnection, Graphic* endConnection
    );
    void RemoveConstraint(
        Graphic* startConnection, Graphic* endConnection
    );
    ConstraintSolverMemento* CreateMemento();
    void SetMemento(ConstraintSolverMemento*);
private:
    // nontrivial state and operations for enforcing
    // connectivity semantics
};

class ConstraintSolverMemento {
public:
    virtual ~ConstraintSolverMemento();
private:
    friend class ConstraintSolver;
    ConstraintSolverMemento();

    // private constraint solver state
};
```

给定这些接口,我们可以实现 MoveCommand 的成员函数 Execute 和 Unexecute:

```
void MoveCommand::Execute () {
    ConstraintSolver* solver = ConstraintSolver::Instance();
    _state = solver->CreateMemento(); // create a memento
    _target->Move(_delta);
    solver->Solve();
}
```

```
void MoveCommand::Unexecute () {
    ConstraintSolver* solver = ConstraintSolver::Instance();
    _target->Move(-_delta);
    solver->SetMemento(_state); // restore solver state
    solver->Solve();
}
```

Execute 在移动图形前先获取一个 ConstraintSolverMemento 备忘录。Unexecute 先将图形移回，再将约束解释器的状态设回原先的状态，最后让约束解释器解释这些约束。

11. 已知应用

前面的代码示例是来自 Unidraw 中通过 Csolver 类 [VL90] 实现的对连接的支持。

Dylan 中的 Collection[App92] 提供了一个反映备忘录模式的迭代接口。Dylan 的集合有一个"状态"对象的概念，它是一个表示迭代状态的备忘录。每一个集合可以按照它所选择的任意方式表示迭代的当前状态，该表示对客户完全不可见。Dylan 的迭代方法转换为 C++ 可表示如下：

```
template <class Item>
class Collection {
public:
    Collection();

    IterationState* CreateInitialState();
    void Next(IterationState*);
    bool IsDone(const IterationState*) const;
    Item CurrentItem(const IterationState*) const;
    IterationState* Copy(const IterationState*) const;

    void Append(const Item&);
    void Remove(const Item&);
    // ...
};
```

CreateInitialState 为该集合返回一个已初始化的 IterationState 对象。Next 将状态对象推进到迭代的下一个位置，实际上它将迭代索引加 1。如果 Next 已经超出集合中的最后一个元素，IsDone 返回 true。CurrentItem 返回状态对象当前所指的那个元素。Copy 返回给定状态对象的一个副本。这可用来标记迭代过程中的某一点。

给定一个类 ItemType，我们可以像下面这样在它的实例集合上进行迭代[⊖]：

```
class ItemType {
public:
    void Process();
    // ...
};

Collection<ItemType*> aCollection;
IterationState* state;

state = aCollection.CreateInitialState();
```

⊖ 注意我们在迭代的最后删除该状态对象。但如果 ProcessItem 抛出一个异常，delete 将不会被调用，这样就产生了垃圾。在 C++ 中这是一个问题，但在 Dylan 中则没有这个问题，因为 Dylan 有垃圾回收机制。我们在 5.4 节讨论了这个问题的一个解决方法。

```
while (!aCollection.IsDone(state)) {
    aCollection.CurrentItem(state)->Process();
    aCollection.Next(state);
}
delete state;
```

基于备忘录的迭代接口有两个有趣的优点：

1）在同一个集合上可有多个状态一起工作。（Iterator(5.4) 模式也是这样。）

2）它不需要为支持迭代而破坏一个集合的封装性。备忘录仅由集合自身来解释，任何其他对象都不能访问它。支持迭代的其他方法要求将迭代器类作为其集合类的友元（参见 Iterator(5.4)），从而破坏了封装性。这一情况在基于备忘录的实现中不再存在，此时 Collection 是 IteratorState 的一个友元。

QOCA 约束解释工具在备忘录中存储增量信息 [HHMV92]。客户可得到刻画某约束系统当前解释的备忘录。该备忘录仅包括从上一次解释以来发生改变的那些约束变量。通常每次新的解释仅有一小部分解释器变量发生改变。这个发生变化的变量子集已足以将解释器恢复到先前的解释，恢复更前的解释要求经过中间的解释逐步地恢复。所以不能以任意的顺序设定备忘录，QOCA 依赖一种历史机制来恢复到先前的解释。

12. 相关模式

Command(5.2)：命令可使用备忘录来为可撤销的操作维护状态。

Iterator(5.4)：如前所述，备忘录可用于迭代。

5.7 Observer（观察者）——对象行为型模式

1. 意图

定义对象间的一种一对多的依赖关系，当一个对象的状态发生改变时，所有依赖于它的对象都得到通知并被自动更新。

2. 别名

依赖（dependent），发布 – 订阅（publish-subscribe）。

3. 动机

将一个系统分割成一系列相互协作的类有一个常见的副作用：需要维护相关对象间的一致性。我们不希望为了维持一致性而使各类紧密耦合，因为这样降低了其可复用性。

例如，许多图形用户界面工具箱将用户应用的界面表示与底下的应用数据分离 [KP88，LVC89，P+88，WGM88]。定义应用数据的类和负责界面表示的类可以各自独立地复用。当然它们也可一起工作。一个表格对象和一个柱状图对象可使用不同的表示形式描述同一个应用数据对象的信息。表格对象和柱状图对象互相不知道对方的存在，这样使你可以根据需要单独复用表格或柱状图。但在这里它们表现得似乎互相知道。当用户改变表格中的信息时，柱状图能立即反映这一变化，反过来也是如此。

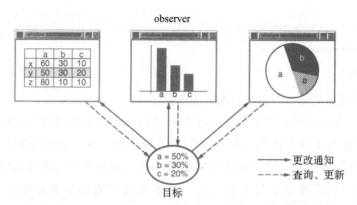

这一行为意味着表格对象和柱状图对象都依赖于数据对象，因此数据对象的任何状态改变都应立即通知它们。同时也没有理由将依赖于该数据对象的对象的数目限定为两个，对相同的数据可以有任意数目的不同用户界面。

Observer 模式描述了如何建立这种关系。这一模式中的关键对象是目标（subject）和观察者（observer）。一个目标可以有任意数目的依赖它的观察者。一旦目标的状态发生改变，所有的观察者都得到通知。作为对这个通知的响应，每个观察者都将查询目标以使其状态与目标的状态同步。

这种交互也称为发布－订阅（publish-subscribe）。目标是通知的发布者。它发出通知时并不需要知道谁是它的观察者，可以有任意数目的观察者订阅并接收通知。

4. 适用性

在以下情况下可以使用观察者模式：

- 一个抽象模型有两个方面，其中一个方面依赖于另一方面。将这二者封装在独立的对象中，以使它们可以各自独立地改变和复用。
- 对一个对象的改变需要同时改变其他对象，而不知道具体有多少对象有待改变。
- 一个对象必须通知其他对象，而它又不能假定其他对象是谁。换言之，你不希望这些对象是紧密耦合的。

5. 结构

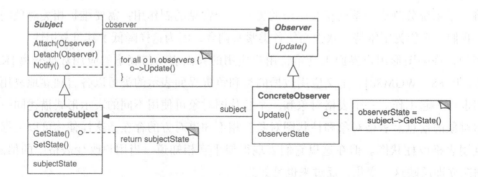

6. 参与者

- Subject（目标）
  — 目标知道它的观察者。可以有任意多个观察者观察同一个目标。
  — 提供注册和删除观察者对象的接口。
- Observer（观察者）
  — 为那些在目标发生改变时需要获得通知的对象定义一个更新接口。
- ConcreteSubject（具体目标）
  — 将有关状态存入各 ConcreteObserver 对象。
  — 当它的状态发生改变时，向其各个观察者发出通知。
- ConcreteObserver（具体观察者）
  — 维护一个指向 ConcreteSubject 对象的引用。
  — 存储有关状态，这些状态应与目标的状态保持一致。
  — 实现 Observer 的更新接口，以使自身状态与目标的状态保持一致。

7. 协作

- 当 ConcreteSubject 发生任何可能导致其观察者与其本身状态不一致的改变时，它将通知它的各个观察者。
- 在得到一个具体目标的改变通知后，ConcreteObserver 对象可向目标对象查询信息。ConcreteObserver 使用这些信息使它的状态与目标对象的状态一致。

下面的交互图说明了一个目标对象和两个观察者之间的协作：

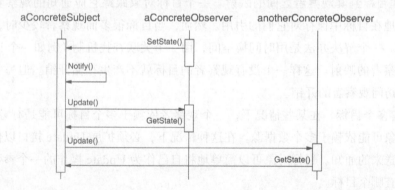

注意发出改变请求的 Observer 对象并不立即更新，而是将其推迟到它从目标得到一个通知之后。Notify 不总是由目标对象调用，它也可被一个观察者或其他对象调用。实现一节将讨论一些常用的变化。

8. 效果

Observer 模式允许你独立地改变目标和观察者。你可以单独复用目标对象而无须同时复用其观察者，反之亦然。它也使你可以在不改动目标和其他观察者的前提下增加观察者。

下面是观察者模式的其他一些优缺点：

1）目标和观察者间的抽象耦合　一个目标所知道的仅仅是它有一系列观察者，每个都符合抽象的 Observer 类的简单接口。目标不知道任何一个观察者属于哪个具体的类。这样目标和观察者之间的耦合是抽象的和最小的。

因为目标和观察者不是紧密耦合的，所以它们可以属于一个系统中的不同抽象层次。一个处于较低层次的目标对象可与一个处于较高层次的观察者通信并通知它，这样就保持了系统层次的完整。如果目标和观察者混在一块，那么得到的对象要么横贯两个层次（违反了层次性），要么必须放在这两层的某一层中（这可能会损害层次抽象）。

2）支持广播通信　不像通常的请求，目标发送的通知不需要指定它的接收者。通知被自动广播给所有已向该目标对象登记的对象。目标对象并不关心到底有多少对象对自己感兴趣，它唯一的责任就是通知它的各观察者。这给了你在任何时刻增加和删除观察者的自由。处理还是忽略一个通知取决于观察者。

3）意外的更新　由于一个观察者并不知道其他观察者的存在，它可能对改变目标的最终代价一无所知。在目标上一个看似无害的的操作可能会引起一系列对观察者以及依赖于这些观察者的对象的更新。此外，如果依赖准则的定义或维护不当，常常会引起错误的更新，这种错误通常很难捕捉。

简单的更新协议不提供具体细节说明目标中什么被改变了，这就使得上述问题更加严重。如果没有其他协议帮助观察者发现什么发生了改变，它们可能会被迫尽力减少改变。

9. 实现

这一节讨论一些与实现依赖机制相关的问题。

1）创建目标到其观察者之间的映射　一个目标对象跟踪它应通知的观察者的最简单的方法是显式地在目标中保存对它们的引用。然而，当目标很多而观察者较少时，这样存储可能代价太高。一个解决办法是用时间换空间，用一个关联查找机制（例如一个 hash 表）来维护目标到观察者的映射。这样一个没有观察者的目标就不产生存储开销。但另一方面，这一方法增加了访问观察者的开销。

2）观察多个目标　在某些情况下，一个观察者依赖于多个目标可能是有意义的。例如，一个表格对象可能依赖于多个数据源。在这种情况下，必须扩展 Update 接口以使观察者知道是哪个目标送来的通知。目标对象可以简单地将自己作为 Update 操作的一个参数，让观察者知道应去检查哪个目标。

3）谁触发更新　目标和它的观察者依赖于通知机制来保持一致。但到底哪个对象调用 Notify 来触发更新？此时有两个选择：

- 由目标对象的状态设定操作在改变目标对象的状态后自动调用 Notify。这种方法的优点是客户不需要记住要在目标对象上调用 Notify，缺点是多个连续的操作会产生多次连续的更新，可能效率较低。
- 让客户负责在适当的时候调用 Notify。这样做的优点是客户可以在一系列的状态改变完成后一次性地触发更新，避免了不必要的中间更新。缺点是给客户增加了触发更新的责任。由于客户可能会忘记调用 Notify，这种方式较易出错。

4）对已删除目标的悬挂引用　删除一个目标时应注意不要在其观察者中遗留对该目标的悬挂引用。一种避免悬挂引用的方法是，当一个目标被删除时，让它通知它的观察者将对该目标的引用复位。一般来说，不能简单地删除观察者，因为其他的对象可能会引用它们，或者也可能它们还在观察其他的目标。

5）在发出通知前确保目标的状态自身是一致的　在发出通知前确保状态自身一致这一点很重要，因为观察者在更新其状态的过程中需要查询目标的当前状态。

当 Subject 的子类调用继承的该项操作时，很容易无意中违反这条自身一致的准则。例如，下面的代码序列中，在目标尚处于一种不一致的状态时，通知就被触发了：

```
void MySubject::Operation (int newValue) {
    BaseClassSubject::Operation(newValue);
        // trigger notification

    _myInstVar += newValue;
        // update subclass state (too late!)
}
```

你可以用抽象的 Subject 类中的模板方法（Template Method(5.10)）发送通知来避免这种错误。定义那些子类可以重定义的原语操作，并将 Notify 作为模板方法中的最后一个操作，这样当子类重定义了 Subject 的操作时，还可以保证该对象的状态是自身一致的。

```
void Text::Cut (TextRange r) {
    ReplaceRange(r);        // redefined in subclasses
    Notify();
}
```

顺便提一句，在文档中记录是哪个 Subject 操作触发通知总是应该的。

6）避免特定于观察者的更新协议——推 / 拉模型　观察者模式的实现经常需要让目标广播关于其改变的其他一些信息。目标将这些信息作为 Update 操作的一个参数传递出去。这些信息的量可能很小，也可能很大。

一个极端情况是，目标向观察者发送关于改变的详细信息，而不管它们需要与否。我们称之为推模型（push model）。另一个极端是拉模型（pull model），目标除最小通知外什么也不送出，而在此之后由观察者显式地向目标询问细节。

拉模型强调的是目标不知道它的观察者，而推模型假定目标知道一些观察者需要的信息。推模型可能使得观察者相对难以复用，因为目标对观察者的假定可能并不总是正确的。另一方面，拉模型可能效率较差，因为观察者对象需要在没有目标对象帮助的情况下确定什么改变了。

7）显式地指定感兴趣的改变　你可以扩展目标的注册接口，让各观察者注册为仅对特定事件感兴趣，以提高更新的效率。当一个事件发生时，目标仅通知那些已注册为对该事件感兴趣的观察者。支持这种做法的一种途径是，使用目标对象的方面（aspect）的概念。可用如下代码将观察者对象注册为对目标对象的某特定事件感兴趣：

```
void Subject::Attach(Observer*, Aspect& interest);
```

此处 interest 指定感兴趣的事件。在通知的时刻，目标将这方面的改变作为 Update 操作的一个参数提供给它的观察者，例如：

```
void Observer::Update(Subject*, Aspect& interest);
```

8）封装复杂的更新语义　当目标和观察者间的依赖关系特别复杂时，可能需要一个维护这些关系的对象。我们称这样的对象为更改管理器（ChangeManager）。它的目的是尽量减少观察者反映其目标的状态变化所需的工作量。例如，如果一个操作涉及对几个相互依赖的目标进行改动，就必须保证仅在所有的目标都已更改完毕后，才一次性地通知它们的观察者，而不是每个目标都通知观察者。

ChangeManager 有三个责任：

- 它将一个目标映射到它的观察者并提供一个接口来维护这个映射。这就不需要由目标来维护对其观察者的引用，反之亦然。
- 它定义一个特定的更新策略。
- 根据一个目标的请求，它更新所有依赖于这个目标的观察者。

下面的框图描述了一个简单的基于 ChangeManager 的 Observer 模式的实现。有两种特殊的 ChangeManager。SimpleChangeManager 总是更新每一个目标的所有观察者，比较简单。相反，DAGChangeManager 处理目标及其观察者之间依赖关系构成的无环有向图。当一个观察者观察多个目标时，DAGChangeManager 要比 SimpleChangeManager 好一些。在这种情况下，两个或更多个目标中产生的改变可能会产生冗余的更新。DAGChangeManager 保证观察者仅接收一个更新。当然，当不存在多重更新的问题时，SimpleChangeManager 更好一些。

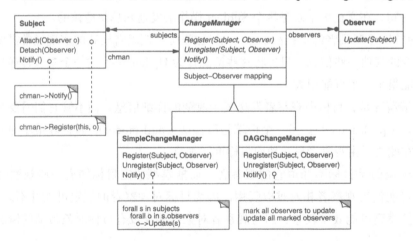

ChangeManager 是一个 Mediator(5.5) 模式的实例。通常只有一个 ChangeManager，并且它是全局可见的。这里 Singleton(3.5) 模式可能有用。

9）结合目标类和观察者类　用不支持多重继承的语言（如 Smalltalk）书写的类库通常不单独定义 Subject 和 Observer 类，而是将它们的接口结合到一个类中。这就允许你定义一个既是目标又是观察者的对象，而不需要多重继承。例如在 Smalltalk 中，Subject 和 Observer

接口定义于根类 Object 中，使得它们对所有的类都可用。

10. 代码示例

一个抽象类定义了 Observer 接口：

```
class Subject;

class Observer {
public:
    virtual ~Observer();
    virtual void Update(Subject* theChangedSubject) = 0;
protected:
    Observer();
};
```

这种实现方式支持一个观察者有多个目标。当观察者观察多个目标时，作为参数传递给 Update 操作的目标让观察者可以判定是哪个目标发生了改变。

类似地，一个抽象类定义了 Subject 接口：

```
class Subject {
public:
    virtual ~Subject();

    virtual void Attach(Observer*);
    virtual void Detach(Observer*);
    virtual void Notify();
protected:
    Subject();
private:
    List<Observer*> *_observers;
};

void Subject::Attach (Observer* o) {
    _observers->Append(o);
}

void Subject::Detach (Observer* o) {
    _observers->Remove(o);
}

void Subject::Notify () {
    ListIterator<Observer*> i(_observers);

    for (i.First(); !i.IsDone(); i.Next()) {
        i.CurrentItem()->Update(this);
    }
}
```

ClockTimer 是一个用于存储和维护一天时间的具体目标。它每秒通知一次它的观察者。ClockTimer 提供了一个接口用于取出单个的时间单位，如小时、分和秒。

```
class ClockTimer : public Subject {
public:
    ClockTimer();

    virtual int GetHour();
    virtual int GetMinute();
    virtual int GetSecond();

    void Tick();
};
```

Tick 操作由一个内部计时器以固定的时间间隔调用，从而提供一个精确的时间基准。Tick 更新 ClockTimer 的内部状态并调用 Notify 通知观察者：

```
void ClockTimer::Tick () {
    // update internal time-keeping state
    // ...
    Notify();
}
```

现在我们可以定义一个 DigitalClock 类来显示时间。它从一个用户界面工具箱提供的 Widget 类继承了它的图形功能。通过继承 Observer，Observer 接口被融入 DigitalClock 的接口。

```
class DigitalClock: public Widget, public Observer {
public:
    DigitalClock(ClockTimer*);
    virtual ~DigitalClock();

    virtual void Update(Subject*);
        // overrides Observer operation

    virtual void Draw();
        // overrides Widget operation;
        // defines how to draw the digital clock
private:
    ClockTimer* _subject;
};

DigitalClock::DigitalClock (ClockTimer* s) {
    _subject = s;
    _subject->Attach(this);
}

DigitalClock::~DigitalClock () {
    _subject->Detach(this);
}
```

在 Update 操作画出时钟图形之前，它进行检查，以保证发出通知的目标是该时钟的目标：

```
void DigitalClock::Update (Subject* theChangedSubject) {
    if (theChangedSubject == _subject) {
        Draw();
    }
}

void DigitalClock::Draw () {
    // get the new values from the subject

    int hour = _subject->GetHour();
    int minute = _subject->GetMinute();
    // etc.

    // draw the digital clock
}
```

一个 AnalogClock 可用相同的方法定义。

```
class AnalogClock : public Widget, public Observer {
public:
    AnalogClock(ClockTimer*);
```

```
    virtual void Update(Subject*);
    virtual void Draw();
    // ...
};
```

下面的代码创建一个 AnalogClock 和一个 DigitalClock，它们总是显示相同的时间：

```
ClockTimer* timer = new ClockTimer;
AnalogClock* analogClock = new AnalogClock(timer);
DigitalClock* digitalClock = new DigitalClock(timer);
```

一旦 timer 走动，两个时钟都会被更新并正确地重新显示。

11. 已知应用

最早的 Observer 模式的例子出现在 Smalltalk 的 Model/View/Controller（MVC）结构中，它是 Smalltalk 环境 [KP88] 中的用户界面框架。MVC 的 Model 类担任目标的角色，而 View 是观察者的基类。Smalltalk、ET++[WGM88] 和 THINK 类库 [Sym93b] 都将 Subject 和 Observer 接口放入系统中所有其他类的父类中，从而提供一个通用的依赖机制。

其他使用这一模式的用户界面工具有 InterViews[LVC89]、Andrew Toolkit[P+88] 和 Unidraw[VL90]。InterViews 显式地定义了 Observer 和 Observable（目标）类。Andrew 分别称它们为"视图"和"数据对象"。Unidraw 将图形编辑器对象分割成 View 和 Subject 两部分。

12. 相关模式

Mediator(5.5)：通过封装复杂的更新语义，ChangeManager 充当目标和观察者之间的中介者。

Singleton(3.5)：ChangeManager 可使用 Singleton 模式来保证它是唯一的并且是可全局访问的。

5.8　State（状态）——对象行为型模式

1. 意图

允许一个对象在其内部状态改变时改变它的行为。对象看起来似乎修改了它的类。

2. 别名

状态对象（object for state）。

3. 动机

考虑一个表示网络连接的类 TCPConnection。一个 TCPConnection 对象的状态处于若干不同状态之一：连接已建立（Established）、监听（Listen）、连接已关闭（Closed）。当一个 TCPConnection 对象收到其他对象的请求时，它根据自身的当前状态做出不同的反应。例如，一个 Open 请求的结果依赖于该连接是处于连接已关闭状态还是连接已建立状态。State 模式描述了 TCPConnection 如何在每一种状态下表现出不同的行为。

这一模式的关键思想是引入了一个称为 TCPState 的抽象类来表示网络的连接状

态。TCPState 类为各表示不同的操作状态的子类声明了一个公共接口。TCPState 的子类实现与特定状态相关的行为。例如，TCPEstablished 和 TCPClosed 类分别实现了特定于 TCPConnection 的连接已建立状态和连接已关闭状态的行为。

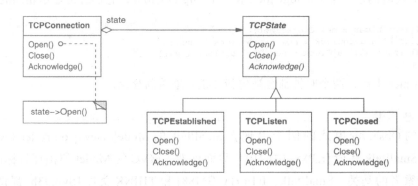

TCPConnection 类维护一个表示 TCP 连接当前状态的状态对象（一个 TCPState 子类的实例）。TCPConnection 类将所有与状态相关的请求委托给这个状态对象。TCPConnection 使用它的 TCPState 子类实例来执行特定于连接状态的操作。

一旦连接状态改变，TCPConnection 对象就会改变它所使用的状态对象。例如当连接从已建立状态转为已关闭状态时，TCPConnection 会用一个 TCPClosed 的实例来代替原来的 TCPEstablished 的实例。

4. 适用性

在下面两种情况下均可使用 State 模式：

- 一个对象的行为取决于它的状态，并且它必须在运行时根据状态改变它的行为。
- 一个操作中含有庞大的多分支的条件语句，且这些分支依赖于该对象的状态。这个状态通常用一个或多个枚举常量表示。通常，有多个操作包含这一相同的条件结构。State 模式将每一个条件分支放入一个独立的类中。这使得你可以根据对象自身的情况将对象的状态作为一个对象，这一对象可以不依赖于其他对象而独立变化。

5. 结构

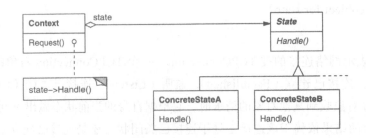

6. 参与者

- Context（环境，如 TCPConnection）
  - 定义客户感兴趣的接口。
  - 维护一个 ConcreteState 子类的实例，这个实例定义当前状态。
- State（状态，如 TCPState）
  - 定义一个接口以封装与 Context 的一个特定状态相关的行为。
- ConcreteState subclasses（具体状态子类，如 TCPEstablished、TCPListen、TCPClosed）
  - 每一子类实现一个与 Context 的一个状态相关的行为。

7. 协作

- Context 将与状态相关的请求委托给当前的 ConcreteState 对象处理。
- Context 可将自身作为一个参数传递给处理该请求的状态对象。这使得状态对象在必要时可访问 Context。
- Context 是客户使用的主要接口。客户可用状态对象来配置一个 Context，一旦一个 Context 配置完毕，它的客户不再需要直接与状态对象打交道。
- Context 或 ConcreteState 子类都可决定哪个状态是另外一个的后继者，以及是在何种条件下进行状态转换。

8. 效果

State 模式有下面一些效果：

1）将与特定状态相关的行为局部化，并且将不同状态的行为分割开来　State 模式将所有与一个特定的状态相关的行为都放入一个对象中。因为所有与状态相关的代码都存在于某个 State 子类中，所以通过定义新的子类可以很容易地增加新的状态和转换。

另一个方法是使用数据值定义内部状态并且让 Context 操作来显式地检查这些数据。但这样将会使整个 Context 的实现中遍布看起来很相似的条件语句或 case 语句。增加一个新的状态可能需要改变若干个操作，这就使得维护变得复杂了。

State 模式避免了这个问题，但可能会引入另一个问题，因为该模式将不同状态的行为分布在多个 State 子类中。这就增加了子类的数目，相对于单个类的实现来说不够紧凑。但是有许多状态时这样的分布实际上更好一些，否则需要使用巨大的条件语句。

正如很长的过程一样，巨大的条件语句是不受欢迎的。它们形成一大块并且使得代码不够清晰，这又使得它们难以修改和扩展。State 模式提供了一个更好的方法来组织与特定状态相关的代码。决定状态转移的逻辑不在单块的 if 或 switch 语句中，而是分布在 State 子类之间。将每一个状态转换和动作封装到一个类中，就把着眼点从执行状态提高到整个对象的状态。这将使代码结构化并使其意图更加清晰。

2）使得状态转换显式化　当一个对象仅以内部数据值来定义当前状态时，其状态仅表现为对一些变量的赋值，这不够明确。为不同的状态引入独立的对象使得转换变得更加明确。而且，State 对象可保证 Context 不会发生内部状态不一致的情况，因为从 Context 的角度看，状态转换是原子的——只需重新绑定一个变量（即 Context 的 State 对象变量），而无须为多个变量赋值 [dCLF93]。

3）State 对象可被共享　如果 State 对象没有实例变量——它们表示的状态完全以它们的类型来编码—那么各 Context 对象可以共享一个 State 对象。当状态以这种方式被共享时，它们必然是没有内部状态而只有行为的轻量级对象（参见 Flyweight(4.6)）。

9. 实现

实现 State 模式有多方面的考虑：

1）谁定义状态转换　State 模式不指定哪个参与者定义状态转换准则。如果该准则是固定的，那么它们可在 Context 中完全实现。然而若让 State 子类自身指定它们的后继状态以及何时进行转换，通常更灵活、更合适。这需要 Context 增加一个接口，让 State 对象显式地设定 Context 的当前状态。

用这种方法分散转换逻辑可以很容易地定义新的 State 子类来修改和扩展该逻辑。 这样做的一个缺点是，一个 State 子类至少拥有一个其他子类的信息，这就在各子类之间产生了实现依赖。

2）基于表的另一种方法　在 C++ Programming Style[Car92] 中，Cargil 描述了另一种将结构加载在状态驱动的代码上的方法：使用表将输入映射到状态转换。对每一个状态，一张表将每一个可能的输入映射到一个后继状态。实际上，这种方法将条件代码（和 State 模式下的虚函数）映射为一个查找表。

表的主要好处是其规则性：你可以通过更改数据而不是更改程序代码来改变状态转换的准则。然而它也有一些缺点：

- 对表的查找通常不如（虚）函数调用效率高。
- 用统一的、表格的形式表示转换逻辑使得转换准则变得不够明确而难以理解。
- 通常难以加入伴随状态转换的一些动作。表驱动的方法描述了状态和它们之间的转换，但必须扩充这个机制以便在每一个转换上能够进行任意的计算。

表驱动的状态机和 State 模式的主要区别可以被总结如下：State 模式对与状态相关的行为进行建模，而表驱动的方法着重于定义状态转换。

3）创建和销毁 State 对象　一个常见的值得考虑的实现上的权衡是，究竟是仅当需要 State 对象时才创建它们并随后销毁它们，还是提前创建它们并且始终不销毁它们。

当将要进入的状态在运行时是不可知的，并且上下文不经常改变状态时，第一种选择较为可取。这种方法避免创建不会被用到的对象，如果 State 对象存储大量的信息这一点很重要。当状态改变很频繁时，第二种方法较好。在这种情况下最好避免销毁状态，因为可能很快再次需要用到它们。此时可以预先一次付清创建各个状态对象的开销，并且在运行过程中根本不存在销毁状态对象的开销。但是这种方法可能不太方便，因为 Context 必须保存对所有可能会进入的那些状态的引用。

4）使用动态继承　改变一个响应特定请求的行为可以用在运行时改变这个对象的类的

办法实现，但这在大多数面向对象程序设计语言中都是不可能的。Self[US87] 和其他一些基于委托的语言却是例外，它们提供这种机制，从而直接支持 State 模式。Self 中的对象可将操作委托给其他对象以达到某种形式的动态继承。在运行时改变委托的目标有效地改变了继承的结构。这一机制允许对象改变它们的行为，也就是改变它们的类。

10. 代码示例

下面的例子给出了在动机一节描述的 TCP 连接例子的 C++ 代码。这个例子是 TCP 协议的一个简化版本，它并未完整描述 TCP 连接的协议及其所有状态⊖。

首先，我们定义类 TCPConnection，它提供了一个传送数据的接口并处理改变状态的请求。

```cpp
class TCPOctetStream;
class TCPState;

class TCPConnection {
public:
    TCPConnection();

    void ActiveOpen();
    void PassiveOpen();
    void Close();
    void Send();
    void Acknowledge();
    void Synchronize();

    void ProcessOctet(TCPOctetStream*);
private:
    friend class TCPState;
    void ChangeState(TCPState*);
private:
    TCPState* _state;
};
```

TCPConnection 在 _state 成员变量中保持一个 TCPState 类的实例。类 TCPState 复制了 TCPConnection 的状态改变接口。每一个 TCPState 操作都以一个 TCPConnection 实例作为一个参数，从而让 TCPState 可以访问 TCPConnection 中的数据和改变连接的状态。

```cpp
class TCPState {
public:
    virtual void Transmit(TCPConnection*, TCPOctetStream*);
    virtual void ActiveOpen(TCPConnection*);
    virtual void PassiveOpen(TCPConnection*);
    virtual void Close(TCPConnection*);
    virtual void Synchronize(TCPConnection*);
    virtual void Acknowledge(TCPConnection*);
    virtual void Send(TCPConnection*);
protected:
    void ChangeState(TCPConnection*, TCPState*);
};
```

TCPConnection 将所有与状态相关的请求委托给它的 TCPState 实例 _state。TCP-Connection 还提供了一个操作用于将这个变量设为一个新的 TCPState。TCPConnection 的构

⊖ 这个例子基于由 Lynch 和 Rose 描述的 TCP 连接协议 [LR93]。

造器将该状态对象初始化为 TCPClosed 状态（在后面定义）。

```
TCPConnection::TCPConnection () {
    _state = TCPClosed::Instance();
}


void TCPConnection::ChangeState (TCPState* s) {
    _state = s;
}


void TCPConnection::ActiveOpen () {
    _state->ActiveOpen(this);
}


void TCPConnection::PassiveOpen () {
    _state->PassiveOpen(this);
}
void TCPConnection::Close () {
    _state->Close(this);
}


void TCPConnection::Acknowledge () {
    _state->Acknowledge(this);
}


void TCPConnection::Synchronize () {
    _state->Synchronize(this);
}
```

TCPState 为所有委托给它的请求实现默认的行为。它也可以调用 ChangeState 操作来改变 TCPConnection 的状态。TCPState 被定义为 TCPConnection 的友元，从而给了它访问这一操作的特权。

```
void TCPState::Transmit (TCPConnection*, TCPOctetStream*) { }
void TCPState::ActiveOpen (TCPConnection*) { }
void TCPState::PassiveOpen (TCPConnection*) { }
void TCPState::Close (TCPConnection*) { }
void TCPState::Synchronize (TCPConnection*) { }

void TCPState::ChangeState (TCPConnection* t, TCPState* s) {
    t->ChangeState(s);
}
```

TCPState 的子类实现与状态有关的行为。一个 TCP 连接可处于多种状态：已建立、监听、已关闭等。对每一个状态，都有一个 TCPState 的子类。我们将详细讨论三个子类：TCPEstablished、TCPListen 和 TCPClosed。

```
class TCPEstablished : public TCPState {
public:
    static TCPState* Instance();

    virtual void Transmit(TCPConnection*, TCPOctetStream*);
    virtual void Close(TCPConnection*);
};


class TCPListen : public TCPState {
```

```
public:
    static TCPState* Instance();

    virtual void Send(TCPConnection*);
    // ...
};
class TCPClosed : public TCPState {
public:
    static TCPState* Instance();

    virtual void ActiveOpen(TCPConnection*);
    virtual void PassiveOpen(TCPConnection*);
    // ...
};
```

TCPState 的子类没有局部状态，因此它们可以被共享，并且每个子类只需要一个实例。每个 TCPState 子类的唯一实例由静态的 Instance 操作[⊖]得到。

每一个 TCPState 子类为该状态下的合法请求实现与特定状态相关的行为：

```
void TCPClosed::ActiveOpen (TCPConnection* t) {
    // send SYN, receive SYN, ACK, etc.

    ChangeState(t, TCPEstablished::Instance());
}

void TCPClosed::PassiveOpen (TCPConnection* t) {
    ChangeState(t, TCPListen::Instance());
}

void TCPEstablished::Close (TCPConnection* t) {
    // send FIN, receive ACK of FIN

    ChangeState(t, TCPListen::Instance());
}

void TCPEstablished::Transmit (
    TCPConnection* t, TCPOctetStream* o
) {
    t->ProcessOctet(o);
}

void TCPListen::Send (TCPConnection* t) {
    // send SYN, receive SYN, ACK, etc.

    ChangeState(t, TCPEstablished::Instance());
}
```

在完成与状态相关的工作后，这些操作调用 ChangeState 操作来改变 TCPConnection 的状态。TCPConnection 本身对 TCP 连接协议一无所知，是由 TCPState 子类来定义 TCP 中的每一个状态转换和动作。

11. 已知应用

Johnson 和 Zweig[JZ91] 描述了 State 模式以及它在 TCP 连接协议上的应用。

大多数流行的交互式绘图程序提供了以直接操纵的方式进行工作的"工具"。例如，一

⊖　这使得每一个 TCPState 子类成为一个 Singleton（参见 Singleton）。

个画直线的工具可以让用户通过点击和拖动来创建一条新的直线，一个选择工具可以让用户选择某个图形对象。通常有许多这样的工具放在一个选项板供用户选择。用户认为这一活动是选择一个工具并使用它，但实际上编辑器的行为随当前的工具而变：当绘制工具被激活时，我们创建图形对象；当选择工具被激活时，我们选择图形对象；等等。我们可以使用 State 模式来根据当前的工具改变编辑器的行为。

我们可定义一个抽象的 Tool 类，再从这个类派生出一些子类，实现与特定工具相关的行为。图形编辑器维护一个当前 Tool 对象并将请求委托给它。当用户选择一个新的工具时，就将这个工具对象换成新的，从而使得图形编辑器的行为相应地发生改变。

HotDraw[Joh92] 和 Unidraw[VL90] 中的绘图编辑器框架都使用了这一技术。它使得客户可以很容易地定义新类型的工具。在 HotDraw 中，DrawingController 类将请求转发给当前的 Tool 对象。在 Unidraw 中，相应的类是 Viewer 和 Tool。下图简要描述了 Tool 和 Drawing-Controller 的接口。

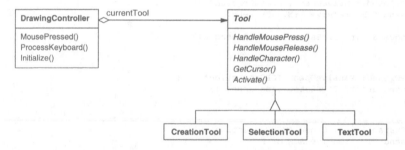

Coplien 的 Envelope-Letter[Cop92] 与 State 模式也有关，Envelope-Letter 是一种在运行时改变一个对象的类的技术。State 模式更为特殊，它着重于如何处理那些行为随状态变化而变化的对象。

12. 相关模式
Flyweight(4.6) 解释了何时以及怎样共享状态对象。

状态对象通常是 Singleton(3.5)。

5.9 Strategy（策略）——对象行为型模式

1. 意图
定义一系列的算法，把它们一个个封装起来，并且使它们可相互替换。本模式使得算法可独立于使用它的客户而变化。

2. 别名
政策（policy）。

3. 动机
有许多算法可对一个文本流进行分行。将这些算法硬编进使用它们的类中是不可取的，其原因如下：

- 需要换行功能的客户程序如果直接包含换行算法代码的话将会变得复杂，这使得客户程序庞大并且难以维护，尤其当其需要支持多种换行算法时问题会更加严重。
- 不同的时候需要不同的算法，我们不想支持我们并不使用的换行算法。
- 当换行功能是客户程序的一个难以分割的成分时，增加新的换行算法或改变现有算法将十分困难。

我们可以定义一些类来封装不同的换行算法，从而避免这些问题。一个以这种方法封装的算法称为策略（strategy），如下图所示。

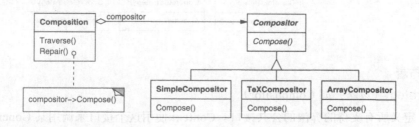

假设 Composition 类负责维护和更新一个文本浏览程序中显示的文本换行。换行策略不是 Composition 类实现的，而是由抽象的 Compositor 类的子类各自独立地实现的。Compositor 的各个子类实现不同的换行策略：

- SimpleCompositor 实现一个简单的策略，它一次决定一个换行位置。
- TeXCompositor 实现查找换行位置的 TEX 算法。这个策略尽量全局地优化换行，即一次处理一段文字的换行。
- ArrayCompositor 实现一个策略，该策略使得每一行都含有一个固定数目的项。例如，用于对一系列的图标进行分行。

Composition 维护对 Compositor 对象的一个引用。一旦 Composition 重新格式化它的文本，它就将这个职责转发给它的 Compositor 对象。Composition 的客户指定应该使用哪种 Compositor 的方式是直接将它想要的 Compositor 装入 Composition 中。

4. 适用性

在以下情况下使用 Strategy 模式：

- 许多相关的类仅仅是行为有异。"策略"提供了一种用多个行为中的一个行为来配置一个类的方法。
- 需要使用一个算法的不同变体。例如，你可能会定义一些反映不同的空间／时间权衡的算法。当这些变体实现为一个算法的类层次时 [HO87]，可以使用策略模式。
- 算法使用客户不应该知道的数据。可使用策略模式以避免暴露复杂的、与算法相关的数据结构。

- 一个类定义了多种行为，并且这些行为在这个类的操作中以多个条件语句的形式出现。将相关的条件分支移入它们各自的 Strategy 类中以代替这些条件语句。

5. 结构

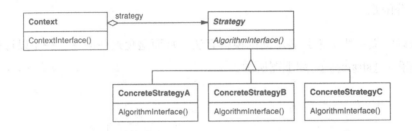

6. 参与者

- Strategy（策略，如 Compositor）
  — 定义所有支持的算法的公共接口。Context 使用这个接口来调用某 ConcreteStrategy 定义的算法。
- ConcreteStrategy（具体策略，如 SimpleCompositor、TeXCompositor、ArrayCompositor）
  — 以 Strategy 接口实现某具体算法。
- Context（上下文，如 Composition）
  — 用一个 ConcreteStrategy 对象来配置。
  — 维护一个对 Strategy 对象的引用。
  — 可定义一个接口来让 Strategy 访问它的数据。

7. 协作

- Strategy 和 Context 相互作用以实现选定的算法。当算法被调用时，Context 可以将该算法所需要的所有数据都传递给该 Strategy。或者，Context 可以将自身作为一个参数传递给 Strategy 操作。这就让 Strategy 在需要时可以回调 Context。
- Context 将客户的请求转发给它的 Strategy。客户通常创建并传递一个 Concrete-Strategy 对象给该 Context，这样，客户仅与 Context 交互。通常有一系列的 Concrete-Strategy 类可供客户从中选择。

8. 效果

Strategy 模式有下面一些优点和缺点：

1）相关算法系列　Strategy 类层次为 Context 定义了一系列的可供复用的算法或行为。继承有助于析取出这些算法中的公共功能。

2）一个替代继承的方法　继承提供了另一种支持多种算法或行为的方法。你可以直接生成一个 Context 类的子类，从而给它以不同的行为。但这会将行为硬性编制到 Context 中，而将算法的实现与 Context 的实现混合起来，从而使 Context 难以理解、难以维护和难以扩展，而且还不能动态地改变算法。最后你得到一堆相关的类，它们之间的唯一差别是所使用的算法或行为。将算法封装在独立的 Strategy 类中使得你可以独立于其 Context 改变它，使它易于切换、易于理解、易于扩展。

3）消除了一些条件语句　Strategy 模式提供了用条件语句选择所需的行为以外的另一种选择。当不同的行为堆砌在一个类中时，很难避免使用条件语句来选择合适的行为。将行为封装在一个个独立的 Strategy 类中消除了这些条件语句。

例如，不用 Strategy，文本换行的代码可能是像下面这样：

```
void Composition::Repair () {
    switch (_breakingStrategy) {
    case SimpleStrategy:
        ComposeWithSimpleCompositor();
        break;
    case TeXStrategy:
        ComposeWithTeXCompositor();
        break;
    // ...
    }
    // merge results with existing composition, if necessary
}
```

Strategy 模式将换行的任务委托给一个 Strategy 对象，从而消除了 case 语句：

```
void Composition::Repair () {
    _compositor->Compose();
    // merge results with existing composition, if necessary
}
```

含有许多条件语句的代码通常意味着需要使用 Strategy 模式。

4）实现的选择　Strategy 模式可以提供相同行为的不同实现。客户可以根据不同时间 / 空间取舍要求从不同策略中进行选择。

5）客户必须了解不同的 Strategy　本模式有一个潜在的缺点，就是一个客户要选择一个合适的 Strategy 就必须知道这些 Strategy 到底有何不同。此时可能不得不向客户暴露具体的实现问题。因此仅当这些不同行为的变体与客户相关时，才需要使用 Strategy 模式。

6）Strategy 和 Context 之间的通信开销　无论各个 ConcreteStrategy 实现的算法是简单还是复杂，它们都共享 Strategy 定义的接口。因此很可能某些 ConcreteStrategy 不会用到所有通过这个接口传递给它们的信息，简单的 ConcreteStrategy 可能不使用其中的任何信息！这就意味着有时 Context 会创建和初始化一些永远不会用到的参数。如果存在这样的问题，那么将需要在 Strategy 和 Context 之间进行更紧密的耦合。

7）增加了对象的数目　Strategy 增加了一个应用中的对象的数目。有时你可以将 Strategy 实现为可供各 Context 共享的无状态的对象来减少这一开销。任何其余的状态都由 Context 维护。Context 在每一次对 Strategy 对象的请求中都将这个状态传递过去。共享的 Stragey 不应在各次调用之间维护状态。Flyweight（4.6）模式更详细地描述了这一方法。

9. 实现

考虑下面的实现问题：

1）定义 Strategy 和 Context 接口　　Strategy 和 Context 接口必须使得 ConcreteStrategy 能够有效地访问它所需要的 Context 中的任何数据，反之亦然。一种办法是让 Context 将数据放在参数中传递给 Strategy 操作——将数据发送给 Strategy。这使得 Strategy 和 Context 解耦。但另一方面，Context 可能发送一些 Strategy 不需要的数据。

另一种办法是让 Context 将自身作为一个参数传递给 Strategy，该 Strategy 再显式地向该 Context 请求数据。或者，Strategy 可以存储对它的 Context 的一个引用，这样根本不再需要传递任何东西。这两种情况下，Strategy 都可以请求到它所需要的数据。但现在 Context 必须对它的数据定义一个更为精细的接口，这将 Strategy 和 Context 更紧密地耦合在一起。

2）将 Strategy 作为模板参数　　在 C++ 中，可利用模板机制用一个 Strategy 来配置一个类。然而这种技术仅当下面条件满足时才可以使用：①可以在编译时选择 Strategy；②不需要在运行时改变。在这种情况下，要被配置的类（如 Context）被定义为以一个 Strategy 类作为参数的模板类：

```
template <class AStrategy>
class Context {
    void Operation() { theStrategy.DoAlgorithm(); }
    // ...
private:
    AStrategy theStrategy;
};
```

该类在被实例化时用一个 Strategy 类来配置：

```
class MyStrategy {
public:
    void DoAlgorithm();
};

Context<MyStrategy> aContext;
```

使用模板不再需要定义给 Strategy 定义接口的抽象类。把 Strategy 作为一个模板参数也使得可以将一个 Strategy 和它的 Context 静态地绑定在一起，从而提高效率。

3）使 Strategy 对象成为可选的　　即使在不使用额外的 Strategy 对象的情况下，Context 也有意义的话，那么它还可以被简化。Context 在访问某 Strategy 前先检查它是否存在。如果有，那么就使用它；如果没有，那么 Context 执行默认的行为。这种方法的好处是客户根本不需要处理 Strategy 对象，除非不喜欢默认的行为。

10. 代码示例

我们将给出动机一节中例子的高层代码，这些代码基于 InterViews[LCI+92] 中的 Composition 和 Compositor 类的实现。

Composition 类维护一个 Component 实例的集合，它们代表一个文档中的文本和图形元素。Composition 使用一个封装了某种换行策略的 Compositor 子类实例将 Component 对象编排成行。每一个 Component 都有相应的正常大小、可伸展性和可收缩性。可伸展性定义了该 Component 可以增长到超出正常大小的程度，可收缩性定义了它可以收缩的程度。Composition 将这些值传递给一个 Compositor，它使用这些值来决定换行的最佳位置。

```
class Composition {
public:
    Composition(Compositor*);
    void Repair();
private:
    Compositor* _compositor;
    Component* _components;       // the list of components
    int _componentCount;         // the number of components
    int _lineWidth;              // the Composition's line width
    int* _lineBreaks;            // the position of linebreaks
                                 // in components
    int _lineCount;              // the number of lines
};
```

当需要一个新的布局时，Composition 让它的 Compositor 决定在何处换行。Compositon 传递给 Compositor 三个数组，它们定义各 Component 的正常大小、可伸展性和可收缩性。它还传递 Component 的数目、线的宽度以及一个数组，让 Compositor 来填充每次换行的位置。Compositor 返回计算得到的换行数目。

Compositor 接口使得 Compositon 可传递给 Compositor 所有它需要的信息。此处是一个"将数据传给 Strategy"的例子：

```
class Compositor {
public:
    virtual int Compose(
        Coord natural[], Coord stretch[], Coord shrink[],
        int componentCount, int lineWidth, int breaks[]
    ) = 0;
protected:
    Compositor();
};
```

注意 Compositor 是一个抽象类，而其具体子类定义特定的换行策略。

Composition 在其 Repair 操作中调用它的 Compositor。Repair 首先用每一个 Component 的正常大小、可伸展性和可收缩性初始化数组（为简单起见略去细节）。然后它调用 Compositor 得到换行位置并最终据此对 Component 进行布局（也省略了）：

```
void Composition::Repair () {
    Coord* natural;
    Coord* stretchability;
    Coord* shrinkability;
    int componentCount;
    int* breaks;

    // prepare the arrays with the desired component sizes
    // ...

    // determine where the breaks are:
    int breakCount;
    breakCount = _compositor->Compose(
        natural, stretchability, shrinkability,
        componentCount, _lineWidth, breaks
```

```
    );

    // lay out components according to breaks
    // ...
}
```

现在我们来看各 Compositor 子类。SimpleCompositor 一次检查一行 Component，并决定在哪里换行：

```
class SimpleCompositor : public Compositor {
public:
    SimpleCompositor();

    virtual int Compose(
        Coord natural[], Coord stretch[], Coord shrink[],
        int componentCount, int lineWidth, int breaks[]
    );
    // ...
};
```

TeXCompositor 使用一个更为全局的策略。它每次检查一个段落（paragraph），并同时考虑到各 Component 的大小和伸展性。它也通过压缩 Component 之间的空白以尽量给该段落一个均匀的"色彩"。

```
class TeXCompositor : public Compositor {
public:
    TeXCompositor();

    virtual int Compose(
        Coord natural[], Coord stretch[], Coord shrink[],
        int componentCount, int lineWidth, int breaks[]
    );
    // ...
};
```

ArrayCompositor 用规则的间距将构件分割成行。

```
class ArrayCompositor : public Compositor {
public:
    ArrayCompositor(int interval);

    virtual int Compose(
        Coord natural[], Coord stretch[], Coord shrink[],
        int componentCount, int lineWidth, int breaks[]
    );
    // ...
};
```

这些类并未使用所有传递给 Compose 的信息。SimpleCompositor 忽略 Component 的伸展性，仅考虑它们的正常大小；TeXCompositor 使用所有传递给它的信息；而 ArrayCompositor 忽略所有的信息。

实例化 Composition 时需把想要使用的 Compositor 传递给它：

```
Composition* quick = new Composition(new SimpleCompositor);
Composition* slick = new Composition(new TeXCompositor);
Composition* iconic = new Composition(new ArrayCompositor(100));
```

Compositor 的接口需要经过仔细设计，以支持子类可能实现的所有排版算法。你不希望在生成一个新的子类时不得不修改这个接口，因为这需要修改其他已有的子类。一般来说，Strategy 和 Context 的接口决定了该模式能在多大程度上达到既定目的。

11. 已知应用

ET++[WGM88] 和 InterViews 都使用 Strategy 来封装不同的换行算法。

在用于编译器代码优化的 RTL 系统 [JML92] 中，Strategy 定义了不同的寄存器分配方案（RegisterAllocator）和指令集调度策略（RISCscheduler，CISCscheduler）。这就为在不同的目标机器结构上实现优化程序提供了所需的灵活性。

ET++SwapsManager 计算引擎框架为不同的金融设备 [EG92] 计算价格。它的关键抽象是 Instrument(设备) 和 YieldCurve(收益率曲线)。不同的设备实现为不同的 Instrument 子类。YieldCurve 计算贴现因子（discount factor），表示将来的现金流的值。这两个类都将一些行为委托给 Strategy 对象。该框架提供了一系列的 ConcreteStrategy 类用于生成现金流，记值交换，以及计算贴现因子。可以用不同的 ConcreteStrategy 对象配置 Instrument 和 YieldCurve 以创建新的计算引擎。这种方法支持混合和匹配现有的 Strategy 实现，也支持定义新的 Strategy 实现。

Booch 构件 [BV90] 将 Strategy 用作模板参数。Booch 集合类支持三种不同的存储分配策略：管理的（从一个存储池中分配），控制的（分配 / 去分配由锁保护），无管理的（正常的存储分配器）。在一个集合类实例化时，将这些 Strategy 作为模板参数传递给它。例如，一个使用无管理策略的 UnboundedCollection 实例化为 UnboundedCollection〈 MyItemType*，Unmanaged 〉。

RApp 是一个集成电路布局系统 [GA89，AG90]。RApp 必须对连接电路中各子系统的线路进行布局和布线。RApp 中的布线算法定义为一个抽象 Router 类的子类。Router 是一个 Strategy 类。

Borland 的 ObjectWindows[Bor94] 在对话框中使用 Strategy 来保证用户输入合法的数据。例如，数字必须在一定范围，并且一个数值输入域应只接受数字。验证一个字符串是正确的可能需要对某个表进行一次查找。

ObjectWindows 使用 Validator 对象来封装验证策略。Validator 是 Strategy 对象的例子。数据输入域将验证策略委托给一个可选的 Validator 对象。如果需要验证，客户给域加上一个验证器（一个可选策略的例子）。当该对话框关闭时，输入域让其验证器验证数据。该类库为常用情况提供了一些验证器，例如数字的 RangeValidator。可以通过继承 Validator 类很容易地定义新的与客户相关的验证策略。

12. 相关模式

Flyweight(4.6)：Strategy 对象经常是很好的轻量级对象。

5.10 Template Method（模板方法）——类行为型模式

1. 意图

定义一个操作中的算法的骨架，而将一些步骤延迟到子类中。TemplateMethod 使得子类可以不改变一个算法的结构即可重定义该算法的某些特定步骤。

2. 动机

考虑一个提供 Application 和 Document 类的应用框架。Application 类负责打开一个已有的以外部形式存储的文档，如一个文件。一旦一个文档中的信息从该文件中读出后，它就由一个 Document 对象表示。

用框架构建的应用可以通过继承 Application 和 Document 来满足特定的需求。例如，一个绘图应用定义 DrawApplication 和 DrawDocument 子类，一个电子表格应用定义 Spreadsheet-Application 和 SpreadsheetDocument 子类，如下图所示。

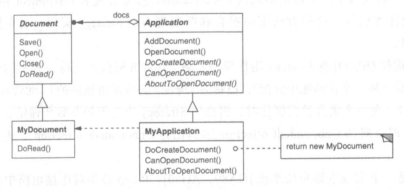

抽象的 Application 类在它的 OpenDocument 操作中定义了打开和读取一个文档的算法：

```cpp
void Application::OpenDocument (const char* name) {
    if (!CanOpenDocument(name)) {
        // cannot handle this document
        return;
    }
    Document* doc = DoCreateDocument();

    if (doc) {
        _docs->AddDocument(doc);
        AboutToOpenDocument(doc);
        doc->Open();
        doc->DoRead();
    }
}
```

OpenDocument 定义了打开一个文档的每一个主要步骤。它检查该文档是否能被打开，创建与应用相关的 Document 对象，将它加入文档集合中，并且从一个文件中读取该 Document。

我们称 OpenDocument 为模板方法（template method）。一个模板方法用一些抽象的操作定义一个算法，而子类将重定义这些操作以提供具体的行为。Application 子类将定义检查一个文档是否能够被打开（CanOpenDocument）和创建文档（DoCreateDocument）的具体算法步骤。Document 子类将定义读取文档（DoRead）的算法步骤。如果需要，模板方法也可定义一个操作（AboutToOpenDocument）让 Application 子类知道该文档何时将被打开。

通过使用抽象操作定义一个算法中的一些步骤，模板方法确定了它们的先后顺序，但它允许 Application 和 Document 子类改变这些具体步骤以满足各自的需求。

3. 适用性

模板方法适用于下列情况：

- 一次性实现一个算法的不变部分，并将可变的行为留给子类来实现。
- 各子类中公共的行为应被提取出来并集中到一个公共父类中以避免代码重复。这是 Opdyke 和 Johnson 所描述过的"重分解以一般化"的一个很好的例子 [OJ93]。首先识别现有代码中的不同之处，并且将不同之处分离为新的操作。最后，用一个调用新的操作的模板方法来替换不同的代码。
- 控制子类扩展。模板方法只在特定点调用钩子操作（参见效果一节），这样就只允许在这些点进行扩展。

4. 结构

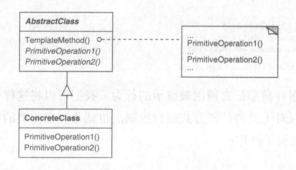

5. 参与者

- AbstractClass（抽象类，如 Application）
  - 定义抽象的原语操作（primitive operation），具体的子类将重定义它们以实现一个算法的各步骤。
  - 实现一个模板方法，定义一个算法的骨架。该模板方法不仅调用原语操作，也调用定义在 AbstractClass 或其他对象中的操作。
- ConcreteClass（具体类，如 MyApplication）
  - 实现原语操作以完成算法中与特定子类相关的步骤。

6. 协作

- ConcreteClass 靠 AbstractClass 来实现算法中不变的步骤。

7. 效果

模板方法是一种代码复用的基本技术。它们在类库中尤为重要，提取了类库中的公共行为。

模板方法导致一种反向的控制结构，这种结构有时被称为"好莱坞法则"，即"别找我们，我们找你"[Swe85]。这指的是一个父类调用一个子类的操作，而不是相反。

模板方法调用下列类型的操作：

- 具体的操作（ConcreteClass 或对客户类的操作）。
- 具体的 AbstractClass 的操作（即通常对子类有用的操作）。
- 原语操作（即抽象操作）。
- Factory Method（参见 Factory Method）。
- 钩子操作（hook operation），它提供了默认的行为，子类可以在必要时进行扩展。钩子操作在默认情况下通常是空操作。

很重要的一点是模板方法应该指明哪些操作是钩子操作（可以被重定义）以及哪些是抽象操作（必须被重定义）。要有效地复用一个抽象类，子类编写者必须明确了解哪些操作是设计为有待重定义的。

子类可以通过重定义父类的操作来扩展该操作的行为，其间可显式地调用父类操作。

```
void DerivedClass::Operation () {
    ParentClass::Operation();
    // DerivedClass extended behavior
}
```

不幸的是，人们很容易忘记去调用被继承的行为。我们可以将这样一个操作转换为模板方法，以使得父类可以对子类的扩展方式进行控制。也就是，在父类的模板方法中调用钩子操作。子类可以重定义钩子操作：

```
void ParentClass::Operation () {
    // ParentClass behavior
    HookOperation();
}
```

ParentClass 本身的 HookOperation 什么也不做：

```
void ParentClass::HookOperation () { }
```

子类重定义 HookOperation 以扩展它的行为：

```
void DerivedClass::HookOperation () {
    // derived class extension
}
```

8. 实现

有三个实现问题值得注意：

1）使用 C++ 访问控制　在 C++ 中，一个模板方法调用的原语操作可以被定义为保护成员，这保证它们只被模板方法调用。必须重定义的原语操作需要定义为纯虚函数。模板方法自身不需要被重定义，因此可以将模板方法定义为一个非虚成员函数。

2）尽量减少原语操作　定义模板方法的一个重要目的是尽量减少一个子类具体实现该算法时必须重定义的原语操作的数目。需要重定义的操作越多，客户程序就越冗长。

3）命名约定　可以给应被重定义的操作的名字加上一个前缀以识别它们。例如，用于 Macintosh 应用的 MacApp 框架 [App89] 给模板方法加上前缀 " Do-"，如 "DoCreateDocument" "DoRead"，等等。

9. 代码示例

下面的 C++ 实例说明了一个父类如何强制其子类遵循一种不变的结构。这个例子来自 NeXT 的 AppKit[Add94]。考虑一个支持在屏幕上绘图的类 View。一个视图在进入"焦点"（focus）状态时才可设定合适的特定绘图状态（如颜色和字体），因而只有成为"焦点"之后才能进行绘图。View 类强制其子类遵循这个规则。

我们用 Display 模板方法来解决这个问题。View 定义两个具体操作 SetFocus 和 ResetFocus，分别设定和清除绘图状态。View 的 DoDisplay 钩子操作实施真正的绘图功能。Display 在 DoDisplay 前调用 SetFocus 以设定绘图状态，Display 此后调用 ResetFocus 以释放绘图状态。

```
void View::Display () {
    SetFocus();
    DoDisplay();
    ResetFocus();
}
```

为维持不变部分，View 的客户通常调用 Display，而 View 的子类通常重定义 DoDisplay。

View 本身的 DoDisplay 什么也不做：

```
void View::DoDisplay () { }
```

子类重定义它以增加特定绘图行为：

```
void MyView::DoDisplay () {
    // render the view's contents
}
```

10. 已知应用

模板方法非常普遍，几乎可以在任何一个抽象类中找到。Wirfs-Brock 等人 [WBWW90, WBJ90] 很好地概述和讨论了模板方法。

11. 相关模式

Factory Method(3.3) 常被模板方法调用。在动机一节的例子中，DoCreateDocument 就是一个 Factory Method，它由模板方法 OpenDocument 调用。

Strategy(5.9)：模板方法使用继承来改变算法的一部分，Strategy 使用委托来改变整个算法。

5.11 Visitor（访问者）——对象行为型模式

1. 意图

表示一个作用于某对象结构中的各元素的操作。它使你可以在不改变各元素的类的前提下定义作用于这些元素的新操作。

2. 动机

考虑一个编译器，它将源程序表示为一个抽象语法树。该编译器需要在抽象语法树上实施某些操作以进行"静态语义"分析，例如检查是否所有的变量都已经被定义了。它也需要生成代码。因此它可能要定义许多操作以进行类型检查、代码优化、流程分析，检查变量是否在使用前被赋初值，等等。此外，还可使用抽象语法树进行优美格式打印、程序重构以及对程序进行多种度量等。

这些操作大多要求对不同的结点进行不同的处理。例如，对代表赋值语句的结点的处理就不同于对代表变量或算术表达式的结点的处理。因此有用于赋值语句的类，有用于变量访问的类，还有用于算术表达式的类，等等。结点类的集合当然依赖于被编译的语言，但对于一个给定的语言其变化不大。

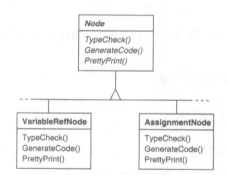

上面的框图显示了 Node 类层次的一部分。这里的问题是，将所有这些操作分散到各种结点类中会导致整个系统难以理解、难以维护和修改。将类型检查代码与优美格式打印代码或流程分析代码放在一起，将产生混乱。此外，增加新的操作通常需要重新编译所有这些类。如果可以独立地增加新的操作，并且使这些结点类独立于作用于其上的操作，将会更好一些。

要实现上述两个目标，我们可以将每一个类中相关的操作包装在一个独立的对象（称为一个 Visitor）中，并在遍历抽象语法树时将此对象传递给当前访问的元素。当一个元素"接受"该访问者时，该元素向访问者发送一个包含自身类信息的请求。该请求同时也将该元素本身作为一个参数。然后访问者将为该元素执行该操作——这一操作以前是在该元素的类中的。

例如，一个不使用访问者的编译器可能会通过在它的抽象语法树上调用 TypeCheck 操作对一个过程进行类型检查。每一个结点将调用它的成员的 TypeCheck 以实现自身的 TypeCheck（参见前面的类框图）。如果该编译器使用访问者对一个过程进行类型检查，那么它将会创建一个 TypeCheckingVisitor 对象，并以这个对象为参数在抽象语法树上调用 Accept 操作。每一个结点在实现 Accept 时将会回调访问者：一个赋值结点调用访问者的 VisitAssignment 操作，而一个变量引用将调用 VisitVariableRef。类 AssignmentNode 的 TypeCheck 操作现在成为 TypeCheckingVisitor 的 VisitAssignment 操作。

为使访问者不仅仅做类型检查，我们需要所有抽象语法树的访问者有一个抽象的父类 NodeVisitor。NodeVisitor 必须为每一个结点类定义一个操作。一个需要计算程序度量的应用将定义 NodeVisitor 的新的子类，并且将不再需要在结点类中增加与特定应用相关的代码。Visitor 模式将每一个编译步骤的操作封装在一个与该步骤相关的 Visitor 中（参见下图）。

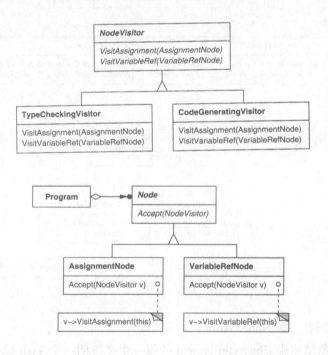

使用 Visitor 模式，必须定义两个类层次：一个对应于接受操作的元素（Node 层次），另一个对应于定义对元素的操作的访问者（NodeVisitor 层次）。给访问者类层次增加一个新的子类即可创建一个新的操作。只要该编译器接受的语法不改变（即不需要增加新的 Node 子类），我们就可以简单地定义新的 NodeVisitor 子类以增加新的功能。

3. 适用性

在下列情况下使用 Visitor 模式：

- 一个对象结构包含很多类对象，它们有不同的接口，而你想对这些对象实施一些依赖于其具体类的操作。
- 需要对一个对象结构中的对象进行很多不同并且不相关的操作，而你想避免让这些操作"污染"这些对象的类。Visitor 使得你可以将相关的操作集中起来定义在一个类中。当该对象结构被很多应用共享时，用 Visitor 模式让每个应用仅包含需要用到的操作。
- 定义对象结构的类很少改变，但经常需要在此结构上定义新的操作。改变对象结构类需要重定义对所有访问者的接口，这可能需要很大的代价。如果对象结构类经常改变，那么可能还是在这些类中定义这些操作比较好。

4. 结构

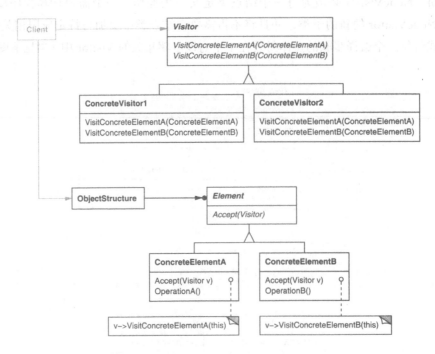

5. 参与者

- Visitor（访问者，如 NodeVisitor）
  - 为该对象结构中 ConcreteElement 的每一个类声明一个 Visit 操作。该操作的名字和特征标识了发送 Visit 请求给该访问者的类。这使得访问者可以确定正被访问元素的具体的类。这样访问者就可以通过该元素的特定接口直接访问它。
- ConcreteVisitor（具体访问者，如 TypeCheckingVisitor）
  - 实现每个由 Visitor 声明的操作。每个操作实现本算法的一部分，而该算法片段是对应于结构中对象的类。ConcreteVisitor 为该算法提供了上下文并存储它的局部状态。这一状态常常在遍历该结构的过程中累积结果。

- Element（元素，如 Node）
  - 定义一个 Accept 操作，它以一个访问者为参数。
- ConcreteElement（具体元素，如 AssignmentNode、VariableRefNode）
  - 实现 Accept 操作，该操作以一个访问者为参数。
- ObjectStructure（对象结构，如 Program）
  - 能枚举它的元素。
  - 可以提供一个高层的接口以允许该访问者访问它的元素。
  - 可以是一个组合（参见 Composite(4.3)）或是一个集合，如一个列表或一个无序集合。

6. 协作

- 一个使用 Visitor 模式的客户必须创建一个 ConcreteVisitor 对象，然后遍历该对象结构，并用该访问者访问每一个元素。
- 当一个元素被访问时，它调用对应于它的类的 Visitor 操作。如果必要，该元素将自身作为这个操作的一个参数，以便该访问者访问它的状态。

下面的交互框图说明了一个对象结构、一个访问者和两个元素之间的协作。

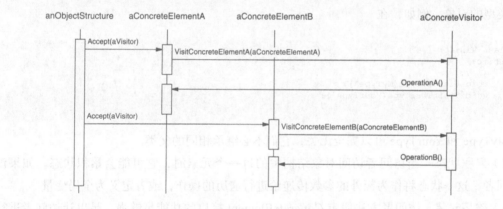

7. 效果

下面是访问者模式的一些优缺点：

1）访问者模式使得易于增加新的操作　访问者使得增加依赖于复杂对象结构的构件的操作变得容易了。仅须增加一个新的访问者即可在一个对象结构上定义一个新的操作。相反，如果每个功能都分散在多个类之上的话，定义新的操作时必须修改每一个类。

2）访问者集中相关的操作而分离无关的操作　相关的行为不是分布在定义该对象结构的各个类上，而是集中在一个访问者中。无关行为却被分别放在各自的访问者子类中。这就既简化了这些元素的类，也简化了在这些访问者中定义的算法。所有与其算法相关的数据结构都可以被隐藏在访问者中。

3）增加新的 ConcreteElement 类很困难　Visitor 模式使得难以增加新的 Element 的子

类。每添加一个新的 ConcreteElement 都要在 Vistor 中添加一个新的抽象操作，并在每一个 ConcretVisitor 类中实现相应的操作。有时可以在 Visitor 中提供一个默认的实现，这一实现可以被大多数的 ConcreteVisitor 继承，但这与其说是一个规律还不如说是一种例外。

所以在应用访问者模式时考虑的关键问题是系统的哪个部分会经常变化，是作用于对象结构上的算法还是构成该结构的各个对象的类。如果总是有新的 ConcretElement 类加入进来的话，Vistor 类层次将变得难以维护。在这种情况下，直接在构成该结构的类中定义这些操作可能更容易一些。如果 Element 类层次是稳定的，而你不断地增加操作或修改算法，访问者模式可以帮助你管理这些改动。

4）通过类层次进行访问 一个迭代器（参见 Iterator(5.4)）可以通过调用结点对象的特定操作来遍历整个对象结构，同时访问这些对象。但是迭代器不能对具有不同元素类型的对象结构进行操作。例如，5.4 节代码示例中定义的 Iterator 接口只能访问类型为 Item 的对象：

```
template <class Item>
class Iterator {
    // ...
    Item CurrentItem() const;
};
```

这就意味着该迭代器能够访问的所有元素都有一个共同的父类 Item。

访问者没有这种限制。它可以访问不具有相同父类的对象。可以对一个 Visitor 接口增加任何类型的对象。例如，在

```
class Visitor {
public:
    // ...
    void VisitMyType(MyType*);
    void VisitYourType(YourType*);
};
```

中，MyType 和 YourType 可以完全无关，它们不必继承相同的父类。

5）累积状态 当访问者访问对象结构中的每一个元素时，它可能会累积状态。如果没有访问者，这一状态将作为额外的参数传递给进行遍历的操作，或者定义为全局变量。

6）破坏封装 访问者方法假定 ConcreteElement 接口的功能足够强，足以让访问者进行其工作。结果是，该模式常常迫使你提供访问元素内部状态的公共操作，这可能会破坏它的封装性。

8. 实现

每一个对象结构将有一个相关的 Visitor 类。这个抽象的访问者类为定义对象结构的每一个 ConcreteElement 类声明一个 VisitConcreteElement 操作。每一个 Visitor 上的 Visit 操作声明它的参数为一个特定的 ConcreteElement，以允许该 Visitor 直接访问 ConcreteElement 的接口。ConcreteVistor 类重定义每一个 Visit 操作，从而为相应的 ConcreteElement 类实现与特定访问者相关的行为。

在 C++ 中，Visitor 类可以这样定义：

```
class Visitor {
public:
    virtual void VisitElementA(ElementA*);
    virtual void VisitElementB(ElementB*);

    // and so on for other concrete elements
protected:
    Visitor();
};
```

每个 ConcreteElement 类实现一个 Accept 操作，这个操作调用访问者中相应于本 ConcreteElement 类的 Visit 操作。这样最终得到调用的操作不仅依赖于该元素的类也依赖于访问者的类[⊖]。

具体元素声明为：

```
class Element {
public:
    virtual ~Element();
    virtual void Accept(Visitor&) = 0;
protected:
    Element();
};
class ElementA : public Element {
public:
    ElementA();
    virtual void Accept(Visitor& v) { v.VisitElementA(this); }
};

class ElementB : public Element {
public:
    ElementB();
    virtual void Accept(Visitor& v) { v.VisitElementB(this); }
};
```

一个 CompositeElement 类可能像这样实现 Accept：

```
class CompositeElement : public Element {
public:
    virtual void Accept(Visitor&);
private:
    List<Element*>* _children;
};

void CompositeElement::Accept (Visitor& v) {
    ListIterator<Element*> i(_children);

    for (i.First(); !i.IsDone(); i.Next()) {
        i.CurrentItem()->Accept(v);
    }
    v.VisitCompositeElement(this);
}
```

下面是应用 Visitor 模式时产生的其他两个实现问题：

1）双分派（double-dispatch）　访问者模式允许你不改变类即可有效地增加其上的操作。

⊖ 因为这些操作所传递的参数各不相同，所以我们可以使用函数重载机制来给这些操作以相同的简单命名，例如 Visit。这样的重载有好处也有坏处。一方面，它强调了这样一个事实：每个操作涉及的是相同的分析，尽管它们使用不同的参数。另一方面，对阅读代码的人来说，可能在调用点正在进行些什么就不那么显而易见了。其实这最终取决于你认为函数重载机制究竟是好还是坏。

为达到这一效果使用了一种称为双分派的技术。这是一种很著名的技术。事实上，一些编程语言甚至直接支持这一技术（例如，CLOS）。而像 C++ 和 Smalltalk 这样的语言支持单分派（single-dispatch）。

在单分派语言中，到底由哪种操作来实现一个请求取决于两个方面：该请求的名字和接收者的类型。例如，一个 GenerateCode 请求将会调用的操作取决于你请求的结点对象的类型。在 C++ 中，对一个 VariableRefNode 实例调用 GenerateCode 将调用 VariableRefNode::GenerateCode（它生成一个变量引用的代码），而对一个 AssignmentNode 调用 GenerateCode 将调用 Assignment::GenerateCode（它生成一个赋值操作的代码）。所以最终哪个操作得到执行依赖于请求的种类和接收者的类型两个方面。

双分派意味着得到执行的操作取决于请求的种类和两个接收者的类型。Accept 是一个 double-dispatch 操作。它的含义取决于两个类型：Visitor 的类型和 Element 的类型。双分派使得访问者可以对每一个类的元素请求不同的操作。[⊖]

这是 Visitor 模式的关键所在：得到执行的操作不仅取决于 Visitor 的类型还取决于它访问的 Element 的类型。可以不将操作静态地绑定在 Element 接口中，而将其安放在一个 Visitor 中，并使用 Accept 在运行时进行绑定。扩展 Element 接口就等于定义一个新的 Visitor 子类而不是多个新的 Element 子类。

2）**谁负责遍历对象结构** 一个访问者必须访问这个对象结构的每一个元素。问题是，它怎样做？我们可以将遍历的责任放到下面三个地方中的任意一个：对象结构中，访问者中，一个独立的迭代器对象中（参见 Iterator(5.4)）。

通常由对象结构负责迭代。一个集合只需要对它的元素进行迭代，并对每一个元素调用 Accept 操作。而一个组合通常让 Accept 操作遍历该元素的各子构件并对它们中的每一个递归地调用 Accept。

另一个解决方案是使用一个迭代器来访问各个元素。在 C++ 中，既可以使用内部迭代器也可以使用外部迭代器，到底用哪个取决于哪个可用和哪个最有效。在 Smalltalk 中，通常使用一个内部迭代器，这个内部迭代器使用 do: 和一个块。因为内部迭代器由对象结构实现，使用一个内部迭代器很大程度上就像是让对象结构负责迭代。主要区别在于，内部迭代器不会产生双分派——它将以该元素为参数调用访问者的一个操作，而不是以访问者为参数调用元素的一个操作。不过，如果访问者的操作仅简单地调用该元素的操作而不需要递归的话，使用内部迭代器的 Visitor 模式很容易使用。

甚至可以将遍历算法放在访问者中，尽管这样将导致对每一个聚合 ConcreteElement，在每一个 ConcreteVisitor 中都要复制遍历的代码。将该遍历策略放在访问者中的主要原因是想实现一个特别复杂的遍历，它依赖于对该对象结构的操作结果。我们将在代码示例一节给出这种情况的一个例子。

⊖ 如果我们可以有双分派，那么为什么不可以是三分派或四分派，甚至是任意其他数目的分派呢？实际上，双分派仅仅是多分派（multiple-dispatch）的一个特例，在多分派中操作的选择基于任意数目的类型。（事实上 CLOS 支持多分派。）在支持双分派或多分派的语言中，Visitor 模式就不那么必需了。

9. 代码示例

因为访问者通常与组合相关，所以我们将使用在 Composite(4.3) 代码示例一节中定义的 Equipment 类来说明 Visitor 模式。我们将使用 Visitor 定义一些用于计算材料存货清单和单件设备总花费的操作。Equipment 类非常简单，实际上并不一定要使用 Visitor，但我们可以很容易地从中看出实现该模式时会涉及的内容。

这里是 Composite(4.3) 中的 Equipment 类。我们给它添加一个 Accept 操作，使其可与一个访问者一起工作。

```cpp
class Equipment {
public:
    virtual ~Equipment();

    const char* Name() { return _name; }

    virtual Watt Power();
    virtual Currency NetPrice();
    virtual Currency DiscountPrice();

    virtual void Accept(EquipmentVisitor&);
protected:
    Equipment(const char*);
private:
    const char* _name;
};
```

各 Equipment 操作返回设备的属性，例如它的功耗和价格。对于特定种类的设备（如底盘、发动机和平面板），子类适当地重定义这些操作。

如下所示，所有设备访问者的抽象父类对每一个设备子类都有一个虚函数。所有虚函数的默认行为都是什么也不做。

```cpp
class EquipmentVisitor {
public:
    virtual ~EquipmentVisitor();

    virtual void VisitFloppyDisk(FloppyDisk*);
    virtual void VisitCard(Card*);
    virtual void VisitChassis(Chassis*);
    virtual void VisitBus(Bus*);

    // and so on for other concrete subclasses of Equipment
protected:
    EquipmentVisitor();
};
```

Equipment 子类以基本相同的方式定义 Accept：调用 EquipmentVisitor 中对应于接收 Accept 请求的类的操作，如：

```cpp
void FloppyDisk::Accept (EquipmentVisitor& visitor) {
    visitor.VisitFloppyDisk(this);
}
```

包含其他设备的设备（尤其是在 Composite 模式中 CompositeEquipment 的子类）实现 Accept 时，遍历其各个子构件并调用它们各自的 Accept 操作，然后对自己调用 Visit 操作。

例如，Chassis::Accept 可像下面这样遍历底盘中的所有部件：

```
void Chassis::Accept (EquipmentVisitor& visitor) {
    for (
        ListIterator<Equipment*> i(_parts);
        !i.IsDone();
        i.Next()
    ) {
        i.CurrentItem()->Accept(visitor);
    }
    visitor.VisitChassis(this);
}
```

EquipmentVisitor 的子类在设备结构上定义了特定的算法。PricingVisitor 计算该设备结构的价格。它计算所有的简单设备（如软盘）的实价以及所有组合设备（如底盘和公共汽车）打折后的价格。

```
class PricingVisitor : public EquipmentVisitor {
public:
    PricingVisitor();

    Currency& GetTotalPrice();

    virtual void VisitFloppyDisk(FloppyDisk*);
    virtual void VisitCard(Card*);
    virtual void VisitChassis(Chassis*);
    virtual void VisitBus(Bus*);
    // ...
private:
    Currency _total;
};

void PricingVisitor::VisitFloppyDisk (FloppyDisk* e) {
    _total += e->NetPrice();
}

void PricingVisitor::VisitChassis (Chassis* e) {
    _total += e->DiscountPrice();
}
```

PricingVisitor 将计算设备结构中所有结点的总价格。注意 PricingVisitor 在相应的成员函数中为一类设备选择合适的定价策略。此外，我们只需改变 PricingVisitor 类即可改变一个设备结构的定价策略。

我们可以像下面这样定义一个计算存货清单的类：

```
class InventoryVisitor : public EquipmentVisitor {
public:
    InventoryVisitor();

    Inventory& GetInventory();

    virtual void VisitFloppyDisk(FloppyDisk*);
    virtual void VisitCard(Card*);
    virtual void VisitChassis(Chassis*);
    virtual void VisitBus(Bus*);
    // ...

private:
    Inventory _inventory;
};
```

InventoryVisitor 为对象结构中的每一种类型的设备累计总和。InventoryVisitor 使用一个 Inventory 类，Inventory 类定义了一个接口用于增加设备（此处略去）。

```
void InventoryVisitor::VisitFloppyDisk (FloppyDisk* e) {
    _inventory.Accumulate(e);
}

void InventoryVisitor::VisitChassis (Chassis* e) {
    _inventory.Accumulate(e);
}
```

下面是如何在一个设备结构上使用 InventoryVisitor：

```
Equipment* component;
InventoryVisitor visitor;

component->Accept(visitor);
cout << "Inventory "
    << component->Name()
    << visitor.GetInventory();
```

现在我们将说明如何用 Visitor 模式实现 Interpreter(5.3) 模式中那个 Smalltalk 的例子。像上面的例子一样，这个例子非常小，Visitor 可能并不能带给我们很多好处，但是它很好地说明了如何使用这个模式。此外，它说明了一种情况，在此情况下迭代是访问者的职责。

该对象结构（正则表达式）由四个类组成，并且它们都有一个 accept: 方法，该方法以某访问者为参数。在类 SequenceExpression 中，accept: 方法是：

```
accept: aVisitor
    ^ aVisitor visitSequence: self
```

在类 RepeatExpression 中，accept: 方法发送 visitRepeat 消息；在类 AlternationExpression 中，它发送 visitAlternation: 消息；而在类 LiteralExpression 中，它发送 visitLiteral: 消息。

这四个类还必须有可供 Vistor 使用的访问函数。对于 SequenceExpression，这些函数是 expression1 和 expression2；对于 AlternationExpression，这些函数是 alternative1 和 alternative2；对于 RepeatExpression，是 repetition；而对于 LiteralExpression，则是 component。

具体的访问者是 REMatchingVisitor。因为它所需要的遍历算法是不规则的，所以由它自己负责进行遍历。其最大的不规则之处在于 RepeatExpression 要重复遍历它的构件。REMatchingVisitor 类有一个实例变量 inputState。它的各个方法除了将名为 inputState 的参数替换为匹配的表达式结点以外，与 Interpreter 模式中表达式类的 match: 方法基本上是一样的。它们还是返回该表达式可以匹配的流的集合以标识当前状态。

```
visitSequence: sequenceExp
    inputState := sequenceExp expression1 accept: self.
    ^ sequenceExp expression2 accept: self.

visitRepeat: repeatExp
```

```
    | finalState |
    finalState := inputState copy.
    [inputState isEmpty]
        whileFalse:
            [inputState := repeatExp repetition accept: self.
            finalState addAll: inputState].
    ^ finalState


visitAlternation: alternateExp
    | finalState originalState |
    originalState := inputState.
    finalState := alternateExp alternative1 accept: self.
    inputState := originalState.
    finalState addAll: (alternateExp alternative2 accept: self).
    ^ finalState
visitLiteral: literalExp
    | finalState tStream |
    finalState := Set new.
    inputState
        do:
            [:stream | tStream := stream copy.
             (tStream nextAvailable:
                literalExp components size
             ) = literalExp components
                ifTrue: [finalState add: tStream]
            ].
    ^ finalState
```

10. 已知应用

Smalltalk-80 编译器有一个称为 ProgramNodeEnumerator 的 Visitor 类。它主要用于那些分析源代码的算法。它未被用于代码生成和优美格式打印，尽管它也可以做这些工作。

IRISInventor[Str93] 是一个用于开发三维图形应用的工具包。Inventor 将一个三维场景表示成一个结点的层次结构，每一个结点代表一个几何对象或其属性。诸如绘制一个场景或是映射一个输入事件之类的一些操作要求以不同的方式遍历这个层次结构。Inventor 使用称为 "action" 的访问者来做到这一点。生成图像、事件处理、查询、填充和决定边界框等操作都有相应的访问者来处理。

为使增加新的结点更容易一些，Inventor 为 C++ 实现了一个双分派方案。该方案依赖于运行时的类型信息和一个二维表，在这个二维表中行代表访问者而列代表结点类。表格中存储绑定于访问者和结点类的函数指针。

Mark Linton 在 X Consortium 的 Fresco Application Toolkit 设计说明书中提出了术语 "Visitor" [LP93]。

11. 相关模式

Composite(4.3)：访问者可以用于对一个由 Composite 模式定义的对象结构进行操作。

Interpreter(5.3)：访问者可以用于解释。

5.12 行为型模式的讨论

5.12.1 封装变化

封装变化是很多行为模式的主题。当一个程序某方面的特征经常发生改变时，这些模式就定义一个封装这方面的对象。这样当该程序的其他部分依赖于这方面时，它们都可以与此对象协作。这些模式通常定义一个抽象类来描述这些封装变化的对象，并且通常该模式依据这个对象[⊖]来命名。例如：

- 一个 Strategy 对象封装一个算法（Strategy(5.9)）。
- 一个 State 对象封装一个与状态相关的行为（State(5.8)）。
- 一个 Mediator 对象封装对象间的协议（Mediator(5.5)）。
- 一个 Iterator 对象封装访问和遍历一个聚集对象中的各个构件的方法（Iterator(5.4)）。

这些模式描述了程序中很可能会改变的方面。大多数模式有两种对象：封装该方面特征的新对象，使用这些新对象的已有对象。如果不使用这些模式的话，通常这些新对象的功能就会变成已有对象的难以分割的一部分。例如，一个 Strategy 的代码可能会被嵌入其 Context 类中，而一个 State 的代码可能会在该状态的 Context 类中直接实现。

但不是所有的对象行为模式都像这样分割功能。例如，Chain of Responsibility(5.1) 可以处理任意数目的对象（即一个链），而所有这些对象可能已经存在于系统中了。

职责链说明了行为模式间的另一个不同点：并非所有的行为模式都定义类之间的静态通信关系。职责链提供在数目可变的对象间进行通信的机制。其他模式涉及一些作为参数传递的对象。

5.12.2　对象作为参数

一些模式引入总是被用作参数的对象，例如 Visitor(5.11)。一个 Visitor 对象是一个多态的 Accept 操作的参数，这个操作作用于该 Visitor 对象访问的对象。虽然以前通常代替 Visitor 模式的方法是将 Visitor 代码分布在一些对象结构的类中，但 visitor 从来都不是它所访问的对象的一部分。

其他模式定义一些可作为令牌到处传递的对象，这些对象将在稍后被调用。Command(5.2) 和 Memento(5.6) 都属于这一类。在 Command 中，令牌代表一个请求；而在 Memento 中，它代表一个对象在某个特定时刻的内部状态。在这两种情况下，令牌都可以有复杂的内部表示，但客户并不会意识到这一点。但这里还有一些区别：在 Command 模式中多态很重要，因为执行 Command 对象是一个多态的操作。相反，Memento 接口非常小，以至于备忘录只能作为一个值传递，因此它很可能根本不给它的客户提供任何多态操作。

5.12.3　通信应该被封装还是被分布

Mediator(5.5) 和 Observer(5.7) 是相互竞争的模式。它们之间的差别是，Observer 通过引入 Observer 和 Subject 对象来分布通信，而 Mediator 对象则封装了其他对象间的通信。

⊖　这个主题也贯穿于其他种类的模式。Abstract Factory(3.1)、Builder(3.2) 和 Prototype(3.4) 都封装了关于对象如何创建的信息。Decorator(4.4) 封装了可以被加入一个对象的职责。Bridge(4.2) 将一个抽象与它的实现分离，使它们可以独立地变化。

在 Observer 模式中，不存在封装一个约束的单个对象，而必须是由 Observer 和 Subject 对象相互协作来维护这个约束。通信模式由观察者和目标连接的方式决定：一个目标通常有多个观察者，并且有时一个目标的观察者也是另一个观察者的目标。Mediator 模式的目的是集中而不是分布。它将维护一个约束的职责直接放在中介者中。

我们发现生成可复用的 Observer 和 Subject 比生成可复用的 Mediator 容易一些。Observer 模式有利于 Observer 和 Subject 间的分割和松耦合，同时这将产生粒度更细从而更易于复用的类。

另一方面，相对于 Observer，Mediator 中的通信流更容易理解。观察者和目标通常在创建后很快被连接起来，并且很难看出此后它们在程序中是如何连接的。如果你了解 Observer 模式，你将知道观察者和目标间连接的方式是很重要的，并且你也知道寻找哪些连接。然而，Observer 模式引入的间接性仍然会使得一个系统难以理解。

Smalltalk 中的 Observer 可以用消息进行参数化以访问 Subject 的状态，因此与 C++ 中的 Observer 相比，它们具有更大的可复用性。这使得 Smalltalk 中 Observer 比 Mediator 更具吸引力。因此 Smalltalk 程序员通常会使用 Observer，而 C++ 程序员则会使用 Mediator。

5.12.4 对发送者和接收者解耦

当合作的对象直接互相引用时，它们变得互相依赖，这可能会对一个系统的分层和复用性产生负面影响。命令、观察者、中介者和职责链等模式都涉及如何对发送者和接收者解耦，但它们又各有不同的权衡考虑。

命令模式使用一个 Command 对象来定义发送者和接收者之间的绑定关系，从而支持解耦，如下图所示。

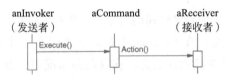

Command 对象提供了一个提交请求的简单接口（即 Execute 操作）。将发送者和接收者之间的连接定义在一个单独的对象中使得该发送者可以与不同的接收者一起工作。这就将发送者与接收者解耦，使发送者更易于复用。此外，可以复用 Command 对象，用不同的发送者参数化一个接收者。虽然 Command 模式描述了避免使用生成子类的实现技术，但是名义上每一个发送者—接收者连接都需要一个子类。

观察者模式通过定义一个接口来通知目标中发生的改变，从而将发送者（目标）与接收者（观察者）解耦。Observer 定义了一个比 Command 更松的发送者—接收者绑定，因为一个目标可能有多个观察者，并且其数目可以在运行时变化，如下图所示。

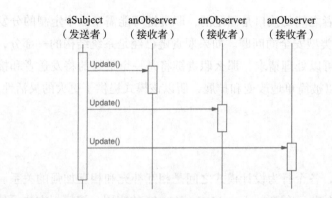

观察者模式中的 Subject 和 Observer 接口是为了处理 Subject 的变化而设计的，因此当对象间有数据依赖时，最好用观察者模式来对它们进行解耦。

中介者模式让对象通过一个 Mediator 对象间接地互相引用，从而对它们解耦，如下图所示。

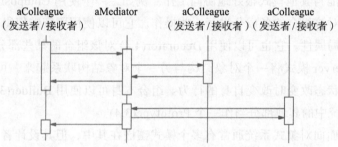

一个 Mediator 对象为各 Colleague 对象间的请求提供路由并集中它们的通信，因此各 Colleague 对象仅能通过 Mediator 接口相互交谈。由于这个接口是固定的，为增加灵活性 Mediator 可能不得不实现它自己的分发策略。可以用一定方式对请求编码并打包参数，使得 Colleague 对象可以请求的操作数目不限。

中介者模式可以减少一个系统中的子类生成，因为它将通信行为集中到一个类中而不是将其分布在各个子类中。然而，特别的分发策略通常会降低类型安全性。

最后，职责链模式通过沿一个潜在接收者链传递请求而将发送者与接收者解耦，如下图所示。

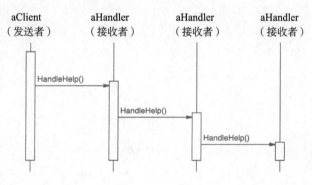

由于发送者和接收者之间的接口是固定的，职责链可能需要一个定制的分发策略。因此它与 Mediator 一样存在类型安全的问题。如果职责链已经是系统结构的一部分，同时在链上的多个对象中总有一个可以处理请求，那么职责链将是一个很好的将发送者和接收者解耦的方法。此外，因为链可以被简单地改变和扩展，所以该模式提供了更大的灵活性。

5.12.5 总结

除了少数例外情况，各个行为设计模式之间是相互补充和相互加强的关系。例如，一个职责链中的类可能包括至少一个 Template Method(5.10) 的应用。该模板方法可使用原语操作确定该对象是否应处理请求并选择应转发的对象。职责链可以使用 Command 模式将请求表示为对象。Interpreter(5.3) 可以使用 State 模式定义语法分析上下文。迭代器可以遍历一个聚合，而访问者可以对它的每一个元素进行操作。

行为模式也能与其他模式很好地协同工作。例如，一个使用 Composite(4.3) 模式的系统可以使用访问者对该组合的各成分进行一些操作。它可以使用职责链使得各成分通过它们的父类访问某些全局属性。它也可以使用 Decorator(4.4) 对该组合的某些部分的属性进行改写。它可以使用 Observer 模式将一个对象结构与另一个对象结构联系起来，可以使用 State 模式使得一个构件在状态改变时改变自身的行为。组合本身可以使用 Builder(3.2) 中的方法创建，并且它可以被系统中的其他部分当作一个 Prototype(3.4)。

设计良好的面向对象式系统通常有多个模式镶嵌在其中，但其设计者却未必使用这些术语进行思考。然而，在模式级别而不是在类或对象级别上进行系统组装可以使我们更方便地获取同等的协同性。

第 6 章

结　论

或许有人会认为本书并无多大贡献。毕竟，它没有提出任何前所未见的新算法或者新程序设计技术。本书既没有给出一种严格的系统设计方法，也没有提出一套新的设计理论——它只是将现有的一些设计加以文档化。也许你会认为它是一本合适的入门指南，但对有经验的面向对象设计人员却并无多大帮助。

我们希望你不会有上面这样的想法。这是因为对设计模式的分类整理是重要的，它为我们使用的各种技术提供了标准的名称和定义。如果我们不研究软件中的设计模式，就无法对它们进行改进，更难以提出新的设计模式。

本书仅仅是一个开始。它讨论了面向对象设计专家所使用的某些最常见的设计模式，而人们也常常会在口头交谈或分析已有系统时听到和学到这些设计模式。曾有人看了本书的初稿后也将其使用的设计模式写下来，因此，本书更应起到抛砖引玉的作用。我们希望这将标志着一场把软件从业人员专门知识和技能加以文档化的运动的开始。

本章的内容包括我们认为设计模式将带来的巨大影响，设计模式与其他设计工作的关系，以及怎样发现和整理设计模式。

6.1   设计模式将带来什么

根据我们日常使用设计模式的经验，我们认为它们将在以下几个方面影响你设计面向对象软件的方式。

6.1.1   一套通用的设计词汇

对使用传统语言的程序设计专家的研究表明，其知识和经验并非是简单地围绕语法来组织的，而是围绕着诸如算法、数据结构、习惯用语 [AS85，Cop92，Cur89，SS86] 和满足某特定目标的计划 [SE84] 等更大的概念结构来组织的。设计者可能考虑更多的不是用来记录设计的表示方式，而是如何把当前的设计问题与已知的计划、算法、数据结构和习惯用语等进行匹配。

计算机科学家对算法和数据结构进行命名和分类，但我们却很少为其他类型的模式命名。设计模式为设计者们交流讨论、书写文档以及探索各种不同设计提供了一套通用的设计词汇。设计模式使你可以在比设计表示或编程语言更高的抽象级别谈论一个系统，从而降低了其复杂度。设计模式提高了你的设计及你与同事讨论这些设计的层次。

一旦你吸收了本书中的各设计模式，你的设计词汇就几乎肯定要有所改变。你会直接使用这些模式的名称来表示某个设计，比如你会说，"这里我们使用观察者模式"，或者"让我们从这些类中抽出一个 Strategy"。

6.1.2 书写文档和学习的辅助手段

了解本书中的各设计模式可使你更容易理解已有的系统。大多数规模较大的面向对象系统都使用了这些设计模式。人们在学习面向对象编程时常常抱怨系统中继承的使用令人费解以及难于理解控制流程。这在很大程度上是由于他们未能理解该系统中的设计模式。学习这些设计模式将有助于你理解已有的面向对象系统。

这些设计模式也能提高你的设计水平。它们为你提供一些常见问题的解决方案。当然，如果你长期从事面向对象系统的工作，迟早你也会自己学到这些设计模式，但通过本书你可以学得更快。学好这些模式将有助于一个新手做出像专家一样的设计。

而且，按照一个系统所使用的设计模式来描述该系统可以使他人理解起来容易得多，否则，就必须对该系统的设计进行逆向工程来弄清楚其使用的设计模式。有一套通用的设计词汇的好处是你不必描述整个设计模式，而只要使用它的名字，当他人读到这个名字时就会理解你的设计。当然如果读者不知道这个设计模式，他就必须先去查找、学习该模式，即使这样也还是比逆向工程容易。

我们在自己的设计中使用这些模式，并发现它们有很多好处。我们还以某些有争议的幼稚方式使用这些设计模式。我们用它们来为类命名，思考和传授优秀的设计，并用一连串的设计模式来描述我们的设计。很容易想出更复杂的使用设计模式的方式，比如基于模式的CASE工具或超文本文档。不过即使没有复杂的工具，设计模式对我们也还是很有帮助的。

6.1.3 现有方法的一种补充

面向对象设计方法可用来促进良好的设计，教新手如何设计，以及对设计活动进行标准化。一个设计方法通常定义了一组（常常是图形化的）用来为设计问题各方面进行建模的记号（notation），以及决定在什么情况下以什么样的方式使用这些记号的一组规则。设计方法通常描述一个设计中出现的问题，如何解决这些问题，以及如何评估一个设计。但设计方法还不能描述设计专家的经验。

我们相信设计模式是面向对象设计方法所缺少的一块重要内容。这些设计模式展示了如何使用诸如对象、继承和多态等基本技术，也展示了如何以算法、行为、状态或者需生成的对象类型来将一个系统参数化。设计模式使你可以更多地描述"为什么"这样设计而不仅仅是记录你的设计结果。设计模式的适用性、效果和实现部分都会指导你做出各个必要的设计决定。

设计模式在将一个分析模型转换为一个实现模型的时候特别有用。尽管许多人声称面向对象分析可以平滑地向设计转换，但实践表明远非如此。一个灵活的可复用的设计常会包含一些分析模型中没有的对象。另外，你所使用的编程语言和类库也会影响设计。因此，为使设计可复用，常常需要重新设计分析模型。许多设计模式描述了这样的问题，这也是我们称之为设计模式的原因。

一个成熟的设计方法不仅要有设计模式，还可有其他类型的模式，如分析模式、用户界面设计模式或者性能调节模式等。但是设计模式是最主要的部分，这在以前却被忽略了。

6.1.4 重构的目标

开发可复用软件的一个问题是开发者常常不得不重新组织或重构 [OJ90] 软件系统。设计模式可以帮助你重新组织一个设计，同时还能减少以后的重构工作。

面向对象软件的生命周期常分为几个阶段。Brain Foote 将其分为原型阶段、扩展阶段和巩固阶段 [Foo92]。

在原型阶段，首先建立一个快速原型，在此基础上进行增量式的修改，直至能满足一组基本需求，然后进入"青春期"。此时，软件中的类层次通常直接反映了原始问题域中的各个实体。该阶段主要的复用方式是通过继承进行白箱复用。

一旦软件进入青春期并交付使用，其演化就由以下两个相互冲突的要求来决定：①该软件必须满足更多的需求；②该软件必须更易于复用。新的需求常常要求加入新的类和操作甚至增加整个类层次。于是该软件就要经过一个扩展阶段来满足新的需求。然而，这种扩展并不能持续很久。软件的不断扩展将使其变得过于滞胀僵硬而难以进一步修改。软件类层次不再与任何问题域匹配，而是多个问题域的混合反映，并且类中定义了许多不相关的操作和实例变量。

该软件若要继续演化就必须重新组织，这个过程称为重构（refactoring）。框架常常在这个阶段出现。重构工作包括将类拆分为专用和通用的构件，把各个操作在类层次上提或下放到合适的类中，并使各个类的接口合理化。这个巩固阶段将会产生许多新类型的对象，它们通常是通过分解而不是继承原有的对象而得到的。因而黑箱复用代替了白箱复用。满足更多需求和达到更高可复用性的要求推动面向对象软件不断重复扩展和巩固这两个阶段——扩展以满足新的需求，而巩固使软件更为通用（参见下图）。

这个循环是不可避免的。但好的设计者不仅知道哪些变化会促使重构，而且还知道哪些类和对象结构能够避免重构——其设计对于需求变化具有健壮性。对需求进行彻底分析有助于突出在软件的生命周期中易于发生变化的需求，而一个好的设计应对这些变化保持稳定。

我们的设计模式记录了许多重构产生的设计结构。在设计初期使用这些模式可以防止以后的重构。不过你即使是在系统建成以后才了解如何使用这些模式，它们也可以教你如何修改你的系统。设计模式为你的重构提供了目标。

6.2 本书简史

分类整理设计模式肇始于 Erich 的博士论文 [Gam91, Gam92] 的部分工作。他的论文中大约有占本书半数的模式。到 OOPSLA'91 召开的时候它已正式成为一项独立的工作，并且 Richard 已加入进来与 Erich 一道从事这项工作。不久 John 也加入进来。到 OOPSLA'92 的时候，Ralph 也已加入这个小组中。我们曾试图使我们的工作成果可以发表在 ECOOP'93 上，但我们很快意识到篇幅太长的论文是不会被录用的，所以我们将其简化为一个摘要发表在那次会议上。从那以后我们决定把我们分类整理的模式写成一本书。

在此过程中，我们改动了一些模式的名称。"Wrapper"变成了"Decorator"，"Glue"变成了"Facade"，"Solitaire"变成了"Singleton"，以及"Walker"变成了"Visitor"，并删掉了几个看起来不那么重要的模式。不过自 1992 年以来，这个分类体系中包含哪些模式没有多大变化，但各模式本身却有了巨大改进。

实际上，注意到某些东西是一个模式还是整个工作中相对容易的部分。我们四个人都经常从事建造面向对象系统的工作，发现当接触到足够多的系统时，发现模式并不困难，然而描述模式却要困难得多。

当你回过头来看你已经建好的一些系统时，会发现所做的工作中就存在着模式。但是，要很好地描述它们以使不熟悉的人也能理解并意识到它们为什么重要就很困难了。专家们能立即从我们模式的早期版本中意识到它们的价值，但也只有实际用过这些模式的人才能理解它们。

由于本书的主要目的之一在于教设计新手进行面向对象设计，所以我们必须改进模式的分类描述。我们将每个模式的篇幅进行了扩充，其中加入了较具体的说明动机的例子和示例代码，同时对模式的权衡以及实现模式的不同方式也进行了考察。这样就使模式学起来更容易一些。

在过去的一年中所做的另一个重要修改是更加强调一个模式所针对的问题。模式是问题的解决方案，是可以被重复使用的技术手段，这很容易明白。困难的是知道在什么情况下使用这个模式才是恰当的，也就是要刻画这个模式所针对的问题及其上下文，只有在这样的上下文中，这个模式才是最优解。一般而言，了解做什么要比为什么容易，而一个模式的"为什么"就是它要解决的问题。了解一个模式的目的也是重要的，它可以帮助我们选择要使用的模式，也可以帮助我们理解已有系统的设计。作为一个模式的作者，即使你已经知道了解决方案，也必须回过头来确定并刻画该模式所解决的问题。

6.3 模式界

我们并不是唯一对写书来分类整理专家们使用的设计模式感兴趣的小组。我们属于一个更大的圈子，这个圈子里的人们对模式特别是有关软件的模式很感兴趣。建筑师 Christopher Alexander 第一个研究了建筑物和社区的模式，并开发了一个"模式语言"来生成它们。他的工作一次次地启发了我们，所以有必要将我们的工作与他的工作进行比较，然后再看看其他有关软件模式方面的工作。

6.3.1 Alexander的模式语言

我们的工作在许多方面和 Alexander 的类似。二者都是在观察已有系统的基础上，发现其中的模式，都有描述模式的模板（尽管我们的模板有很大的不同），都是用自然语言和许多例子而不是用形式语言来描述模式，都给出了每个模式背后的原理。

不过我们的工作也在许多方面不同于 Alexander 的模式语言：

1）人类从事建筑活动已有几千年的历史，积累下来许多经典的案例可供参考。相对而言，建造软件系统的历史就短得多，很少有系统可称得上经典。

2）Alexander 给出了他的模式的使用顺序，而我们没有。

3）Alexander 的模式强调它们所针对的问题，而设计模式则更详细地描述了解决方案。

4）Alexander 声称他的模式可以生成完整的建筑，而我们不能说我们的模式可以生成完整的程序。

Alexander 声称可以通过一个接一个地使用他的模式来设计一所房屋。这类似于一些面向对象设计方法学家的目标，他们也给出了一步步地进行软件设计的规则。Alexander 并不否认创造的必要性，他的一些模式要求设计者理解所设计建筑物的使用者的生活习惯。而且，他对设计的"诗意⊖"的信仰暗示了存在某种高于模式语言本身的专业水平。不过他对模式怎样生成设计的描述却意味着模式语言可使设计活动成为一种确定的和可重复的过程。

Alexander 的观点启发我们关注设计中的权衡问题——多种"力"共同决定了最终的设计结果。在他的影响下，我们慎重考虑了我们的设计模式的适用性及其效果。这也使我们不再试图定义模式的形式化表示。这是因为尽管这种形式化表示将使模式自动化成为可能，但目前更重要的是探索新的模式而不是将模式形式化。

依据 Alexander 的观点，本书的模式不能形成一个模式语言。考虑到人们建造的软件系统的多样性，我们很难给出一个"完备"的模式集合来指导人们一步步地设计出完整的应用。尽管对于某些特定类型的应用（例如报表生成系统）我们可以做到这一点，然而本书的模式体系仅仅是相关模式的集合，不能将其视为一种模式语言。

实际上，我们认为永远也不会有一个完备的软件模式语言。当然我们可以使模式系统更加完整，如可以加入框架及怎样使用框架 [Joh92]、用户界面设计模式 [BJ94]、分析模式

⊖ 参见"The poetry of the language"[AIS+77]。

[Coa92]，以及软件开发过程中其他方面的内容。设计模式仅仅是一个更大的软件模式语言的一部分。

6.3.2 软件中的模式

我们第一次集体研究软件体系结构是在 OOPSLA'91 大会中一次由 Bruce Anderson 主持的讨论会上。那次讨论会致力于为软件体系结构设计者编写一本手册（从本书看来，我们认为"体系结构百科全书"这个名称要比"体系结构手册"更好一些）。此后又举行了一系列的会议，最近的一次是 1994 年 8 月召开的第一届程序模式语言大会，这次会议建立了一个群体，其兴趣是将软件经验文档化。

当然，也有其他人抱有同样的目标。Danald Knuth 的《计算机程序设计艺术》[Knu73] 就是分类整理软件知识的最早尝试之一，只是他着重于描述算法。事实证明，即便如此，这项工作也还是工程浩大而难以完成。《 Graphics Gems 》系列 [Gla90, Arv91, Kir92] 是另一个同样着重于算法的设计知识分类的体系。美国国防部发起的领域专用软件结构计划集中收集有关体系结构方面的信息。基于知识的软件工程界试图一般地表述软件相关知识。此外，还有许多其他小组在为与我们相似的目标而努力。

James Coplien 的《 Advanced C++: Programming Styles and Indioms 》[Cop92] 一书也对我们产生了影响。相对于我们的设计模式，该书中描述的模式更加针对 C++ 语言，而且还包含了许多低层的模式。不过正如在我们的模式中已指出的那样，二者之间是有一些重复的。Jim 在模式界很活跃，目前他正在研究那些用来描述软件开发组织中人的角色的模式。

你还可以从其他许多地方找到对模式的描述。Kent Beck 是软件界首先倡导学习 Christopher Alexander 的工作的先驱者之一。1993 年他开始在《 The Smalltalk Report 》上撰写关于 Smalltalk 模式的一个专栏。Peter Coad 开始收集模式也有一段时间了。在我们看来，他的关于模式的论文主要讨论的是分析模式 [Coa92]。我们知道他还在继续从事这方面的工作，但我们没有看到他最新的成果。我们也听说有好几本关于模式的书正在撰写之中，但目前一本也没有看到，所以我们只能告诉你它们就要出现了。其中有一本书将来源于 Pattern Language of Programming 会议。

6.4 邀请参与

如果你对模式感兴趣的话，你能做些什么呢？首先，你可以在你的设计工作中使用这些设计模式，并寻找其他可用的设计模式。接下来几年里将会有许多有关模式的书和文章出现，所以不愁没地方找新的模式。不断积累和使用你的模式词汇，在与他人讨论你的设计时你可以使用它们，在构思和书写你的设计时也可以使用它们。

其次，提出你的批评。这个设计模式体系是许多人辛勤工作的成果，除了我们之外，还有几十个评论者提出了反馈意见。如果你发现了存在的问题或者觉得某些地方需要进一步解释的话，请和我们联系。同样，对于其他模式体系，也请给予你的反馈意见。模式的一个重要好处在于它提供的设计决策不再是模糊的直觉，模式的作者可以明确地说明他在各需求要素间所做的权衡。这就为发现并与作者讨论其模式的不足之处提供了方便。你可以充分利用模式的这个优越性。

最后，寻找你使用过的模式，并把它们写下来。把它们作为你的文档的组成部分，给别人看。你并不一定要在研究机构里才可以发掘模式。实际上，如果你没有某方面的实践经验，要发现相关的模式几乎是不可能的。你尽管写下你的模式体系，但一定要让其他人来帮助你使之成形！

6.5 临别感想

最佳的设计要用到许多设计模式，它们契合交织，形成一个更大的整体。正如 Christopher Alexander 所说：

以一种松散的方式把一些模式串接在一起来建造建筑是可能的。这样的建筑仅仅是一些模式的堆砌，而不紧凑。这不够深刻。然而另有一种组合模式的方式，许多模式重叠在同一个物理空间里：这样的建筑非常紧凑，在一小块空间里集成了许多内涵；由于这种紧凑，它变得深刻。

——A Pattern Language [AIS+77，第 41 页]

附 录 A

词 汇 表

abstract class（抽象类） 一种主要用来定义接口的类。抽象类中的部分或全部操作被延迟到其子类中实现。抽象类不能实例化。

abstract coupling（抽象耦合） 若类 A 维护一个指向抽象类 B 的引用，则称 A 抽象耦合于 B。之所以称之为抽象耦合，是因为 A 指向的是一个对象的类型，而不是一个具体对象。

abstract operation（抽象操作） 一种声明了型构（signature）而没有实现的操作。在 C++ 中，抽象操作对应于纯虚成员函数。

acquaintance relationship（相识关系） 如果一个类指向另一个类，则这两个类之间有相识关系。

aggregate object（聚合对象） 一种包含子对象的对象。这些子对象称为聚合对象的部分，而聚合对象对它们负责。

aggregation relationship（聚合关系） 聚合对象与其部分之间的关系。类为其对象（例如，聚合对象）定义这种关系。

black-box reuse（黑箱复用） 一种基于对象组合的复用方式。这些被组合的对象之间并不开放各自的内部细节，因此被比作"黑箱"。

class（类） 类定义对象的接口和实现。它规定对象的内部表示，定义对象可实施的操作。

class diagram（类图） 类图描述类及其内部结构和操作，以及类间的静态关系。

class operation（类操作） 以类而不是单独的对象为目标的操作。在 C++ 中，类操作被称为静态成员函数。

concrete class（具体类） 不含抽象操作的类。它可以实例化。

constructor（构造器） 在 C++ 中，一种系统自动调用的用来初始化新对象实例的操作。

coupling（耦合） 软件构件之间相互依赖的程度。

delegation（委托） 一种实现机制，即一个对象把发给它的请求转发 / 委托给另一个对象。而受托对象将代表原对象执行请求的操作。

design pattern（设计模式） 设计模式针对面向对象系统中重复出现的设计问题，提出一个通用的设计方案，并予以系统化的命名和动机解释。它描述了问题、解决方案、在什么条件下使用该解决方案及其效果。它还给出了实现要点和实例。该解决方案是解决该问题的一组精心安排的通用的类和对象，再经定制和实现就可用来解决特定上下文中的问题。

destructor（析构器） 在 C++ 中，一种系统自动调用的用来清理（finalize）即将被删除的对象的操作。

dynamic binding（动态绑定） 在运行时才将一个请求与一个对象及其一个操作关联起来。在 C++ 中，只有虚函数可动态绑定。

encapsulation（封装） 其结果是将对象的表示和实现隐藏起来。在对象之外，看不到其内部表示，也不能直接对其进行访问。操作（operation）是访问和修改对象表示的唯一途径。

framework（框架） 一组相互协作的类，形成某类软件的一个可复用设计。框架将设计划分为一组抽象类，并定义它们各自的责任及相互之间的合作，以此来指导体系结构级的设计。开发者通过继承框架中的类和组合其实例来定制该框架以生成特定的应用。

friend class（友类） 在 C++ 中，A 为 B 的友类是指 A 对 B 中的操作和数据有与 B 本身一样的访问权限。

inheritance（继承） 两个实体间的一种关系，其中一个实体是基于另一个实体定义的。类继承以一个或多个父类为基础定义一个新类，这个新类继承了其父类的接口和实现，被称为子类（C++）或派生类。类继承包含接口继承和实现继承。接口继承以一个或多个已有接口为基础定义新的接口；实现继承以一个或多个已有实现为基础定义新的实现。

instance variable（实例变量） 定义部分对象表示的数据。C++ 中使用的术语是数据成员。

interaction diagram（交互图） 展示对象间请求流程的一种示意图。

interface（接口） 一个对象所有操作定义的型构的集合。接口刻画了一个对象可响应的请求的集合。

metaclass（元类） 在 Smalltalk 中，类也是对象。元类是类对象的类。

mixin class（混入类） 一种被设计为通过继承与其他类结合的类。混入类通常是抽象类。

object（对象） 一个封装了数据及作用于这些数据的操作的运行实体。

object composition（对象组合） 组装和组合一组对象以获得更复杂的行为。

object diagram（对象图） 描述运行时特定对象结构的示意图。

object reference（对象引用） 用于标识另一对象的一个值。

operation（操作） 对象的数据仅能由其自身的操作来存取。对象收到请求时执行操作。在 C++ 中，操作称为成员函数，而 Smalltalk 中使用术语方法。

overriding（重定义） 在一个子类中重定义（从父类继承下来的）操作。

parameterized type（参数化类型） 一种含有未确定成分类型的类型。在使用时，将未确定类型处理成参数。在 C++ 中，参数化类型称为模板（template）。

parent class（父类） 被其他类继承的类。Smalltalk 称之为超类（superclass），C++ 中称之为基类（base class），有时又称之为祖先类（ancestor class）。

polymorphism（多态） 在运行时接口匹配的对象能互相替换的能力。

private inheritance（私有继承） 在 C++ 中，一种仅出于实现目的的继承。

protocol（协议） 接口概念的扩展，包含指明可允许的请求序列。

receiver（接收者） 一个请求的目标对象。

request（请求） 一个对象收到其他对象的请求时执行相应的操作。通常请求又称为消息。

signature（型构） 一个操作的型构定义了它的名称、参数和返回值。

subclass（子类） 继承了另一个类的类。在 C++ 中，子类又称为派生类（derived class）。

subsystem（子系统） 一组相互协作的类形成的一个相对独立的部分，完成一定的功能。

subtype（子类型） 如果一个类型的接口包含另一个类型的接口，则前一个类型称为后一个类型的子类型。

supertype（超类型） 为其他类型继承的父类型。

toolkit（工具箱） 一组提供实用功能的类，但它们并不包含任何具体应用的设计。

type（类型） 一个特定接口的名称。

white-box reuse（白箱复用） 一种基于类继承的复用。子类复用父类的接口和实现，但它也可能存取其父类的其他私有部分。

附 录 B

图示符号指南

在本书中我们到处使用图表来说明重要的思想。某些图是非正式的，如从屏幕上复制下来的对话框或示意性的对象树等。然而，设计模式使用较为正式的图形符号以显示类和对象间的关系和交互。本附录具体说明这些图形符号。

我们使用了三种不同的图形符号：

1）类图描述各个类、它们的结构以及它们之间的静态关系。

2）对象图描述运行时特定的对象结构。

3）交互图展示对象间请求的流程。

每个设计模式至少包含一个类图，需要时也使用其他图形表示来补充说明。类图和对象图是基于 OMT（Object Modeling Technique）[RBP+91, Rum94] 的⊖。交互图来自于 Objectory [JCJO92] 和 Booch 方法。

B.1　类图

图 B-1a 是以 OMT 符号表示的抽象类和具体类。一个类表示为一个线框，在顶部以粗体写着类名，其下是主要的操作，再下是实例变量。类型信息是可选的。我们使用 C++ 的书写习惯，将类型名置于操作名（强调返回类型）、变量名或参数之前。斜体表示该类或操作是抽象的。

在某些设计模式中，标清楚客户类对参与类的引用是很有用的。在类图中，当某个客户类是某模式的参与者（即该客户类在这个模式中承担一定的责任）时，我们以正常的方式表示它，可以参见 Flyweight(4.6)；而当该客户不是该模式的参与者（即客户类在模式中不承担责任），仅是为了说明其与模式的参与者之间的交互关系时，以灰色来表示它。如图 B-1b 所示。代理模式（Proxy）就是一个例子。这种灰客户表示法也提醒我们在讨论模式参与者时不要漏掉客户类。

图 B-1c 展示了类间的几种关系。在 OMT 表示法中，类继承表示为一个从子类（图中的 LineShape）到父类（图中的 Shape）的三角形连线；代表部分或聚集关系的对象引用表示为一个根部有菱形的箭头，指向被聚集的类（图中的 Shape）；根部没有菱形的箭头表示相识关系（图中 LineShape 有一个指向 Color 的引用，而 Color 可能是多个 Shape 对象共享的）。在箭头根部附近可以注明引用的名称，以区别于其他引用。⊜

另一个有用的表示是说明哪个类创建哪个类的对象。由于 OMT 不支持这种表示，所以我们用虚线箭头来标记这种情况。我们称之为"创建"关系。箭头指向的是被实例化的对象。在图 B-1c 中，CreationTool 创建 LineShape 对象。

OMT 还定义了一种实心圆点，表示"多于一个"。当圆点位于引用的头部时，它表示指

⊖ OMT 术语"对象图"指类图。我们使用的"类图"仅指对象结构图。

⊜ OMT 还定义了类间的关联（association）关系，以类间的一条线来表示。关联关系是双向的。虽然在分析阶段这种关系是适用的，但我们觉得它对于描述设计模式内的类关系来说显得太抽象了，因为在设计阶段关联关系必须被映射为对象引用或指针。对象引用本身就是有向的，更适合表达我们所讨论的那种关系。例如，Drawing 知道 Shape，而各 Shape 却不知道其所在的 Drawing，这就无法用关联关系来表示。

向或聚集多个对象。图 B-1c 中 Drawing 聚集了多个 Shape 类型的对象。

最后，我们认为可以在 OMT 图上加上一些伪代码，以简要说明操作的实现。图 B-1d 中的伪代码说明了 Drawing 类的 Draw 操作的实现。

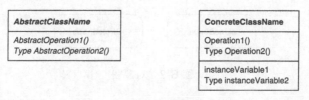

a）抽象类和具体类

b）参与者客户类（左）和绝对客户类（右）

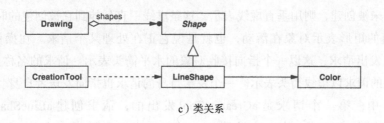

c）类关系

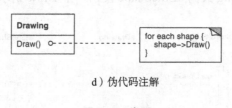

d）伪代码注解

图 B-1 类图

B.2 对象图

对象图仅仅描述实例。它描述了设计模式中的对象某个时刻的状况。对象的名字通常表示为"aSomething"，其中 Something 是该对象的类。我们用来表示对象的符号（对标准 OMT 稍做修改）是一个圆角矩形，并以一条直线将对象名与对象引用分开。箭头表示对象引用。如图 B-2 所示。

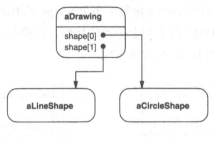

图 B-2　对象图

B.3　交互图

交互图展示了对象间各请求的执行顺序。图 B-3 就是一个交互图，它描述了一个 Shape 对象是如何加入某个 Drawing 对象中去的。

交互图中从上到下表示时间流向。一条垂直实线表示一个特定对象的生命周期。对象的命名规则与对象图一样，即在类名前加一个"a"（如 aShape）。如果某对象在本图所示的时间区间开始时还未被创建，则用垂直虚线表示，这条虚线一直延伸到它被创建的时间点。

一个垂直的矩形表示对象在活动，也就是说它正在处理某个请求。在操作过程中也可以向其他对象发出请求，这以一个指向接收对象的水平箭头表示。请求的名称标注在箭头上方。创建对象的请求以虚线箭头表示。一个发给自身的请求也指向发送者自身。

在图 B-3 中，第一个请求是 aCreationTool 发出的，请求创建 aLineShape。接下来，aLineShape 被加入 aDrawing 中，这导致 aDrawing 向它自身发出一个 Refresh 请求。而在 Refresh 操作过程中 aDrawing 又向 aLineShape 发出一个 Draw 请求。

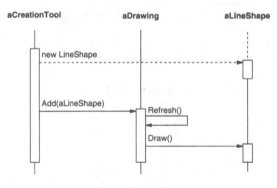

图 B-3　交互图

基 本 类

本附录提供了我们在一些模式的 C++ 示例代码中用到的基本类。我们力求使这些类简短。这些基本类包括：

- List，对象的顺序列表。
- Iterator，顺序存取聚集对象的接口。
- ListIterator，遍历一张 List 的 Iterator。
- Point，一个二维点。
- Rect，一个轴对齐的矩形。

在某些编译器中，一些新的 C++ 标准类型可能还未实现。特别是，如果你的编译器没有定义 bool 类型，你可以像下面这样手工定义它：

```
typedef int bool;
const int true = 1;
const int false = 0;
```

C.1 List

List 模板类是一个用来存储对象序列的基本容器。List 存放元素的值，其元素既可以是内置类型也可以是类的对象。例如，List<int> 声明了一个整数序列。但在大多数模式中使用它来存储对象指针，比如 List<Glyph*>。这样 List 类就可以用于异质元素列表。

为方便使用，List 类也提供了栈形式的操作。这样就可以直接将 List 用作栈，而无须再定义新类。

```
template <class Item>
class List {
public:
    List(long size = DEFAULT_LIST_CAPACITY);
    List(List&);
    ~List();
    List& operator=(const List&);

    long Count() const;
    Item& Get(long index) const;
    Item& First() const;
    Item& Last() const;
    bool Includes(const Item&) const;

    void Append(const Item&);
    void Prepend(const Item&);

    void Remove(const Item&);
    void RemoveLast();
    void RemoveFirst();
    void RemoveAll();

    Item& Top() const;
    void Push(const Item&);
    Item& Pop();
};
```

下面较详细地讨论这些操作。

构造、析构、初始化和赋值

```
List(long size)
```

初始化列表。参数 size 提示初始元素数目。

```
List(List&)
```

重载默认复制构造函数，以正确地初始化成员数据。

```
~List()
```

释放该列表的内部数据结构的存储空间，但它并不释放其元素的数据。设计者不希望用户继承这个类，因而析构函数不是虚的。

```
List& operator=(const List&)
```

实现列表赋值，以正确赋值各成员数据。

访问

这些操作支持对列表元素的基本存取。

```
long Count() const
```

返回列表中对象的数目。

```
Item& Get(long index) const
```

返回指定下标处的对象。

```
Item& First() const
```

返回列表的第一个对象。

```
Item& Last() const
```

返回列表的最后一个对象。

```
bool Includes(const Item&) const
```

列表是否含有给定元素。本操作要求列表元素类型支持用于比较的 == 操作。

增添

```
void Append(const Item&)
```

在列表尾部添加元素。

```
void Prepend(const Item&)
```

在列表头部插入元素。

删除

```
void Remove(const Item&)
```

从列表中删除给定元素。本操作要求列表元素类型支持用于比较的 == 操作。

```
void RemoveLast()
```

删除最后一个元素。

```
void RemoveFirst()
```

删除第一个元素。

```
void RemoveAll()
```

删除所有元素。

栈接口

```
Item& Top() const
```

返回栈顶元素（将列表视为一个栈）。

```
void Push(const Item&)
```

将该元素压入栈。

```
Item& Pop()
```

弹出栈顶元素。

C.2 Iterator

Iterator 是定义了一种遍历对象集合的接口的抽象类。

```
template <class Item>
class Iterator {
public:
    virtual void First() = 0;
    virtual void Next() = 0;
    virtual bool IsDone() const = 0;
    virtual Item CurrentItem() const = 0;
protected:
    Iterator();
};
```

其操作的含义为：

```
virtual void First()
```

使 Iterator 指向顺序集合中的第一个对象。

```
virtual void Next()
```

使 Iterator 指向对象序列的下一个元素。

```
virtual bool IsDone() const
```

当序列中不再有未到达的对象时返回真。

```
virtual Item CurrentItem() const
```

返回序列中当前位置的对象。

C.3 ListIterator

ListIterator 实现了遍历列表的 Iterator 接口。它的构造函数以一个待遍历的列表为参数。

```
template <class Item>
class ListIterator : public Iterator<Item> {
public:
    ListIterator(const List<Item>* aList);

    virtual void First();
    virtual void Next();
    virtual bool IsDone() const;
    virtual Item CurrentItem() const;
};
```

C.4 Point

Point 表示二维笛卡儿坐标空间上的一个点。Point 支持一些最基本的向量运算。Point 的坐标值类型定义为：

```
typedef float Coord;
```

Point 的操作含义是自明的。

```
class Point {
public:
    static const Point Zero;

    Point(Coord x = 0.0, Coord y = 0.0);

    Coord X() const;  void X(Coord x);
    Coord Y() const;  void Y(Coord y);

    friend Point operator+(const Point&, const Point&);
    friend Point operator-(const Point&, const Point&);
    friend Point operator*(const Point&, const Point&);
    friend Point operator/(const Point&, const Point&);

    Point& operator+=(const Point&);
    Point& operator-=(const Point&);
    Point& operator*=(const Point&);
    Point& operator/=(const Point&);

    Point operator-();

    friend bool operator==(const Point&, const Point&);
    friend bool operator!=(const Point&, const Point&);

    friend ostream& operator<<(ostream&, const Point&);
    friend istream& operator>>(istream&, Point&);
};
```

静态成员 Zero 代表 Point(0,0)。

C.5 Rect

Rect 代表一个轴对齐的矩形。矩形用一个原点和一个范围（长度和宽度）来表示。其操作含义也是自明的。

```
class Rect {
public:
    static const Rect Zero;

    Rect(Coord x, Coord y, Coord w, Coord h);
    Rect(const Point& origin, const Point& extent);

    Coord Width() const;    void Width(Coord);
    Coord Height() const;   void Height(Coord);
    Coord Left() const;     void Left(Coord);
    Coord Bottom() const;   void Bottom(Coord);
```

```
        Point& Origin() const; void Origin(const Point&);
        Point& Extent() const; void Extent(const Point&);

        void MoveTo(const Point&);
        void MoveBy(const Point&);

        bool IsEmpty() const;
        bool Contains(const Point&) const;
};
```

静态成员 Zero 等于矩形。

```
rect(point(0, 0)point(0, 0));
```

参 考 文 献

[Add94]   Addison-Wesley, Reading, MA. *NEXTSTEP General Reference: Release 3, Volumes 1 and 2*, 1994.

[AG90]   D.B. Anderson and S. Gossain. Hierarchy evolution and the software lifecycle. In *TOOLS '90 Conference Proceedings*, pages 41–50, Paris, June 1990. Prentice Hall.

[AIS+77] Christopher Alexander, Sara Ishikawa, Murray Silverstein, Max Jacobson, Ingrid Fiksdahl-King, and Shlomo Angel. *A Pattern Language*. Oxford University Press, New York, 1977.

[App89]   Apple Computer, Inc., Cupertino, CA. *Macintosh Programmers Workshop Pascal 3.0 Reference*, 1989.

[App92]   Apple Computer, Inc., Cupertino, CA. *Dylan. An object-oriented dynamic language*, 1992.

[Arv91]   James Arvo. *Graphics Gems II*. Academic Press, Boston, MA, 1991.

[AS85]   B. Adelson and E. Soloway. The role of domain experience in software design. *IEEE Transactions on Software Engineering*, 11(11):1351–1360, 1985.

[BE93]   Andreas Birrer and Thomas Eggenschwiler. Frameworks in the financial engineering domain: An experience report. In *European Conference on Object-Oriented Programming*, pages 21–35, Kaiserslautern, Germany, July 1993. Springer-Verlag.

[BJ94]   Kent Beck and Ralph Johnson. Patterns generate architectures. In *European Conference on Object-Oriented Programming*, pages 139–149, Bologna, Italy, July 1994. Springer-Verlag.

[Boo94]   Grady Booch. *Object-Oriented Analysis and Design with Applications*. Benjamin/Cummings, Redwood City, CA, 1994. Second Edition.

[Bor81]   A. Borning. The programming language aspects of ThingLab—a constraint-oriented simulation laboratory. *ACM Transactions on Programming Languages and Systems*, 3(4):343–387, October 1981.

[Bor94]　Borland International, Inc., Scotts Valley, CA. *A Technical Comparison of Borland ObjectWindows 2.0 and Microsoft MFC 2.5*, 1994.

[BV90]　Grady Booch and Michael Vilot. The design of the C++ Booch components. In *Object-Oriented Programming Systems, Languages, and Applications Conference Proceedings*, pages 1–11, Ottawa, Canada, October 1990. ACM Press.

[Cal93]　Paul R. Calder. *Building User Interfaces with Lightweight Objects*. PhD thesis, Stanford University, 1993.

[Car89]　J. Carolan. Constructing bullet-proof classes. In *Proceedings C++ at Work '89*. SIGS Publications, 1989.

[Car92]　Tom Cargill. *C++ Programming Style*. Addison-Wesley, Reading, MA, 1992.

[CIRM93]　Roy H. Campbell, Nayeem Islam, David Raila, and Peter Madeany. Designing and implementing Choices: An object-oriented system in C++. *Communications of the ACM*, 36(9):117–126, September 1993.

[CL90]　Paul R. Calder and Mark A. Linton. Glyphs: Flyweight objects for user interfaces. In *ACM User Interface Software Technologies Conference*, pages 92–101, Snowbird, UT, October 1990.

[CL92]　Paul R. Calder and Mark A. Linton. The object-oriented implementation of a document editor. In *Object-Oriented Programming Systems, Languages, and Applications Conference Proceedings*, pages 154–165, Vancouver, British Columbia, Canada, October 1992. ACM Press.

[Coa92]　Peter Coad. Object-oriented patterns. *Communications of the ACM*, 35(9):152–159, September 1992.

[Coo92]　William R. Cook. Interfaces and specifications for the Smalltalk-80 collection classes. In *Object-Oriented Programming Systems, Languages, and Applications Conference Proceedings*, pages 1–15, Vancouver, British Columbia, Canada, October 1992. ACM Press.

[Cop92]　James O. Coplien. *Advanced C++ Programming Styles and Idioms*. Addison-Wesley, Reading, MA, 1992.

[Cur89]　Bill Curtis. Cognitive issues in reusing software artifacts. In Ted J. Biggerstaff and Alan J. Perlis, editors, *Software Reusability, Volume II: Applications and Experience*, pages 269–287. Addison-Wesley, Reading, MA, 1989.

[dCLF93]　Dennis de Champeaux, Doug Lea, and Penelope Faure. *Object-Oriented System Development*. Addison-Wesley, Reading, MA, 1993.

[Deu89]　L. Peter Deutsch. Design reuse and frameworks in the Smalltalk-80 system. In Ted J. Biggerstaff and Alan J. Perlis, editors, *Software Reusability, Volume II: Applications and Experience*, pages 57–71. Addison-Wesley, Reading, MA, 1989.

[Ede92]　D. R. Edelson. Smart pointers: They're smart, but they're not pointers. In *Proceedings of the 1992 USENIX C++ Conference*, pages 1–19, Portland, OR, August 1992. USENIX Association.

[EG92] Thomas Eggenschwiler and Erich Gamma. The ET++SwapsManager: Using object technology in the financial engineering domain. In *Object-Oriented Programming Systems, Languages, and Applications Conference Proceedings*, pages 166–178, Vancouver, British Columbia, Canada, October 1992. ACM Press.

[ES90] Margaret A. Ellis and Bjarne Stroustrup. *The Annotated C++ Reference Manual*. Addison-Wesley, Reading, MA, 1990.

[Foo92] Brian Foote. A fractal model of the lifecycles of reusable objects. *OOPSLA '92 Workshop on Reuse*, October 1992. Vancouver, British Columbia, Canada.

[GA89] S. Gossain and D.B. Anderson. Designing a class hierarchy for domain representation and reusability. In *TOOLS '89 Conference Proceedings*, pages 201–210, CNIT Paris—La Defense, France, November 1989. Prentice Hall.

[Gam91] Erich Gamma. *Object-Oriented Software Development based on ET++: Design Patterns, Class Library, Tools* (in German). PhD thesis, University of Zurich Institut für Informatik, 1991.

[Gam92] Erich Gamma. *Object-Oriented Software Development based on ET++: Design Patterns, Class Library, Tools* (in German). Springer-Verlag, Berlin, 1992.

[Gla90] Andrew Glassner. *Graphics Gems*. Academic Press, Boston, MA, 1990.

[GM92] M. Graham and E. Mettala. The Domain-Specific Software Architecture Program. In *Proceedings of DARPA Software Technology Conference, 1992*, pages 204–210, April 1992. Also published in *CrossTalk, The Journal of Defense Software Engineering*, pages 19–21, 32, October 1992.

[GR83] Adele J. Goldberg and David Robson. *Smalltalk-80: The Language and Its Implementation*. Addison-Wesley, Reading, MA, 1983.

[HHMV92] Richard Helm, Tien Huynh, Kim Marriott, and John Vlissides. An object-oriented architecture for constraint-based graphical editing. In *Proceedings of the Third Eurographics Workshop on Object-Oriented Graphics*, pages 1–22, Champéry, Switzerland, October 1992. Also available as IBM Research Division Technical Report RC 18524 (79392).

[HO87] Daniel C. Halbert and Patrick D. O'Brien. Object-oriented development. *IEEE Software*, 4(5):71–79, September 1987.

[ION94] IONA Technologies, Ltd., Dublin, Ireland. *Programmer's Guide for Orbix*, Version 1.2, 1994.

[JCJO92] Ivar Jacobson, Magnus Christerson, Patrik Jonsson, and Gunnar Overgaard. *Object-Oriented Software Engineering—A Use Case Driven Approach*. Addison-Wesley, Wokingham, England, 1992.

[JF88] Ralph E. Johnson and Brian Foote. Designing reusable classes. *Journal of Object-Oriented Programming*, 1(2):22–35, June/July 1988.

[JML92] Ralph E. Johnson, Carl McConnell, and J. Michael Lake. The RTL system: A framework for code optimization. In Robert Giegerich and Susan L. Graham, editors, *Code Generation—Concepts, Tools, Techniques. Proceedings of the International Workshop on Code Generation*, pages 255–274, Dagstuhl, Germany, 1992. Springer-Verlag.

[Joh92] Ralph Johnson. Documenting frameworks using patterns. In *Object-Oriented Programming Systems, Languages, and Applications Conference Proceedings*, pages 63–76, Vancouver, British Columbia, Canada, October 1992. ACM Press.

[JZ91] Ralph E. Johnson and Jonathan Zweig. Delegation in C++. *Journal of Object-Oriented Programming*, 4(11):22–35, November 1991.

[Kir92] David Kirk. *Graphics Gems III*. Harcourt, Brace, Jovanovich, Boston, MA, 1992.

[Knu73] Donald E. Knuth. *The Art of Computer Programming, Volumes 1, 2, and 3*. Addison-Wesley, Reading, MA, 1973.

[Knu84] Donald E. Knuth. *The TeXbook*. Addison-Wesley, Reading, MA, 1984.

[Kof93] Thomas Kofler. Robust iterators in ET++. *Structured Programming*, 14:62–85, March 1993.

[KP88] Glenn E. Krasner and Stephen T. Pope. A cookbook for using the model-view controller user interface paradigm in Smalltalk-80. *Journal of Object-Oriented Programming*, 1(3):26–49, August/September 1988.

[LaL94] Wilf LaLonde. *Discovering Smalltalk*. Benjamin/Cummings, Redwood City, CA, 1994.

[LCI+92] Mark Linton, Paul Calder, John Interrante, Steven Tang, and John Vlissides. *InterViews Reference Manual*. CSL, Stanford University, 3.1 edition, 1992.

[Lea88] Doug Lea. libg++, the GNU C++ library. In *Proceedings of the 1988 USENIX C++ Conference*, pages 243–256, Denver, CO, October 1988. USENIX Association.

[LG86] Barbara Liskov and John Guttag. *Abstraction and Specification in Program Development*. McGraw-Hill, New York, 1986.

[Lie85] Henry Lieberman. There's more to menu systems than meets the screen. In *SIGGRAPH Computer Graphics*, pages 181–189, San Francisco, CA, July 1985.

[Lie86] Henry Lieberman. Using prototypical objects to implement shared behavior in object-oriented systems. In *Object-Oriented Programming Systems, Languages, and Applications Conference Proceedings*, pages 214–223, Portland, OR, November 1986.

[Lin92] Mark A. Linton. Encapsulating a C++ library. In *Proceedings of the 1992 USENIX C++ Conference*, pages 57–66, Portland, OR, August 1992. ACM Press.

[LP93] Mark Linton and Chuck Price. Building distributed user interfaces with Fresco. In *Proceedings of the 7th X Technical Conference*, pages 77–87, Boston, MA, January 1993.

[LR93] Daniel C. Lynch and Marshall T. Rose. *Internet System Handbook*. Addison-Wesley, Reading, MA, 1993.

[LVC89] Mark A. Linton, John M. Vlissides, and Paul R. Calder. Composing user interfaces with InterViews. *Computer*, 22(2):8–22, February 1989.

[Mar91] Bruce Martin. The separation of interface and implementation in C++. In *Proceedings of the 1991 USENIX C++ Conference*, pages 51–63, Washington, D.C., April 1991. USENIX Association.

[McC87] Paul McCullough. Transparent forwarding: First steps. In *Object-Oriented Programming Systems, Languages, and Applications Conference Proceedings*, pages 331–341, Orlando, FL, October 1987. ACM Press.

[Mey88] Bertrand Meyer. *Object-Oriented Software Construction*. Series in Computer Science. Prentice Hall, Englewood Cliffs, NJ, 1988.

[Mur93] Robert B. Murray. *C++ Strategies and Tactics*. Addison-Wesley, Reading, MA, 1993.

[OJ90] William F. Opdyke and Ralph E. Johnson. Refactoring: An aid in designing application frameworks and evolving object-oriented systems. In *SOOPPA Conference Proceedings*, pages 145–161, Marist College, Poughkeepsie, NY, September 1990. ACM Press.

[OJ93] William F. Opdyke and Ralph E. Johnson. Creating abstract superclasses by refactoring. In *Proceedings of the 21st Annual Computer Science Conference (ACM CSC '93)*, pages 66–73, Indianapolis, IN, February 1993.

[P+88] Andrew J. Palay et al. The Andrew Toolkit: An overview. In *Proceedings of the 1988 Winter USENIX Technical Conference*, pages 9–21, Dallas, TX, February 1988. USENIX Association.

[Par90] ParcPlace Systems, Mountain View, CA. *ObjectWorks\Smalltalk Release 4 Users Guide*, 1990.

[Pas86] Geoffrey A. Pascoe. Encapsulators: A new software paradigm in Smalltalk-80. In *Object-Oriented Programming Systems, Languages, and Applications Conference Proceedings*, pages 341–346, Portland, OR, October 1986. ACM Press.

[Pug90] William Pugh. Skiplists: A probabilistic alternative to balanced trees. *Communications of the ACM*, 33(6):668–676, June 1990.

[RBP+91] James Rumbaugh, Michael Blaha, William Premerlani, Frederick Eddy, and William Lorenson. *Object-Oriented Modeling and Design*. Prentice Hall, Englewood Cliffs, NJ, 1991.

[Rum94] James Rumbaugh. The life of an object model: How the object model changes during development. *Journal of Object-Oriented Programming*, 7(1):24–32, March/April 1994.

[SE84] Elliot Soloway and Kate Ehrlich. Empirical studies of programming knowledge. *IEEE Transactions on Software Engineering*, 10(5):595–609, September 1984.

[Sha90] Yen-Ping Shan. MoDE: A UIMS for Smalltalk. In *ACM OOPSLA/ECOOP '90 Conference Proceedings*, pages 258–268, Ottawa, Ontario, Canada, October 1990. ACM Press.

[Sny86] Alan Snyder. Encapsulation and inheritance in object-oriented languages. In *Object-Oriented Programming Systems, Languages, and Applications Conference Proceedings*, pages 38–45, Portland, OR, November 1986. ACM Press.

[SS86] James C. Spohrer and Elliot Soloway. Novice mistakes: Are the folk wisdoms correct? *Communications of the ACM*, 29(7):624–632, July 1986.

[SS94] Douglas C. Schmidt and Tatsuya Suda. The Service Configurator Framework: An extensible architecture for dynamically configuring concurrent, multi-service network daemons. In *Proceeding of the Second International Workshop on Configurable Distributed Systems*, pages 190–201, Pittsburgh, PA, March 1994. IEEE Computer Society.

[Str91] Bjarne Stroustrup. *The C++ Programming Language*. Addison-Wesley, Reading, MA, 1991. Second Edition.

[Str93] Paul S. Strauss. IRIS Inventor, a 3D graphics toolkit. In *Object-Oriented Programming Systems, Languages, and Applications Conference Proceedings*, pages 192–200, Washington, D.C., September 1993. ACM Press.

[Str94] Bjarne Stroustrup. *The Design and Evolution of C++*. Addison-Wesley, Reading, MA, 1994.

[Sut63] I.E. Sutherland. *Sketchpad: A Man-Machine Graphical Communication System*. PhD thesis, MIT, 1963.

[Swe85] Richard E. Sweet. The Mesa programming environment. *SIGPLAN Notices*, 20(7):216–229, July 1985.

[Sym93a] Symantec Corporation, Cupertino, CA. *Bedrock Developer's Architecture Kit*, 1993.

[Sym93b] Symantec Corporation, Cupertino, CA. *THINK Class Library Guide*, 1993.

[Sza92] Duane Szafron. SPECTalk: An object-oriented data specification language. In *Technology of Object-Oriented Languages and Systems (TOOLS 8)*, pages 123–138, Santa Barbara, CA, August 1992. Prentice Hall.

[US87] David Ungar and Randall B. Smith. Self: The power of simplicity. In *Object-Oriented Programming Systems, Languages, and Applications Conference Proceedings*, pages 227–242, Orlando, FL, October 1987. ACM Press.

[VL88] John M. Vlissides and Mark A. Linton. Applying object-oriented design to structured graphics. In *Proceedings of the 1988 USENIX C++ Conference*, pages 81–94, Denver, CO, October 1988. USENIX Association.

[VL90] John M. Vlissides and Mark A. Linton. Unidraw: A framework for building domain-specific graphical editors. *ACM Transactions on Information Systems*, 8(3):237–268, July 1990.

[WBJ90] Rebecca Wirfs-Brock and Ralph E. Johnson. A survey of current research in object-oriented design. *Communications of the ACM*, 33(9):104–124, 1990.

[WBWW90] Rebecca Wirfs-Brock, Brian Wilkerson, and Lauren Wiener. *Designing Object-Oriented Software*. Prentice Hall, Englewood Cliffs, NJ, 1990.

[WGM88] André Weinand, Erich Gamma, and Rudolf Marty. ET++—An object-oriented application framework in C++. In *Object-Oriented Programming Systems, Languages, and Applications Conference Proceedings*, pages 46–57, San Diego, CA, September 1988. ACM Press.